工程应用型高分子材料与工程专业系列教材

高分子物理实验

闫红强　程　捷　金玉顺　编

化学工业出版社

·北京·

本教材是应用型高校高分子材料与工程专业系列教材。全书共分为四个部分：概述、实验部分、附录和实验记录及报告。实验部分分别从聚合物的溶液性质、聚合物的结构分析、聚合物的力学性能、聚合物的流变特性、聚合物的热性能和电学性能、综合设计实验六个方面进行具体实验分析，附录更列明了各个实验中可能用到的数据信息，最后的实验记录及报告则需要学生和老师共同完成。

本书适合作为各类高分子专业学生的专业必修课或选修课教材，也可作为高分子材料科学与工程专业研究生教学及从事高分子科学研究工作的人员参考。

图书在版编目（CIP）数据

高分子物理实验/闫红强，程捷，金玉顺编．—北京：化学工业出版社，2012.9（2025.2重印）
工程应用型高分子材料与工程专业系列教材
ISBN 978-7-122-14913-8

Ⅰ.高… Ⅱ.①闫…②程…③金… Ⅲ.高聚物物理学-实验-高等学校-教材 Ⅳ.O631-33

中国版本图书馆CIP数据核字（2012）第163080号

责任编辑：杨 菁　　文字编辑：李 玥
责任校对：陶燕华　　装帧设计：史利平

出版发行：化学工业出版社（北京市东城区青年湖南街13号 邮政编码100011）
印　　装：北京科印技术咨询服务有限公司数码印刷分部
787mm×1092mm 1/16 印张 $14\frac{1}{2}$ 字数356千字 2025年2月北京第1版第5次印刷

购书咨询：010-64518888　　售后服务：010-64518899
网　　址：http://www.cip.com.cn
凡购买本书，如有缺损质量问题，本社销售中心负责调换。

定　　价：48.00元

前言

2009年11月由教育部“高分子材料与工程”专业教学指导委员会主办的全国独立学院高分子材料与工程专业建设研讨会在宁波召开。在此次会议上，各与会代表就我国应用型高分子材料与工程专业的人才培养目标、教学改革、实验室建设等方面的经验和体会进行了深入研讨，并确定针对应用型高校学生编写一套应用型高校“高分子材料与工程”专业系列教材。本教材属该系列教材之一，适用于“高分子材料与工程”专业，也可供“材料科学与工程”、“应用化学”、“材料化学”、“化学工程与工艺”等专业的学生选用。

本教材与新编《应用高分子物理》相配套，内容涵盖应用高分子物理的所有核心知识点。本书共编入了22个实验，分为6个单元。内容包括：聚合物的溶液性质、聚合物的结构分析、聚合物的力学性能、聚合物的流变特性、聚合物的热性能和电学性能以及综合设计实验。为了培养学生实际动手操作能力，开发学生的创新和综合应用思维及意识，本教材还增加了综合设计实验单元。

本书针对培养应用型人材而编写，内容重点及选材与已有教材有显著不同，主要体现在以下几方面：

1. 强调操作性和实践性，通过实验的操作和实验现象的观察加深高分子物理的概念和原理的理解。

2. 在实验的第一部分，添加实验的应用背景、方法和特点，让学生了解实验在工作和科研工作中的作用。

3. 在每个实验中，除了常规的实验目的、原理、步骤等内容外，还根据编者教学的实践经验将实验的注意事项单独列出，强调实验操作技巧，提高学生对实验的理解，提高实验的成功率。

4. 针对目前企业实际应用的需求，增加一些聚合物鉴别和分离剖析等实验。

5. 在实验的选材方面，选择操作性较强的实验方法，提高学生动手操作的能力，进而提高学生学习兴趣、强化知识点的理解。

本教材由浙江大学宁波理工学院闫红强老师主编，并负责实验六、七、十四、十五、十七、二十、二十一及附录七、八、九、十、十五、十六、十七、十八的撰写工作；北京石油化学院金玉顺老师负责实验二、三、五、九、十、十九、二十二及附录五、六、十一、十二的撰写工作；浙江大学宁波理工学院的程捷老师负责第一部分概述、实验一、四、八、十一、十二、十三、十六、十八及附录一、二、三、四、十三、十四的撰写工作；全书由闫红强老师统稿。

本书编写过程中得到了教育部“高分子材料与工程”专业教学指导委员会和化学工业出版社各位领导的支持和帮助，在此一并致以深切的谢意。

本书是编者在以往教学工作中的经验总结，是一本实用性很强的教学用书。由于编者水平有限，在本书的编写过程中难免存在不少错误，诚望各位读者提出宝贵意见，以便再版时修改。

编者

2012年8月

于宁波

目录

第一章　概　述

高分子物理实验是高分子物理课程的重要组成部分。通过实验，使学生更好地理解和领会聚合物的溶液性质、聚合物形态结构、聚合物力学性质、聚合物热性能、电性能以及聚合物熔体流变性能等基础知识。

通过系统的实验训练，使学生掌握聚合物的研究方法和实验的操作技能，提高学生独立操作、独立思考和分析、解决实际问题的能力，为学生编写学位论文打下坚实的实验基础。

第一节　高分子实验须知

1. 必须了解实验室各项规章制度及安全制度。

2. 实验前应充分预习实验内容及教材中相关部分内容，做到明确本次实验的目的、内容及原理。经检查合格方能进行实验。

3. 实验时操作仔细，认真观察实验现象，并随时如实记录实验现象和数据，以培养严谨的科学作风。

4. 爱护实验室仪器设备，实验时必须注意基本操作，仪器安装准确安全，实验台保持整齐清洁。

5. 公用仪器、药品、工具等使用完毕应立即放回原处，整齐排好，不得随便动用实验以外的仪器、药品、工具等。

6. 实验时应严格遵守操作规程，安全制度，以防发生事故。如发生事故，应立即向指导教师报告，并及时处理。

7. 实验后立即清洗仪器，做好清洁卫生工作，并在规定时间内写好实验报告。

8. 发扬勤俭办学精神，注意节约水电、药品，杜绝一切浪费。

第二节　实验安全制度

1. 要严格执行学校的安全条例和主要设备的操作规程，切实抓好安全工作。进入实验室的所有人员须经常接受安全教育，明确安全责任，定期进行安全检查及隐患排除等工作。

2. 进入实验室做实验的人员必须遵守安全制度，确保人身及设备的安全。对违反规定者，实验室管理人员有权停止其实验。

3. 电气设备要妥善接地，以免发生触电事故，万一发生触电，要立即切断电源，并对触电者进行急救。

4. 实验室内严禁吸烟。危险物品（易爆、易燃、剧毒、强腐蚀）要妥善保管，剧毒物品必须要有专人负责，制定专门管理制度。需领药品时，应提前向教师提出申请，在老师带领下领取药品。

5. 消防器材按规定放置，不得挪用。要定期检查，及时更换失效器材，保证器材处于正常工作状态，进入实验室人员必须掌握消防器材的使用方法。

6. 实验室的钥匙必须妥善保管，对持有者要进行登记，不得私配和转借，人员调出时必须交回。

7. 一旦发生火情，要及时组织人员扑救，并及时报警。遇到案情事故，要注意保护现场，迅速报警。要积极配合有关部门查明事故原因。

8. 未经批准，任何人不得在实验室过夜。节、假日需要加班者应填写加班申请单，经实验室主任签字、系办公室同意后方可加班做实验，并必须有两人以上在场，以确保人身安全。

9. 学生使用实验室设备时，应提前向老师提出申请。获得批准后，方能使用设备。涉及贵重仪器设备时，应在老师指导下进行操作。违反规定并造成仪器损坏者需承担相应赔偿责任。

10. 若工作需要对仪器、设备进行开箱检查、维修，须经实验室主任签字同意才能拆装，并要有两人在场。检修完毕或离开检修现场前，必须将拆开的仪器设备妥善安排。

11. 实验完毕，应立即切断电源，关紧水阀。离开实验室时，必须进行安全检查，关闭水、气阀，断电并关好门窗，以免发生事故。

第三节　常用小型仪器操作规程

一、电子天平

1. 称量前，明确天平的量程及精度范围。

2. 使用天平者在操作过程中必须小心谨慎，轻拿、轻放、轻开、轻关，不要碰撞操作台。读数时，人体的任何部位不能触碰操作台。

3. 接通电源，仪器预热 10min。

4. 轻轻并短暂地按 ON 键，天平进行自动校正，待稳定后，即可开始称量。

5. 轻轻地向后推开右边玻璃门，放入容器或称量纸（试样不得直接放入称量盘中），天平显示容器重量，待显示器左边“0”标志消失后，即可读数。

6. 短暂地按 TAR 键，天平回零。

7. 放入试样，待天平显示稳定后，即可读数。

8. 重复 5～7 步骤，可连续称量。

9. 轻轻地按 OFF 键，显示器熄灭，关闭天平。

二、电炉

1. 检查各接头是否接触良好。

2. 如用变压器调节加热时，应根据电炉规格选择变压器，线路不能接错。

3. 刚接上电源时，电炉逐渐变红。否则，应立即切断电流，进行检查。

4. 加热时，玻璃器皿不能与电炉直接接触，需放在石棉网上。金属容器不能与电炉丝直接接触，以免漏电。

5. 使用时不得将液体溅到红热的电炉丝上。

三、烘箱

烘箱一般用来干燥仪器和药品，用分组电阻丝组进行加热，并用鼓风机加强箱内气体对流。同时，排出潮湿气体，用热电偶恒温控制箱内温度。

【使用步骤】

1. 检查电源（单相220V），并检查温度计的完整和各指示器、调节器非工作位置（指零）。

2. 把烘箱的电源插头插入电源插座。

3. 顺时针方向转动分组加热丝旋钮，同时顺时针方向转动温度计调节旋钮，红灯亮表示加热。

4. 当温度将达到所需的温度时，把调节器逆时针转到红灯忽亮忽灭处。10min左右看温度是否到达要求的温度，可用温度调节器进行调节，调到所需的温度为止。

5. 烘箱用完后，将温度调节器的旋钮逆时针方向转动到零处。同时，把分组加热旋钮调到零，切断电源。

【注意事项】

1. 使用前必须检查好电源、各调节器旋转的位置。

2. 严禁将含有大量水分的仪器和药品放入箱内。

3. 易燃、易爆、强腐蚀性及剧毒药品不得放入烘箱内烘干。

4. 使用温度不得超过烘箱使用的规定温度。

5. 用完后必须把各旋钮调回到零，再切断电源。

6. 要求绝对干燥的仪器和药品，应该使箱内温度降到室温后再取出。

7. 使用温度要低于药品的熔点、沸点。

8. 药品等撒在箱内时，必须及时处理，打扫干净。

四、调压器

1. 必须根据用电功率的大小选用合适的调压器。选择调压器的原则是调压器的功率大于或等于用电的功率。

2. 电源电压必须与调压器输入端相同，决不能将220V电源接到110V上。

3. 必须正确连接调压器的输入和输出端。严禁反接，以防调压器烧坏，线路接好后，将手柄指针处于零位。

4. 使用前，需经教师检查，才可接通电源。

5. 调压时速度要慢，逐渐增加到所需电压，手柄指针达到最低点和最高点时，不可用力过猛，使用过程中如发现严重的发热现象应停止使用。

6. 使用完毕，将指针转回到零位，再切断电源。

五、搅拌电动机

1. 使用电动机调节转速时，开始用手帮助慢慢启动电动机. 当搅拌转动时，速度从小到大逐渐增大，决不能一下子转速就很大，以免损坏仪器。

2. 根据实验所需，选择适当的转速，不要时快时慢。

3. 使用时，若发现电动机发烫，应立即停止使用，电动机转动时间不宜过长，一般

5～6h。

4. 电动机应放在干燥的地方保存。

六、恒温槽

温度控制对高分子化学与物理实验与研究有着重要的作用，也是一些生产过程的关键。许多测量及动力学实验等都要求在恒定的温度条件下进行。实验室中控制恒温最常用的是液浴恒温槽（见图1-3-1），其次是超级恒温槽。恒温槽一般由浴槽、加热器、温度调节器（又称水银接触温度计、水银导电表等）、温度控制器（继电器）、搅拌器和测温元件等几个部件组成。

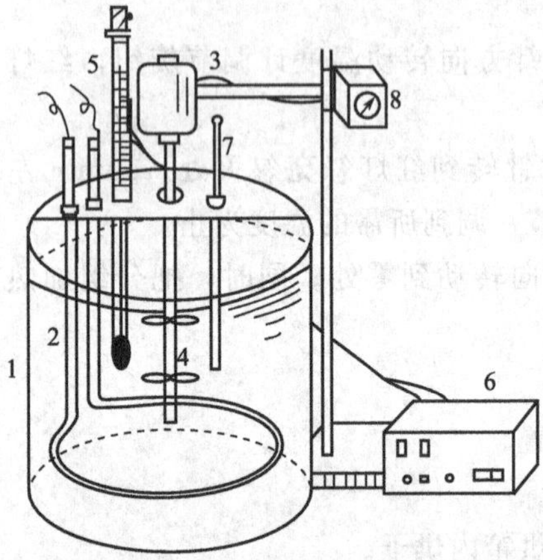

图 1-3-1 恒温槽装置简图

1—浴槽；2—加热器；3—电动机；4—搅拌器；5—温度调节器；6—恒温控制器；7—精密温度计；8—调速变压器

(1) 浴槽 浴槽包括容器和液体介质。实验时为了便于观察恒温体系内部液体发生变化的情况，如液面波动、颜色改变等，恒温槽一般由玻璃制成，尺寸大小可根据不同要求而选定。一般恒温槽的使用温度为20～50℃，通常用水作为恒温介质。若需要更高恒温温度，当要求温度不超过90℃时，可在水面上加少许白油（一种石油馏分）以防止水的蒸发；当要求温度在90℃以上，则可用甘油、白油或其他高沸点物质作为恒温介质；更高温度的恒温槽则可采用空气浴、盐浴、金属浴等。而对于低温的获得，主要靠一定组分配比的冷冻剂，并使其在低温建立相平衡。

(2) 加热器 常用的是电加热器，其选择原则是热容量小、导热性能好、功率适当。根据所需恒温温度、恒温槽的大小及允许的波动温度范围，可以选择合适的加热器类型和功率。从能量平衡角度考虑，一般升温时可用较大功率的电加热器。当接近所需恒温温度时，可根据恒温槽的大小和所需恒温温度的高低改用小功率加热器或用调压变压器降低输入加热器的电压，来提高恒温精度。

(3) 温度调节器 温度调节器又称水银接触温度计、水银导电表等，常用水银导电表，它相当于一个自动开关，用于控制浴槽达到所要求的温度。控制精度一般在±0.1℃。水银导电表的精确度直接影响温度的恒定（温度的恒定还和继电器的灵敏性，加热器功率大小以及水槽内搅拌的效果等因素有关）。其结构见图1-3-2。

【工作原理】

导电表上的电线可与加热器并联，当水槽的温度还没有达到工作温度时（水银导电表已粗调到合适点），由于水银导电表下部的指示温度的水银没有与导电表上面反应所需温度的铂丝相接，故水银导电表这条线路是断开的，而与水银导电表并联的加热器照常工作。温度升高时，导电表下端的水银渐渐上升，当水银面与上面的铂丝相接后，导电表电路电阻小于加热器的电阻。故导电表开始通电，而加热器停止工作。此时，仔细地调节水银导电表上部的磁铁，使温度控制到所需要的温度。但由于水银导电表的温度标尺刻度不够精确，需通过另一支精密温度计（1/10℃）来准确测量恒温水槽的温度。

【注意事项】

① 使用时导电表要垂直固定好，位置合适，以防打破。

② 恒温水槽停止工作时，导电表不要马上取出，应在水中慢慢冷却到室温。

③ 放置时不能振动和倒置，防止水银中有小气泡出现，而影响精度。

④ 调节上部磁铁时，动作要慢，以免影响调节的准确及防止把铂丝调得过高而使导电表失灵。

温度控制器　温度控制器常由继电器和控制电路组成，是恒温系统的工作中心。它接受温度调节器的信号，通过电子线路，控制继电器的电磁线圈中的电流，使其触点断开或接触，控制加热器和指示灯的工作。操作时要注意以下几点。

① 定期检查继电器的灵敏性和指示灯的正常情况。

② 继电器的正常工作与加热器功率的大小有关系，故选择一个合适的加热器很重要。

③ 继电器的工作时间不宜过长，一次不要超过 5～6h。

测温元件　一般均采用 1/10℃玻璃温度计，也可采用热敏电阻或铂电阻测温，并配合相应的仪表显示体系温度。

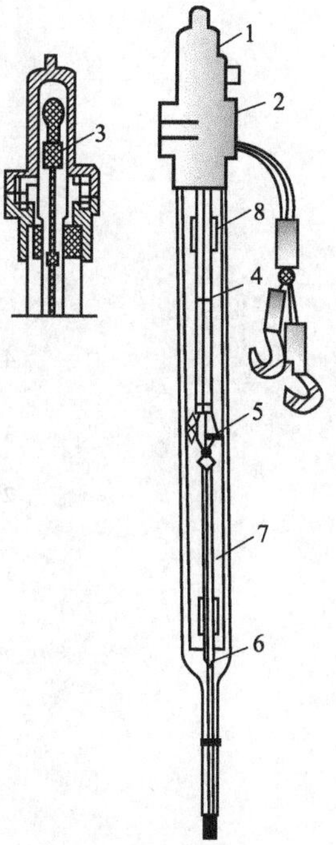

图 1-3-2　温度调节器（水银导电表）

1—调节帽；2—磁钢；3—调温转动铁芯；4—定温指示标杆；5—上铂丝引出线；6—下铂丝引出线；7—下部温度刻度板；8—上部温度刻度板

【使用说明】

① 依次把加热器、导电表、搅拌器、温度计等放入恒温槽内的适当位置。

② 导电表、加热器接入继电器。接好后，经检查合格后，方可接通电源。

③ 水槽内先加入一部分冷水，再慢慢加入热水，以免缸体突然受热而破裂。待温度达到所需温度时，调节导电表，使温度恒定后即可使用。

④ 根据所需温度选取不同的热源，如所需温度较低时（25～30℃），可直接用 100W 或 200W 灯泡作热源。温度较高时，为保持水槽的温度，尚需采用一定的保温措施。

⑤ 注意水浴应搅拌均匀。

除上述的一般液浴恒温槽外，实验室中还常用“超级恒温槽”恒温（见图 1-3-3），其原理和普通恒温槽相同。不同之处是它附有循环水泵，能将恒温槽中恒温介质循环输送给所需的恒温体系，使之恒温。

七、循环水真空泵

真空泵是用来形成真空的有效方法，循环水真空泵是以循环水为工作流体，利用流体射流技术产生负压而进行工作的一种真空抽气泵。常用做真空回流、真空干燥等。

【使用规程】

① 打开泵的台面，将进水口与水管连接。

② 加水至水位浮标指示为止，接通电源。

③ 将实验装置套管接在真空吸头上，启动工作按钮，指示灯亮，即开始工作。一般循环水真空泵配有两个并联吸头（各装有真空表），可同时抽气使用，也可使用一个。

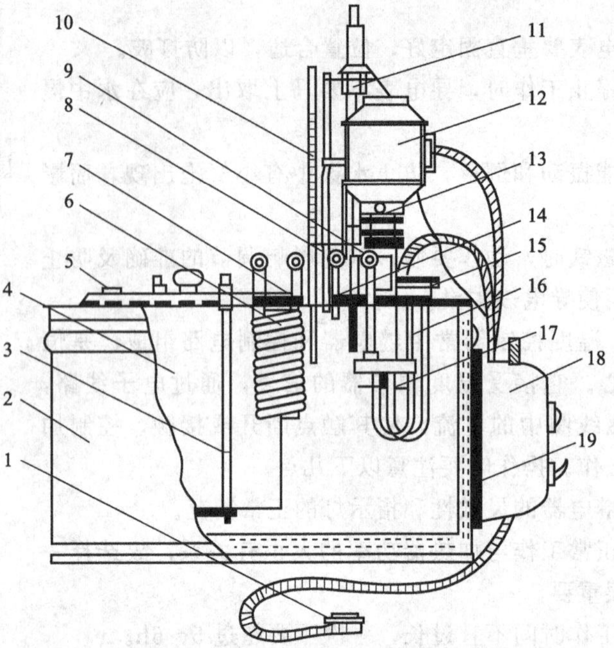

图 1-3-3 超级恒温槽

1—电源插头；2—外壳；3—恒温筒支架；4—恒温筒；5—恒温筒加水口；6—冷凝管；7—恒温筒盖子；8—水泵进水口；9—水泵出水口；10—温度计；11—电接点温度计；12—电动机；13—水泵；14—加水；15—加热元件线盒；16—两组加热元件；17—搅拌叶；18—电子继电器；19—保温夹套

八、真空蒸馏装置

1. 安装真空蒸馏的仪器时，必须选择大小合适的橡皮塞，最好选用磨口真空蒸馏装置。

2. 蒸馏液内含有大量的低沸点物质，需先在常压下蒸馏，使大部分低沸点物质蒸出，然后用水泵减压蒸馏，使低沸点物质除尽。

3. 停止加热，回收低沸物，检查仪器各部分连接情况，使之密合。

4. 开动油泵，再慢慢关闭安全阀，并观察压力计上压力是否达到要求，如达不到要求，可用安全阀进行调节。

5. 待压力达到恒定合乎要求时，再开始加热蒸馏瓶。精馏单体时，应在蒸馏瓶内加入少许沸石（一般使用油浴，其温度高于蒸馏液沸点 20～30℃，难挥发的高沸点物质在后阶段可高 30～50℃）。

6. 蒸馏结束，先移去热源。待稍冷些，再同时逐渐打开安全活塞，压力计内水银柱平衡下降时，停止抽气。系统内外压力平衡后，拆下仪器，洗净。

第二章　实验部分

第一节　聚合物的溶液性质

实验一　乌氏黏度计法测定聚合物的平均分子量

一、实验背景简介

分子量是聚合物的重要参数之一。它对高聚物力学性能、溶解性、流动性有很大影响，因此通过测定分子量及分子量分布可以进一步了解高聚物的性能，用它来指导控制聚合物生产条件，以获得需要的产品。

线型聚合物溶液的基本特性之一，是黏度比较大，其黏度值与分子量有关。因此可利用这一特性测定聚合物的分子量。乌氏黏度计法尽管是一种相对的方法，但因其仪器设备简单，操作方便，分子量适用范围大，又有较好的实验精确度。同时，这一方法一旦经验常数被确定就能适用于各种分子量测定范围，所以成为人们最常用的实验技术，在生产和科研中得到广泛的应用。

二、实验目的

1. 掌握使用黏度法测定聚合物分子量的基本原理。
2. 掌握乌氏黏度计测定聚合物稀溶液黏度的实验技术及数据处理方法。
3. 分析分子量大小对聚合物性能以及聚合物加工性能的关系及影响。

三、实验原理

聚合物溶液与小分子溶液不同，甚至在极稀的情况下，聚合物溶液仍具有较大的黏度。黏度是分子运动时内摩擦力的量度，因而溶液浓度增加，分子间相互作用力增加，运动时阻力就增大。聚合物稀溶液的黏度主要反映了液体分子之间因流动或相对运动所产生的内摩擦阻力。内摩擦阻力与聚合物的结构、溶剂的性质、溶液的浓度及温度和压力等因素有关，它的数值越大，表明溶液的黏度越大。表示聚合物溶液黏度和浓度关系的经验公式很多，最常用的是哈金斯（Huggins）公式：

$$\frac{\eta_{sp}}{c}=[\eta]+k[\eta]^2 c \tag{2-1-1}$$

在给定的体系中 k 是一个常数，它表征溶液中高分子间和高分子与溶剂分子间的相互作用。另一个常用的公式为：

$$\frac{\ln \eta_r}{c}=[\eta]-\beta[\eta]^2 c \tag{2-1-2}$$

式中，k 与 β 均为常数，k 称为哈金斯参数。

对于柔性链聚合物良溶剂体系，$k=1/3$，$k+\beta=1/2$。如果溶剂变劣，k 变大；如果聚合物有支化，k 随支化度增高而显著增加。从式(2-1-1) 和式(2-1-2) 看出，如果用$\frac{\eta_{sp}}{c}$或$\frac{\ln\eta_r}{c}$对 c 作图并外推到 $c\to 0$（即无限稀释），两条直线会在纵坐标上交于一点，其共同截距即为特性黏度 $[\eta]$：

$$\lim_{c\to 0}\frac{\eta_{sp}}{c}=\lim_{c\to 0}\frac{\ln\eta_r}{c}=[\eta] \qquad (2\text{-}1\text{-}3)$$

外推法求特征黏度如图 2-1-1 所示。

通常式(2-1-1) 和式(2-1-2) 只是在 $\eta_r=1.2\sim2.0$ 范围内为直线关系。当溶液浓度太高或分子量太大时均得不到直线，如图 2-1-2 所示。此时只能降低浓度再做一次。

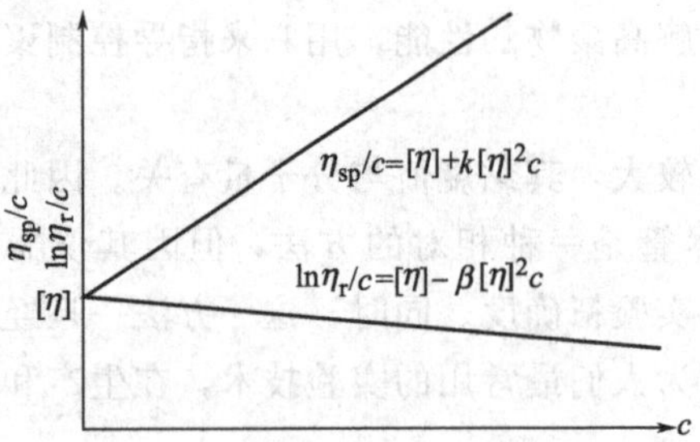

图 2-1-1 外推法求特性黏度 $[\eta]$

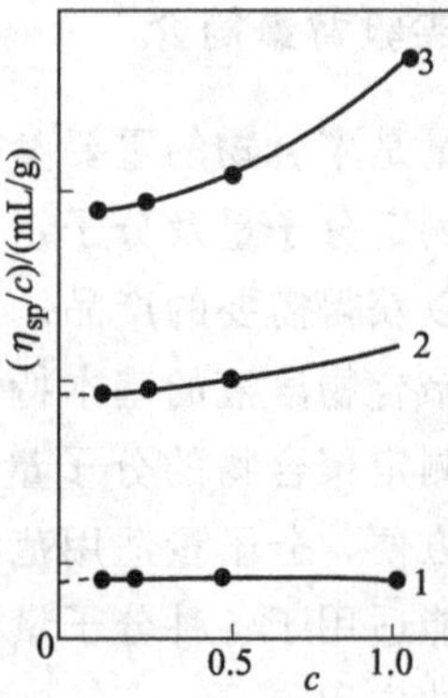

图 2-1-2 同一聚合物-溶剂体系，不同分子量的试样 η_{sp}/c-c 关系（1、2、3 表示分子量依次增加）

特性黏度 $[\eta]$ 的大小受下列因素影响。

(1) 分子量 线型或轻度交联的聚合物分子量增大，$[\eta]$ 增大。

(2) 分子形状 分子量相同时，支化分子的形状趋于球形，$[\eta]$ 较线型分子的小。

(3) 溶剂特性 聚合物在良溶剂中，大分子较伸展，$[\eta]$ 较大，而在不良溶剂中，大分子较卷曲，$[\eta]$ 较小。

(4) 温度 在良溶剂中，温度升高，对 $[\eta]$ 影响不大，而在不良溶剂中，若温度升高使溶剂变为良好，则 $[\eta]$ 增大。

当聚合物的化学组成、溶剂、温度确定以后，$[\eta]$ 值只与聚合物的分子量有关。常用两参数的马克-豪温（Mark-Houwink）经验公式表示：

$$[\eta]=KM^{\alpha} \qquad (2\text{-}1\text{-}4)$$

式中，K、α 需经绝对分子量测定方法确定后才可使用。对于大多数聚合物来说，α 值一般在 0.5～1.0 之间，在良溶剂中，α 值较大，接近 0.8。溶剂能力减弱时，α 值降低。在 θ 溶液中，$\alpha=0.5$。

这个经验公式已有大量的实验结果验证，许多人想从理论上来解释黏度与分子量大小的关系。他们假定了两种极端的情况，第一种情况是认为溶液内的聚合物分子线团卷得很紧，在流动时线团内的溶剂分子随着高分子一起流动，包含在线团内的溶剂就像是聚合物分子的组成部分，可以近似地看做实心圆球，由于是在稀溶液内线团与线团之间相距较远，可以认为这些球之间近似无相互作用。根据悬浮体理论，实心圆球粒子在溶液中的特性黏度公式是：

$$[\eta]=2.5\times\frac{V}{m} \tag{2-1-5}$$

设含有溶剂的线团的半径为 R；质量 m 为 $\frac{M}{N}$，其中 M 是分子量，N 是阿伏加德罗常数。因为视为刚性圆球，故 $V=\frac{4}{3}\pi R^3$ 可近似用均方根末端距的三次方 $(\overline{h_0^2})^{\frac{3}{2}}$ 来表示（$\overline{h_0^2}$ 是分子链头尾距离的平方的平均值，均方根就是其开方的值）。把 V 与 m 值代入式(2-1-5)中得：

$$[\eta]=\phi\frac{(\overline{h_0^2})^{\frac{3}{2}}}{M}=\phi\left(\frac{\overline{h_0^2}}{M}\right)^{\frac{3}{2}}M^{\frac{1}{2}} \tag{2-1-6}$$

式中，ϕ 为普适常数；$\overline{h_0^2}$ 为均方末端距。由于 $\overline{h_0^2}$ 是在线团卷得很紧的情况下的均方末端距，在一定温度下，$\frac{\overline{h_0^2}}{M}$是一个常数，式(2-1-6) 可写成：

$$[\eta]=KM^{\frac{1}{2}} \tag{2-1-7}$$

这说明在线团卷得很紧的情况下，聚合物溶液的特性黏度与分子量的平方根成正比。第二种情况是假定线团是松懈的，在流动时线团内溶剂是自由的。实际上，第二种假设较接近反映大多数聚合物溶液的情况。因为聚合物分子链在流动时，分子链段与溶剂间不断互换位置，而且由于溶剂化作用分子链扩张，使得聚合物分子在溶液中不像实心圆球，而更像一个卷曲珠链（见图 2-1-3）。这种假定称为珠链模型。当珠链很疏松，溶剂可以自由从珠链的空隙中流过。

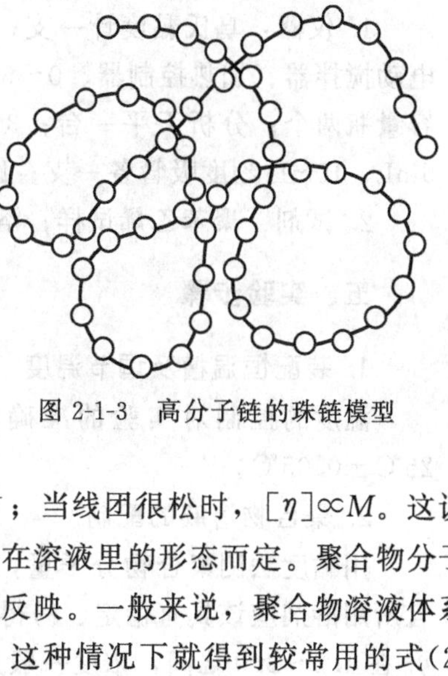

图 2-1-3　高分子链的珠链模型

这种情况下可以推导出：

$$[\eta]=KM \tag{2-1-8}$$

上述两种是极端的情况，即当线团很紧时，$[\eta]\propto M^{\frac{1}{2}}$；当线团很松时，$[\eta]\propto M$。这说明聚合物溶液的特性黏度与分子量的关系要视聚合物分子在溶液里的形态而定。聚合物分子在溶液里的形态是分子链段间和分子与溶剂间相互作用的反映。一般来说，聚合物溶液体系是处于两极端情况之间的，即分子链不很紧，也不很松，这种情况下就得到较常用的式(2-1-4)。测定条件如使用的温度、溶剂、分子量范围都相同时，K 和 α 是两个常数，其数值可以从有关手册中或本书附录中查到。

由以上的讨论可见，高分子链的伸展或卷曲与溶剂、温度有关，用扩张因子表示高分子的卷曲形态：

$$x=\left(\frac{\overline{h^2}}{\overline{h_\theta^2}}\right)^{\frac{1}{2}} \tag{2-1-9}$$

高分子的 θ 溶液有许多特性：第二维利系数 $A_2=0$；扩张因子 $x=1$；特性黏度 $[\eta]_\theta$ 最小。

$$[\eta]_\theta = K_\theta M^{\frac{1}{2}} \tag{2-1-10}$$

由于：

$$K_\theta = \phi\left(\frac{\overline{h_\theta^2}}{M}\right)^{\frac{3}{2}} \tag{2-1-11}$$

所以：

$$[\eta]_\theta = \phi\,\frac{(\overline{h_\theta^2})^{\frac{3}{2}}}{M} \tag{2-1-12}$$

可得：

$$(\overline{h_\theta^2})^{\frac{1}{2}} = \left\{\frac{[\eta]_\theta M}{\phi}\right\}^{\frac{1}{3}} \tag{2-1-13}$$

其中，Flory 常数 $\phi = 2.86\times10^{23}$ (mol^{-1})，因此：

$$(\overline{h_\theta^2})^{\frac{1}{2}} = 1.518\{[\eta]_\theta M\}^{\frac{1}{3}}(\text{Å}) \tag{2-1-14}$$

$$(\overline{S_\theta^2})^{\frac{1}{2}} = \left(\frac{1}{6}\overline{h_\theta^2}\right)^{\frac{1}{2}} = 0.620\{[\eta]_\theta M\}^{\frac{1}{3}}(\text{Å}) \tag{2-1-15}$$

所以用已知分子量的高聚物在 θ 溶液中测定特性黏度 $[\eta]_\theta$，就可以计算高分子链的无扰尺寸。

四、实验仪器和试剂

1. 仪器：乌氏黏度计一支；最小读数为 0.1s 的停表一块；恒温槽装置一套（玻璃缸、电动搅拌器、加热控制器、0～50℃范围的 1/10℃玻璃温度计一支、黏度计夹具等）；25mL 容量瓶两个；分析天平一台；3# 玻璃砂芯漏斗一个；加压过滤器一套；50mL 烧杯两个；5mL、10mL 刻度吸管各一支；医用乳胶管一根；吸耳球等。

2. 试剂：聚苯乙烯试样；溶剂：甲苯（AR）、丙酮（CP）。

五、实验步骤

1. 装配恒温槽及调节温度

温度的控制对实验的准确性有很大影响，要求准确到±0.05℃。水槽温度调节到 25℃±0.05℃。

2. 聚合物溶液的配制

用黏度法测聚合物分子量，选择高分子-溶剂体系时，常数 K、α 值必须是已知的，而且所用溶剂应该具有稳定、易得、易于纯化、挥发性小、毒性小等特点。为控制测定过程中 η_r 在 1.2～2.0 之间，浓度一般为 0.001～0.01g/mL。于测定前数天，用 25mL 容量瓶把试样溶解好。把配制好的溶液用干燥的 3# 玻璃砂芯漏斗加压过滤到 25mL 容量瓶中。

3. 洗涤黏度计

黏度计和待测液体的清洁，是决定实验成功的关键之一。若是新的黏度计先用洗液洗，再用蒸馏水洗三次，烘干待用。对于已用过的黏度计，则先用甲苯（溶剂）灌入黏度计中浸洗，除去留在黏度计中的高分子，尤其是毛细管部分要反复用溶剂清洗，洗毕，倾去甲苯液（倒入回收瓶中），再用洗液、蒸馏水洗涤，最后烘干。

4. 溶液流出时间的测定

如图 2-1-4 所示，把预先经严格洗净，检查过的洁净黏度计的 B、C 管，分别套上清洁

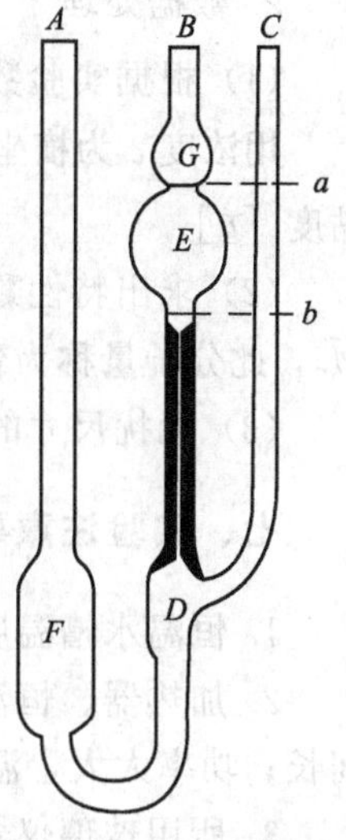

图 2-1-4　乌氏黏度计

的医用胶管，垂直夹持于恒温槽中，然后用移液管吸取 10mL 溶液自 A 管注入，恒温 15min 后，用一只手捏住 C 上的胶管，用针筒从 B 管把液体缓慢地抽至 G 球，停止抽气，把连接 B、C 管的胶管同时放开，让空气进入 D 球，B 管溶液就会慢慢下降，至弯月面降到刻度 a 时，按停表开始计时，弯月面到刻度为 b 时，再按停表，记下流经 a、b 间的时间 t_1，如此重复，取流出时间相差不超过 0.2s 的连续 3 次平均值。但有时相邻两次之差虽不超过 0.2s，而连续所得的数据是递增或递减（表明溶液体系未达到平衡状态），这时应认为所得的数据不可靠，可能是温度不恒定或浓度不均匀，应继续测。

5. 稀释法测一系列溶液的流出时间

因液柱高度与 A 管内液面的高低无关。因而流出时间与 A 管内试液的体积没有关系，可以直接在黏度计内对溶液进行一系列的稀释。用移液管加入溶剂 5mL，此时黏度计中溶液的浓度为起始浓度的 2/3。加溶剂后，必须用针筒鼓泡并抽上 G 球三次，使其浓度均匀，抽的时候一定要慢，不能有气泡抽上去，待温度恒定才进行测定。同样方法依次再加入溶剂 5mL、10mL、15mL，使溶液浓度稀释为起始浓度的 1/2、1/3、1/4，分别进行测定。

6. 纯溶剂的流出时间测定

倒出全部溶液，用溶剂洗涤数遍，黏度计的毛细管要用针筒抽洗。洗净后加入溶剂，按照上述操作测定溶剂的流出时间，记作 t_0。

六、数据记录及处理

1. 实验记录

实验恒温温度________；纯溶剂________；纯溶剂密度 ρ_0________；溶剂流出时间 t_0________；试样名称________；试样浓度 c_0________；查阅聚合物手册，聚合物在该溶剂中的 K、α 值________、________。

把溶剂的加入量、测定的流出时间列成表格：

序号		1	2	3	4	5
c_i/(g/mL)						
溶剂体积/mL						
t/s	1					
	2					
	3					
平均 $\bar{t}$/s						
$\eta_r=\frac{\bar{t}}{t_0}$						
$\ln\eta_r$						
$\frac{\ln\eta_r}{c}$/(mL/g)						
η_{sp}						
$\frac{\eta_{sp}}{c}$/(mL/g)						

2. 数据处理

(1) 根据实验数据，用η_{sp}/c-c及$\ln\eta_r/c$-c作图外推至$c\to 0$求[η]。

用浓度c为横坐标，η_{sp}/c和$\ln\eta_r/c$分别为纵坐标；根据实验数据作图，截距即为特性黏度[η]。

(2) 求出特性黏度[η]之后，代入方程式[η]$=KM^{\alpha}$，就可以算出聚合物的分子量$\overline{M}_\eta$，此分子量称为黏均分子量。

(3) 无扰尺寸的计算。

七、实验注意事项

1. 恒温水槽温度要严格控制在要求范围内，如果高于或低于要求范围要重做。
2. 加热器、恒温玻璃水槽配用500～600W之间加热器为宜。否则，功率太小，加热时间长；功率太大，温度波动大。
3. 所用玻璃仪器必须洗净烘干，溶剂、溶液也必须过滤纯净。
4. 溶剂、溶液倒入回收瓶。
5. 黏度计材质为玻璃，容易折断碰坏，尤其是B、C管，操作要特别小心。
6. 黏度计安装要垂直，读数要求精确。

八、回答问题及讨论

1. 用黏度法测定聚合物相对分子质量的依据是什么？
2. 为什么要将黏度计的两个小球浸没在恒温水面以下？
3. 为什么说黏度法是测定聚合物相对分子质量的相对方法？在手册中查阅、选用K、α值时应注意什么问题？为什么？
4. 用一点法处理实验数据，并与外推法的结果进行比较，结合外推法得到的Huggins、Kramemer方程常数对结果进行讨论。

九、参考文献

[1] 钱人元等. 高聚物的分子量测定. 北京：科学出版社，1958.
[2] 复旦大学高分子化学教研组. 高聚物的分子量测定. 上海：上海科技编译馆，1965.
[3] Philip E Slade. Polymer Molecular Weights，1975，2 (7)：357-490.
[4] 程镕时. 高分子通讯，1960，(3)：163.
[5] 邓毓芳. 物理化学学报，1986，(2)：350.

实验二 凝胶渗透色谱法测定聚合物的平均分子量及其分子量分布

一、实验背景简介

聚合物分子量及其分子量分布是聚合物性能的重要参数之一，与聚合物力学性能有密切关系，对高聚物拉伸强度以及成型加工过程，如模塑、成模、纺丝等都有影响。研究聚合物的分子量及其分子量分布，对于控制和改进产品质量具有重要意义。

凝胶渗透色谱法（gel permeation chromatography，GPC）是利用高分子溶液通过填充有特种凝胶的柱子，把聚合物分子按尺寸大小进行分离的方法，是目前测定聚合物分子量及其分子量分布最有效的方法。它具有测定速度快、用量少、自动化程度高等优点，已获得广泛应用。

二、实验目的

1. 了解凝胶渗透色谱仪的原理。
2. 了解凝胶渗透色谱仪的构造和凝胶渗透色谱的实验技术。
3. 测定聚苯乙烯样品的分子量及分子量分布。

三、实验原理

凝胶渗透色谱也称为体积排除色谱（size exclusion chromatography，SEC），是一种液体（液相）色谱。一般认为，GPC/SEC是根据溶质体积的大小，在色谱中体积排除效应即渗透能力的差异进行分离。高分子在溶液中的体积决定于分子量、高分子链的柔顺性、支化、溶剂和温度。当高分子链的结构、溶剂和温度确定后，高分子的体积主要依赖于分子量。

凝胶渗透色谱的固定相是多孔性微球，可由交联度很高的聚苯乙烯、聚丙烯酰胺、葡萄糖和琼脂糖的凝胶以及多孔硅胶、多孔玻璃等来制备。色谱的淋洗液是聚合物的溶剂。当聚合物溶液进入色谱后，溶质高分子向固定相的微孔中渗透。由于微孔尺寸与高分子的体积相当，高分子的渗透概率取决于高分子的体积，体积越小渗透概率越大，随着淋洗液流动，它在色谱中走过的路程就越长，用色谱术语就是淋洗体积或保留体积增大。反之，高分子体积增大，淋洗体积减小，因而达到用高分子体积进行分离的目的。基于这种分离机理，GPC/SEC的淋洗体积是有极限的。当高分子体积增大到已完全不能向微孔渗透，淋洗体积趋于最小值，为固定相微球在色谱中的粒间体积。反之，当高分子体积减小到对微孔的渗透概率达到最大时，淋洗体积趋于最大值，为固定相的总体积与粒间体积之和，因此只有高分子的体积居两者之间，色谱才会有良好的分离作用。对一般色谱分辨率和分离效率的评定指标，在凝胶渗透色谱中也延用。

色谱需要检测淋出液中的含量，因聚合物的特点，GPC/SEC最常用的是示差折射率检测器。其原理是利用溶液中溶剂（淋洗液）和聚合物的折射率具有加和性，而溶液折射率随聚合物浓度的变化量$\partial n/\partial c$值一般为常数，因此可以用溶液和纯溶剂折射率之差（示差折射率）Δn作为聚合物浓度的响应值。对于带有紫外线吸收基团（如苯环）的聚合物，也可以用紫外吸收检测器，其原理是根据比尔定律吸光度与浓度成正比，用吸光度作为浓度的响应值。

图2-2-1是GPC/SEC的构造示意图，淋洗液通过输液泵成为流速恒定的流动相，进入紧密装填多孔性微球的色谱柱，中间经过一个可将溶液样品送往体系的进样装置。聚合物样品进样后，淋洗液带动溶液样品进入色谱柱并开始分离，随着淋洗液的不断洗提，被分离的高分子组分陆续从色谱柱中淋出。浓度检测器不断检测淋洗液中高分子组分的浓度响应，数据被记录，最后得到一张完整的GPC/SEC淋洗曲线，见图2-2-2。

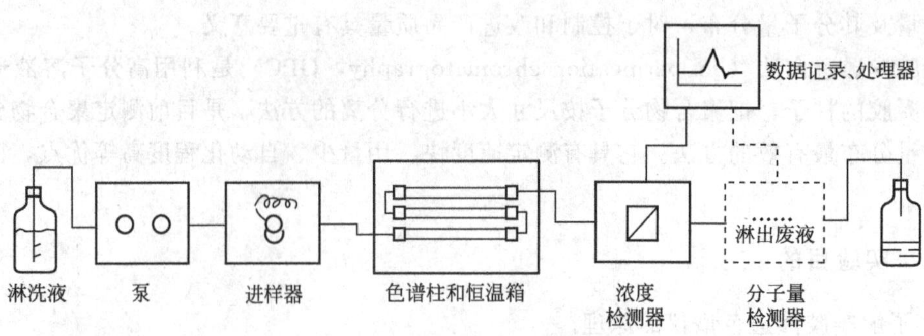

图 2-2-1　GPC/SEC 的构造

淋洗曲线表示 GPC/SEC 对聚合物样品依高分子体积进行分离的结果，并不是分子量分布曲线。实验证明，淋洗体积和聚合物分子量有如下关系：

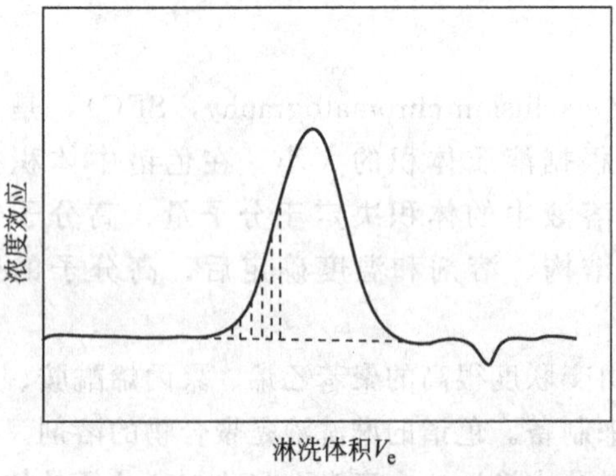

图 2-2-2　GPC/SEC 淋洗曲线和“切割法”

$$\ln M = A - BV_e \quad 或 \quad \lg M = A' - B'V_e \tag{2-2-1}$$

式中，M 为高分子组分的分子量；A、B（或 A'、B'）与高分子链结构、支化以及溶剂温度等影响高分子在溶液中的体积的因素有关，也与色谱的固定相、体积和操作条件等仪器因素有关，因此式(2-2-1) 称为 GPC/SEC 的标定（校正）关系。式(2-2-1) 的适用性还限制在色谱固定相渗透极限以内，也就是说分子量过高或过低都会使标定关系偏离线性。一般需要用一组已知分子量的窄分布的聚合物标准样品（标样）对仪器进行标定，得到在指定实验条件下，适用于结构和标样相同的聚合物的标定关系。

GPC/SEC 的数据处理，一般采用“切割法”。在谱图中确定基线后，基线和淋洗曲线所包围的面积是被分离后的整个聚合物，依横坐标对这块面积等距离切割。切割的含义是把聚合物样品看成由若干个具有不同淋洗体积的高分子组分所组成，每个切割块的归一化面积（面积分数）是高分子组分的含量，切割块的淋洗体积通过标定关系可确定组分的分子量，所有切割块的归一化面积和相应的分子量列表或作图，得到完整的聚合物样品的分子量分布结果。因为切割是等距离的，所以用切割块的归一化高度就可以表示组分的含量。切割密度会影响结果的精度，当然越高越好，但一般认为，一个聚合物样品切割成 20 块以上，对分子量分布描述的误差已经小于 GPC/SEC 方法本身的误差，当用计算机记录、处理数据时，可设定切割成近百块。用分子量分布数据，很容易计算各种平均分子量，以$\overline{M_n}$和$\overline{M_w}$为例：

$$\overline{M_n} = (\sum_i W_i/M_i)^{-1} = \sum_i H_i \Big/ \sum_i \left(\frac{H_i}{M_i}\right) \tag{2-2-2}$$

$$\overline{M_w} = \sum_i W_i M_i = \sum_i H_i M_i \Big/ \sum_i H_i \tag{2-2-3}$$

式中，H_i 是切割块的高度。

实际上 GPC/SEC 的标定是困难的，因为聚合物标样来之不易。商品标样品种不多且价格昂贵，一般只用聚苯乙烯标样，但聚苯乙烯的标定关系并不适合其他聚合物。研究者从分离机理和高分子体积与分子量的关系，发现了 GPC/SEC 的普适校正关系：

$$\ln M[\eta]=A_u-B_uV_e \quad 或 \quad \lg M[\eta]=A'_u-B'_uV_e \tag{2-2-4}$$

式中，[η] 是高分子组分的特性黏度，A_u、B_u（或 A'_u、B'_u）为常数，与式(2-2-1) 不同，这两个常数不再和高分子链结构、支化有关，式(2-2-4) 中仅与仪器、实验条件有关，而对大部分聚合物普适的校正关系。[η] 可用 Mark-Houwink 方程代入，通过手册查找常数 K、α。但是，不少聚合物在 GPC/SEC 常用溶剂和实验温度下的 K、α 值并没有报道，即使能够查到，其准确性也很难判断，因此利用普适校正关系还是受到很大的限制。

GPC/SEC 的分子量在线检测技术，从根本上解决了分子量标定问题。目前技术比较成熟的是光散射和特性黏度检测，前者检测淋洗液的瑞利比，直接得到高分子组分的分子量；后者则检测淋洗液的特性黏度，利用普适校正关系来确定组分的分子量。此外，利用分子量响应检测器，还能得有关高分子结构的其他信息，使凝胶渗透色谱的作用进一步加强。

四、实验仪器和试剂

1. 仪器：组合式 GPC/SEC 仪（美国 Waters-150C 公司）、分析天平、微孔过滤器、配样瓶、注射针筒。

2. 试剂：聚苯乙烯标样、悬浮聚合的聚苯乙烯、四氢呋喃（AR，重蒸后用 0.45μm 孔径的微孔滤膜过滤）。

五、实验步骤

1. 样品配制

选取十个不同分子量的标样，按分子量顺序 1、3、5、7、9 和 2、4、6、8、10 分为两组，每组标样分别称取约 2mg 混在一个配样瓶中，用针筒注入约 2mL 溶剂，溶解后用装有 0.45μm 孔径的微孔滤膜的过滤器过滤。在配样瓶中称取约 4mg 被测样品，注入约 2mL 溶剂，溶解后过滤。

2. 仪器观摩

了解 GPC/SEC 仪各组成部分的作用和大致结构，了解实验操作要点。接通仪器电源，设定淋洗液流速为 1.0mL/min、柱温和检测温度为 30℃。了解数据处理系统的工作过程，但本实验将数据处理系统仅用作记录仪，数据处理由人工完成，以便加深对分子量分布的概念和 GPC/SEC 的认识。

3. GPC/SEC 的标定

待仪器基线稳定后，用进样针筒先后将两个混合标样溶液进样，进样量为 100μL，等待色谱淋洗，最后得到完整的淋洗曲线。从两张淋洗曲线确定共十个标样的淋洗体积。

4. 样品测定

按上述方法，将样品溶液进样，得到淋洗曲线后，确定基线，用“切割法”进行数据处理，切割块数应在 20 以上。

六、数据记录及处理

1. 实验记录

(1) GPC/SEC 的标定

① 实验条件

标样________；浓度________；淋洗液________；流速________；色谱柱________；柱温________；进样量________。

② 标准样品数据记录

标准样品序号	相对分子质量 $\overline{M}$	淋洗体积 V_e
1 2 3 ⋮ 10		

作 $\lg\overline{M}$-V_e 图得 GPC/SEC 标定关系。

(2) 样品测定

样品________；浓度________；淋洗液________；流速________；色谱柱________；柱温________；进样量________。

切割块序号	V_{ei}	H_i	M_i	H_iM_i	H_i/M_i
1 2 3 ⋮ 20					

2. 数据处理

计算$\sum_i H_i$、$\sum_i H_iM_i$ 和$\sum_i$ (H_i/M_i)，根据式(2-2-2)、式(2-2-3) 计算出样品的数均、重均分子量和多分散系数 $d=\overline{M_w}/\overline{M_n}$。

七、实验注意事项

假如聚合物溶液黏度远比溶剂黏度大，将引起保留体积漂移和色谱图变形。所以必须在很低浓度下操作。此外，样品的分子量很高时，必须在几个浓度下测定再外推到零。

溶剂流中的空气，不可逆地损害柱的填料，严重降低塔板数。操作中，必须防止因样品引起温度突然变化而产生的膨胀或收缩，或因停泵等原因使空气进入体系。

精确地控制温度，尤其是折射仪温度，对获得稳定的基线是非常重要的。

八、回答问题及讨论

1. 高分子的链结构、溶剂和温度为什么会影响凝胶渗透色谱的校正关系?
2. 为什么在凝胶渗透色谱实验中，样品溶液浓度不必准确配制?

九、参考文献

[1] 李树新，王佩璋. 高分子科学实验. 北京：中国石化出版社，2008.
[2] 郑昌仁. 高聚物分子量及其分布. 北京：科学出版社，1986.
[3] 成跃祖. 凝胶渗透色谱法的进展及其应用. 北京：中国石化出版社，1993.
[4] 程广斌，卢波. 凝胶色谱实验条件对聚醚多元醇相对分子质量测定的影响. 聚氨酯工业，2009，24(3)：43-46.

实验三 聚合物的逐步沉淀分级

一、实验背景简介

级分的分离过程称为“分级”。逐步沉淀分级是聚合物分子量分级的经典方法之一。它利用高分子溶解度对分子量的依赖关系，得到平均分子量不同的级分，并可获得聚合物的分子量分布情况。

依据溶解度的分级方法，由于要求体系在平衡状态下分相，不但烦琐费时，而且效果也差，因此已逐渐被凝胶色谱（GPC）所取代。然而，目前在合成单分散的聚合物或者制备色谱有一定困难的情况下，要获得相当数量的标准样品（所谓“标准样品”是指一系列分子量分布很窄的、平均分子量不同的聚合物样品），逐步沉淀分级仍是一种简单、有效的制备方法。

二、实验目的

1. 初步掌握逐步沉淀分级的实验技术。
2. 了解逐步沉淀分级法的基本原理。
3. 为 GPC 实验制备标准样品。

三、实验原理

聚合物能否在溶剂中溶解，取决于溶剂的优良程度。依据溶解聚合物的能力，可以把溶剂分成良溶剂与不良溶剂。当溶剂极其不良时，实际上就是沉淀剂。所谓溶剂的良与不良，只是在程度上的差别，并没有严格的界限。对单组分的纯溶剂，有优良程度不等之分；对于多组分的混合溶剂，可以通过调节良溶剂与沉淀剂的比例，得到一系列优良程度不等的混合溶剂。

聚合物在良溶剂中，由于溶剂分子对高分子的“溶剂化”作用，克服了高分子本身的内聚力，从而使聚合物以分子为单位分散在溶剂中，成为均匀的一相，这个过程叫做溶解。所形成的均相混合物，叫做溶液。若在溶液中加入沉淀剂或降低温度，则良溶剂将逐渐变成不良溶剂。随着溶剂不良程度的增加，其对高分子的溶剂化作用将逐渐减弱，以致小于高分子的内聚力。于是，高分子即从溶液中凝聚出来，使溶液分成两相：稀相（又叫做溶液相）和浓相（又叫做凝液相），这一现象叫做高分子溶液的相分离。图 2-3-1 是聚合物-溶剂-沉淀剂的三元体系相图。

根据 Flory-Huggins 理论，聚合物在两相中的分配可以用下式表示：

$$\frac{f'}{f}=\frac{V'}{V}e^{x\sigma} \tag{2-3-1}$$

而

$$\sigma=2\chi_1(\phi_1-\phi_1')-\ln(\phi_1/\phi_1') \tag{2-3-2}$$

式中，f'和 f 是高分子分配在浓相和稀相中的质量分数，两者的关系是 $f'+f=1$；V'和 V 是浓相和稀相溶液的体积；e 是自然对数；x 是聚合度；χ_1 是溶质和溶剂间的相互作用参数；ϕ_1'和 ϕ_1 是浓相和稀相中溶剂所占的体积分数（当原始溶液浓度比较稀时，对于温度范围和分子量范围变化不太大的体系来说，ϕ_1' 和 ϕ_1 变化也不太大，故暂且把它们看成是常数）。

由式(2-3-1) 可知，浓相中聚合物的含量除了与 V'/V 值有关外，还与 x 值和 σ 值有关，x 和 σ 越大，f' 也越大。而 x 是聚合度，与分子量相当。由式(2-3-2) 可知，σ 值中有一个因子 χ_1，其大小和溶剂的良与不良有关，溶剂越不良，χ_1 值越大。若加入沉淀剂或降低温度，都能够使溶剂的不良程度增加，从而使 χ_1 值增大。由此可见，溶液中的高分子能否进入凝液相，以及在凝液相中所占的比例，取决于三个因素：第一是聚合物的分子量大小；第二是溶剂的良与不良；第三是温度的高低。显然，分子量越大，溶剂越不良，温度越低，对于分相越有利。

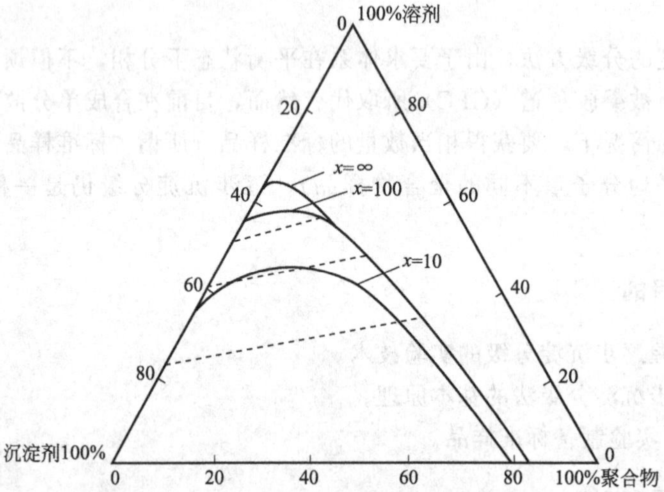

图 2-3-1　聚合物-溶剂-沉淀剂三元体系相图

逐步沉淀分级就是根据上述原理，把各种不同分子量的聚合物溶解在合适的溶剂中，配成约 1%的稀溶液，维持一定的温度，逐步滴加沉淀剂，使混合溶剂由良变成不良，到一定程度时，分子量最大的成分就开始进入凝液相，产生相分离。再继续滴加沉淀剂，分子量较小的成分也会进入凝液相，这样，如果在每次加沉淀剂以前，先取出上一次所产生的凝液相，就可依次得到分子量不等的若干组分——“级分”。这种级分比原始样品分子量分布窄一些，但仍旧有一定程度的分散。若把这些级分溶解后进行重复分级，分子量分布可更窄。

同理，分级也可以由“逐步降温法”实现。开始时，将聚合物溶液维持在比较高的温度，滴加沉淀剂使之产生相分离。取出第一个级分后，不再加沉淀剂，而使其温度逐步降低，依次得到分子量逐渐减小的级分。这种方法称为降温分级法，它与沉淀分级法的效果类似。当然，也可以将两种方法结合使用。

本实验用逐步加沉淀剂的方法进行分级。

四、实验仪器和试剂

1. 仪器：三颈瓶、恒温水槽。
2. 试剂：甲苯、无水乙醇、聚苯乙烯（$\overline{M}_n \approx 2\times10^5$）。

五、实验步骤

1. 溶解试样

称取聚苯乙烯样品 2g 置于 100mL 三角烧瓶中，加入 50mL 甲苯，稍温热并用玻璃棒轻轻搅拌使聚苯乙烯充分溶解。将此溶液通过衬有滤纸的玻璃漏斗滤入三颈瓶中，再取150mL甲苯，以少量甲苯洗涤三角烧瓶和漏斗3次，并加入三颈瓶中。将余下甲苯也加入三颈瓶中。

2. 滴加沉淀剂

将溶液轻轻摇匀后放入（30±0.1)℃的恒温水槽中。轻轻摇动三颈瓶，并向其中滴加无水乙醇。此时瓶中溶液立即出现白色浑浊，浑浊随即消失，此时应继续摇动瓶子，将瓶内溶液尽量混匀，并使沉淀迅速分散。当接近沉淀点时，滴加乙醇的速度要适当放慢一些，以减少局部沉淀剂（乙醇）浓度过大，从而使凝聚速度太快，将小分子也一块带下来，使分级效果变差。当沉淀剂滴加至溶液出现稍微蓝白色浑浊后，再继续滴加乙醇至出现乳白色浑浊(以从瓶外侧看不见插在瓶中溶液里的玻璃棒为准），至此共滴加乙醇约95mL。将三颈瓶塞紧塞子，慢慢从恒温槽中取出并浸入50～60℃水浴中温热至变成均相，在室温下轻轻摇动瓶子，自然冷却至约30℃。并放入30℃恒温水槽中静置约1h，观察溶液分层情况（大约估计浓相的量），静置。

3. 制取第一级分

上述溶液静置24～48h后，分成清晰的两层，轻轻地把三颈瓶取出恒温水槽，擦干净瓶外水迹，轻轻将瓶中稀相移至600mL烧杯中，余下的浓相倾入25mL烧杯中，静置片刻，将残留的稀相用滴管移入滤出的母液中，加入三颈瓶中。将10mL乙醇加到浓相中，立即有整块白色沉淀析出。将沉淀物用玻璃棒挤压，晾干，并用少量乙醇洗三次，然后将沉淀物切碎（注意不能污染）。再用乙醇浸泡，用表面皿盖好，放置过夜后晾干，转入称量过的称量瓶中，用红外灯初步烘干，然后进行真空干燥至恒重。即得到的第一个级分。

4. 制取其他级分

重复此操作过程，第二次加乙醇约1.5mL，第三次加乙醇约2mL，第四次约3mL，第五次约5mL，这样就可得到五个级分。本实验对第五次沉淀分级后的母液不要求再处理，故倒入“回收瓶”。这样逐次分级得到五个级分，经恒重后保存在真空干燥器内。

六、数据记录及处理

1. 计算各级分质量分数和分级损失

以各级分质量之和与原试样质量比较，算出分级损失。

$$分级损失=\frac{原试样质量-各级分质量之和}{原试样质量}$$

2. 画出分级曲线

用习惯法作积分分子量分布曲线和微分分布曲线。从分级所得数据，假定分级损失平均分配于每一级分，算出各级分的质量分数。

$$W_i=\frac{W_i}{\sum W_i}$$

从分子量小的级分开始，以黏度法测得分子量值为横坐标，以质量分数逐级叠加所得的值为纵坐标作垂直线，连接各垂直线得到阶梯形分级曲线（见图2-3-2中曲线3)，它是实验结果的真实反映。阶梯曲线应从0到$\sum W_i=1$。

习惯法积分分子量分布曲线的做法为：假定在各级分中，有一半的分子，其分子量大于或等于该级分的平均分子量，而另一半则小于或等于该级分的平均分子量，因而当把阶梯形分级曲线各垂直线中点连接起来，得到一平滑曲线（见图 2-3-2 中曲线 1），即得积分分布曲线。线上各点表示整个试样中 $M \leqslant M_i$ 的分子的质量分数。

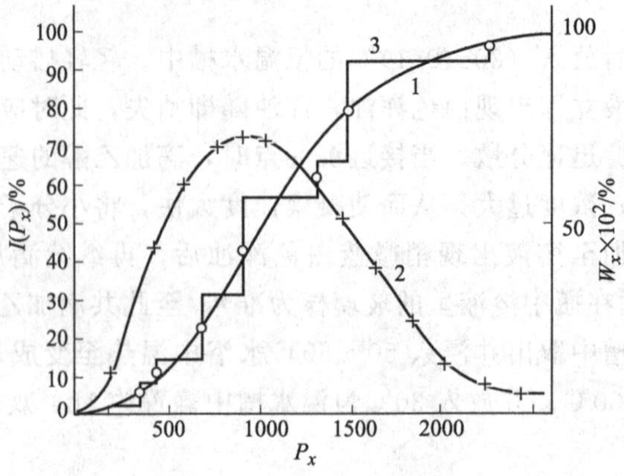

图 2-3-2 习惯法作分布曲线

1—积分分布曲线；2—微分分布曲线；3—阶梯曲线

$$I(M_i) = \frac{W_i}{2} + \sum_{j=1}^{j=i-1} W_j$$

画积分分布曲线时应顺势平滑，当此要求难以达到时，曲线不一定经过全部垂直线的中点，但应使被画在积分曲线上方的阶梯形曲线下的面积与画在积分曲线下方的非阶梯形曲线下的面积（即画出与画入的阶梯形曲线下的面积）在左右邻近处基本相等。积分曲线也应从 0 到 $W_x = 1$。

取积分分布曲线上各点的斜率（dI/dM）作曲线，所得即为习惯法微分分布曲线（见图 2-3-2 中的曲线 2）。微分分布曲线应从 $W = 0$ 画至再度为 0。

七、实验注意事项

浑浊的程度由需要分几个级分而定。若级分数较少，则可加入较多的沉淀剂，为确定沉淀剂量，可作一次预备试验：配制和正式实验同浓度的溶液，取出相等量放在一系列试管中，分别加入不同量的沉淀剂，观察其浑浊状况。

八、回答问题及讨论

1. 沉淀剂的加入速度对分级有无影响？
2. 环境温度对分级过程中的影响如何？

九、参考文献

[1] 钱人元等. 高聚物的分子量测定. 北京：科学出版社，1958.

[2] 马德柱，何平笙，徐种德等. 高聚物的结构与性能. 第 2 版. 北京：科学出版社，1995.

[3] 周丽玲，姜淑霞，唐学明等. 1,2-聚丁二烯 Mark-Houwink 方程式 K、α 的订定. 青岛化工学院学报，1992，13（3）：35-41.

[4] 谢小莉，曾钫，童真. 聚（N-异丙基丙烯酰胺）的分级和表征. 华南理工大学学报：自然科学版，1998，26（3）：64-67.

实验四　浊点滴定法测定聚合物的溶度参数

一、实验背景简介

溶度参数是表示物质混合能与相互溶解的关系的参数，与物质的内聚能有关。聚合物的溶度参数常被用于判别聚合物与溶剂的互溶性，对于选择聚合物的溶剂或稀释剂有着重要的参考价值。对于低分子来说，内聚能就是汽化能。低分子化合物低溶度参数一般是从汽化热直接测得，聚合物由于其分子间的相互作用能很大，欲使其汽化较困难，往往未达汽化点已先裂解。所以聚合物的溶度参数不能直接从汽化能测得，而是用间接方法测定。目前常用的实验方法有平衡溶胀法（测定交联聚合物）浊度滴定法、反相色谱法等。也可通过组成聚合物基本单元的化学基团的摩尔吸引常数来估算。

二、实验目的

1. 了解溶度参数的基本概念及实用意义。
2. 用浊度滴定法测定聚合物的溶度参数。
3. 学会用摩尔吸引常数来估算聚合物的溶度参数。

三、实验原理

要使聚合物在溶剂中能自动地溶解，则应在恒温恒压下满足混合自由能 $\Delta F_M<0$，即

$$\Delta F_M=\Delta H_M-T\Delta S_M<0 \qquad (2\text{-}4\text{-}1)$$

式中，ΔH_M 为混合热；T 为溶解时的温度；ΔS_M 为混合熵。

因为在混合过程中分子的排列趋于混乱，体系的混乱程度增大，因此一般情况下熵增加，即 $\Delta S_M>0$，$T\Delta S_M$ 总是正值。要满足 $\Delta F_M<0$，则必须使 $|\Delta H_M|<|T\Delta S_M|$。根据 Satchard-Hil-debrand 方程：

$$\Delta H_M=\frac{n_s V_s n_p V_p}{n_s V_s+n_p V_p}\left[\left(\frac{\Delta E_s}{V_s}\right)^{\frac{1}{2}}-\left(\frac{\Delta E_p}{V_p}\right)^{\frac{1}{2}}\right]^2 \qquad (2\text{-}4\text{-}2)$$

式中　n_s、n_p——分别为溶剂和聚合物的物质的量；

V_s、V_p——分别为溶剂和聚合物的摩尔体积；

ΔE_s、ΔE_p——分别为溶剂和聚合物的摩尔内聚能。

$(\Delta E/V)$ 称作内聚能密度，溶度参数 δ 的定义为内聚能密度的平方根，即 $\delta=(\Delta E/V)^{1/2}$，上式则为：

$$\Delta H_M=\frac{n_s V_s n_p V_p}{n_s V_s+n_p V_p}(\delta_s-\delta_p)^2 \qquad (2\text{-}4\text{-}3)$$

从式中可知，ΔH_M 总是正值，溶质与溶剂的溶度参数越接近，ΔH_M 越小，也越能满足自发溶解的条件。也就是说，两种物质互溶的可能性随它们溶度参数的趋近而变大；反之，δ_s 与 δ_p 相差越大，则越不利于溶解。因为 δ 与溶解性紧密相关，所以称之为溶度参数。

1. 浊度滴定法

在二元互溶体系中，只要某聚合物的溶度参数 δ_p 在两个互溶溶剂的 δ 值的范围内，我

们便可以调节这两个互溶混合溶剂的溶度参数，使 δ_{sm} 值和 δ_p 很接近。这样，我们只要把两个互溶溶剂按照一定的百分比配制成混合溶剂，该混合溶剂的溶度参数 δ_{sm} 可近似地表示为：

$$\delta_{sm}=\varphi_1\delta_1+\varphi_2\delta_2 \tag{2-4-4}$$

式中，φ_1、φ_2 分别表示溶液中组分 1 和组分 2 的体积分数。

浊度滴定法是将待测聚合物溶于某一溶剂中，然后用沉淀剂（能与该溶剂混溶）来滴定，直至溶液开始出现浑浊为止。这样，我们便得到在浑浊点混合溶剂的溶度参数 δ_{sm} 值。

聚合物溶于二元互溶溶剂的体系中，允许体系的溶度参数有一个范围。本实验我们选用两种具有不同溶度参数的沉淀剂来滴定聚合物溶液，这样得到溶解该聚合物混合溶剂参数的上限和下限，然后取其平均值，即为聚合物的 δ_p 值。

$$\delta_p=\frac{1}{2}(\delta_{mh}+\delta_{ml}) \tag{2-4-5}$$

式中，δ_{mh} 和 δ_{ml} 分别为高、低溶度参数的沉淀剂滴定聚合物溶液，在浑浊点时混合溶剂的溶度参数。

混合溶剂的溶度参照 δ_{sm} 的近似计算公式为：

$$\delta_{sm}=\sum\varphi_i\delta_i \tag{2-4-6}$$

式中，φ_i 和 δ_i 分别为组分 i 的体积分数和溶度参数。

式(2-4-4) 的计算较粗糙，只有当 $V_{ml}=V_{mh}$ 时才适用，多数情况下。$V_{ml}\neq V_{mh}$，此时可用下式计算：

$$\delta_p=\frac{\sqrt{V_{ml}}\delta_{ml}+\sqrt{V_{mh}}\delta_{mh}}{\sqrt{V_{ml}}+\sqrt{V_{mh}}} \tag{2-4-7}$$

式中，V_{ml}、V_{mh} 分别为溶度参数为 δ_{ml} 和 δ_{mh} 的两种混合溶剂的平均摩尔体积。

混合溶剂的平均摩尔体积 V_m 由两组分的体积分数和摩尔体积计算：

$$V_m=\frac{V_1V_2}{\varphi_1V_2+\varphi_2V_1} \tag{2-4-8}$$

式中，V_1、V_2 和 φ_1、φ_2 分别为两组分（溶剂和沉淀剂）的摩尔体积和体积分数。

2. 估算法

溶度参数估算法是利用可加和性原理，即原子、基团或链的贡献和加和来计算的。1953 年，P. A. Small 论证了无论对低分子或高分子物质，摩尔吸引常数都是一种有用的可加量，由基团对整个分子贡献的总和可估算 δ 值。计算式为：

$$\delta_p'=\frac{\sum F_i}{\sum V_i}=\frac{\sum F_i}{V}=\frac{\rho\sum F_i}{M_r} \tag{2-4-9}$$

式中，F_i 和 V_i 分别为 i 基团的摩尔吸引常数及摩尔体积；V 为重复单元的摩尔体积（应区别该物质是玻璃态、高弹态还是液态）；ρ 为高聚物的密度；M_r 为链节分子量。按此法估算，准确性一般可达小数点后一位数字。

四、实验仪器和试剂

1. 仪器：25mL 自动滴定管 2 支（也可用普通滴定管代用），50mL 锥形瓶 5 只，5mL 和 10mL 移液管各 2 支，50mL 容量瓶 1 只，50mL 烧杯 1 只。

2. 试剂：聚苯乙烯样品、氯仿（AR）、正己烷（AR）、甲醇（AR）。

五、实验步骤

1. 溶剂和沉淀剂的选择

首先确定聚合物样品溶度参数 δ_p 的范围。取少量样品，在不同 δ 的溶剂中作溶解试验，在室温下如果不溶或溶解较慢，可以把聚合物和溶剂一起加热，并把热溶液冷却至室温，以不析出沉淀才认为是可溶的。从中挑选合适的溶剂和沉淀剂。

2. 根据选定的溶剂配制聚合物溶液

称取 0.2g 左右的聚合物样品（本实验采用聚苯乙烯）溶于 25mL 的溶剂中（用氯仿作溶剂），等完全溶解后，待用。

3. 用溶度参数大于溶剂溶度参数的非溶剂来确定聚合物溶度参数的上限。用移液管吸取 5mL（或 10mL）溶液，放入干净的锥形瓶中，用甲醇滴定，非溶剂加入速率在 0.05～20mL/min 之间，注意在滴定时要不断摇晃锥形瓶，直至用肉眼观察，沉淀不再消失，近似“朦胧”的感觉，即为始浊点，记下所用去的甲醇量。

4. 将聚合物溶液分别稀释为初始浓度的 2/3、1/2 和 1/4，总量为 10mL，分别放入干净的锥形瓶中，然后用甲醇（同前步骤 3）滴定，直至出现始浊点，记下所用去的甲醇量。

5. 用溶度参数小于溶剂溶度参数的沉淀剂来确定聚合物溶度参数的下限。用移液管吸取 5mL 溶液放入干净的锥形瓶中，然后用正己烷重复上述滴定。直至出现始浊点，记下所用去的正己烷量。

本实验最好在 25℃下进行，但因溶度参数随温度变化很小，温度每升高 7℃，溶度参数仅改变 0.1，故在其他温度下测定，结果偏差也不大。

六、数据记录及处理

1. 实验记录

表 2-4-1　溶度参数测定数据表

试样________；室温________；日期________；操作者________

项目	δ_i	c_i	v_i	φ_{si}	φ_m	δ_m
溶剂氯仿						
沉淀剂甲醇		1				
		2/3				
		1/2				
		1/4				
沉淀剂正己烷						

2. 数据处理

（1）根据实验数据及式(2-4-5) 计算混合溶剂的溶度参数 δ_{mh} 和 δ_{ml}。

（2）根据实验数据及式(2-4-7)，计算聚合物的溶度参数 δ_p。

（3）用摩尔吸引常数计算聚合物的溶度参数。

（4）将实验和计算所得的聚合物溶度参数与估算法和文献值比较，求其相对误差，并分析产生误差的原因。

七、实验注意事项

1. 试样和溶剂必须保持干燥，否则会影响滴定观察。
2. 锥形瓶口应用保鲜膜封起来，以免溶剂挥发。
3. 滴定时要注意观察现象，并且滴加速率不能过快。
4. 从滴定管读取数据时一定要准确。

八、回答问题及讨论

1. 在浊度滴定法测定聚合物溶度参数时，应根据什么原则考虑适当的溶剂及沉淀剂？溶剂与聚合物之间溶度参数相近是否一定能保证二者相容？为什么？

2. 在用浊度滴定法测定聚合物的溶度参数中，聚合物溶液的浓度对 δ_p 有何影响？为什么？

九、参考文献

[1]　Mongara D. Markramol. Chem，1963，67：75.
[2]　[荷] 范克雷维伦 D M. 聚合物的性质. 许元泽等译. 北京：科学出版社，1987.
[3]　Tung L H. 合成聚合物的分级原理和应用. 南京大学高分子教研室译. 上海：上海科学技术出版社，1984：153.

实验五　溶胀平衡法测定交联聚合物的交联度

一、实验背景简介

橡胶经过交联能改善性能。未硫化的生胶材料很软，容易形变，而且有不可逆的塑性形变，外力去除后仍保留较大的不可逆形变。而硫化橡胶弹性模量较大，材料较硬，并且避免了产生不可逆形变，因此生胶必须经过硫化交联。但是，随着交联度的增加，链段活动性降低，使得橡皮变硬，产生的高弹形变也随着交联度增加而减小。因此，对橡胶进行加工时，一方面要进行硫化，使线型分子交联，提高强度，减少使用时的蠕变；另一方面要控制硫化条件，保持适当的交联度。欲了解橡胶交联度与制品性能的关系，就得测定橡胶的交联度。对于交联聚合物，与交联度直接相关的有效链平均分子量$\overline{M}_C$是一个重要结构参数。$\overline{M}_C$ 的大小对交联聚合物的物理力学性能具有很大的影响。平衡溶胀法是间接测定交联聚合物的溶度参数与有效链平均分子量$\overline{M}_C$的一种简单易行的方法。本实验采用溶胀法来测定不同硫化程度的天然橡胶的溶度参数与交联度，另外还可间接测得高分子-溶剂的相互作用参数χ_1。

二、实验目的

1. 理解聚合物溶度参数和交联度的物理意义。
2. 了解溶胀平衡法测定聚合物溶度参数及交联度的基本原理。
3. 掌握质量法测定交联聚合物溶胀度的方法。

4. 学会利用平衡溶胀度估算交联聚合物的交联度。

三、实验原理

1. 聚合物的溶度参数

小分子化合物的溶度参数，可由测得的汽化热，根据定义直接计算出来。而高聚物不能汽化，其溶度参数也就不能由汽化热直接测出，只能用间接的方法测定，溶胀平衡法是测定聚合物溶度参数的常用方法之一。

交联聚合物在溶剂中不能溶解，但可以吸收溶剂而溶胀，形成凝胶。在溶胀过程中，一方面溶剂力图渗入高聚物内使其体积膨胀；另一方面，由于交联高聚物体积膨胀导致网状分子链向三维空间伸展，使分子网受到应力而产生弹性收缩能，力图使分子网收缩。当这两种相反的倾向相互抵消时，就达到了溶胀平衡。交联高聚物在溶胀平衡时的体积与溶胀前的体积之比为溶胀度 Q。

溶胀的凝胶可视为聚合物的浓溶液。根据热力学原理，交联聚合物在溶剂中溶胀的必要条件是混合自由能 $\Delta G<0$，而：

$$\Delta G_{\mathrm{m}}=\Delta H_{\mathrm{m}}-T\Delta S_{\mathrm{m}} \tag{2-5-1}$$

式中，ΔH_{m} 和 ΔS_{m} 分别为混合过程中的焓和熵的变化；T 为体系的温度。因混合过程的 ΔS_{m} 为正值，故 $T\Delta S_{\mathrm{m}}$ 必为正值。显然，要满足 $\Delta G<0$，必须使 $\Delta H_{\mathrm{m}}<T\Delta S_{\mathrm{m}}$。

对于非极性聚合物与非极性溶剂的混合，若不存在氢键，则 ΔH_{m} 总是正值，假定混合过程中没有体积变化，则 ΔH_{m} 服从以下的关系式：

$$\Delta H_{\mathrm{m}}=\phi_1\phi_2(\delta_1-\delta_2)^2V \tag{2-5-2}$$

式中，ϕ_1 和 ϕ_2 分别为溶胀体中溶剂和聚合物的体积分数；δ_1 和 δ_2 分别为溶剂和聚合物的溶度参数；V 是溶胀体的总体积。

由式(2-5-2) 可见，δ_1 和 δ_2 越接近，ΔH_{m} 值越小，越能满足 $\Delta G<0$。当 $\delta_1=\delta_2$ 时，$\Delta H_{\mathrm{m}}=0$，此时交联网的溶胀度达到最大值。

若把交联度相同的某种高聚物置于一系列溶度参数不同的溶剂时，让它在恒定温度下充分溶胀，然后测定其平衡溶胀度 Q，由于聚合物的溶度参数与各溶剂的溶度参数之差不等，交联聚合物在各种溶剂中的溶胀程度也不同，因此在溶度参数 δ_1 不同的各种溶剂中，交联高聚物应具有不同的 Q 值。如果将交联聚合物在一系列不同溶剂中的平衡溶胀度 Q 对相应溶剂的溶度参数 δ_1 作图，Q 必出现极大值。根据上述原理，只有当溶剂的溶度参数 δ_1 与高聚物的溶度参数 δ_2 相等时，溶胀性能最好，即 Q 最大。因此，极大值所对应的溶度参数即可作为聚合物的溶度参数。

2. 交联聚合物的交联度

交联高聚物在溶剂中的平衡溶胀比与温度、压力、高聚物的交联度及溶质、溶剂的性质有关。交联高聚物的交联度，通常用相邻两个交联点之间的链的平均相对分子质量$\overline{M}_{\mathrm{C}}$（即有效网链的平均相对分子质量）来表示。

从溶液的似晶格模型理论和橡胶弹性的统计理论出发，可推导出溶胀度与$\overline{M}_{\mathrm{C}}$之间的定量关系为：

$$\overline{M}_{\mathrm{C}}=-\frac{\rho_2V_1\phi_2^{\frac{1}{3}}}{[\ln(1-\phi_2)+\phi_2+\chi_1\phi_2^2]} \tag{2-5-3}$$

上式就是橡胶的溶胀平衡方程。式中，ρ_2 是高聚物溶胀前的密度；V_1 是溶剂的摩尔体积；χ_1 是高分子-溶剂之间的相互作用参数；ϕ_2 是溶胀体中高聚物的体积分数，也就是平衡溶胀度的倒数。

$$\phi_2 = Q^{-1} \tag{2-5-4}$$

对于交联度不高的聚合物，$\overline{M}_C$较大，在良溶剂中 Q 可以大于 10，ϕ_2 很小，将式(2-5-3) 中的 $\ln(1-\phi_2)$ 展开，略去高次项，可得如下的近似式：

$$Q^{\frac{5}{3}} = \frac{\overline{M}_C}{\rho_2 V_1}\left(\frac{1}{2} - \chi_1\right) \tag{2-5-5}$$

如果χ_1 值已知，则从交联高聚物的平衡溶胀比 Q 可求得交联点之间的平均相对分子质量$\overline{M}_C$；反之，如果$\overline{M}_C$已知，则可从平衡溶胀比求得参数χ_1。

Q 值可根据交联高聚物溶胀前后的体积或质量求得：

$$Q = \frac{V_1 + V_2}{V_2} = \frac{\left(\frac{W_1}{\rho_1} + \frac{W_2}{\rho_2}\right)}{\frac{W_2}{\rho_2}} \tag{2-5-6}$$

式中，V_1 和 V_2 分别为溶胀体中溶剂和聚合物的体积；W_1 和 W_2 分别为溶剂体中溶剂和聚合物的质量。

四、实验仪器和试剂

1. 仪器：分析天平、称量瓶、镊子、溶胀管、恒温槽。
2. 试剂：交联天然橡胶、正庚烷、环己烷、四氯化碳、苯、正庚醇。

五、实验步骤

1. 先用分析天平将 5 只洁净的空称量瓶称重，然后分别放入一块交联橡胶试样，再称重，记录质量，并求得各试样的质量（干胶重）。
2. 将称重后的试样分别置于 5 只溶胀管内，每管加入一种溶剂 15～20mL，盖紧管塞后，放入 (25±0.1)℃的恒温槽内，让其恒温溶胀 10 天。
3. 10 天后，溶胀基本上达到平衡，取出溶胀体，迅速用滤纸吸干表面的多余溶剂，立即放入称量瓶内，盖上磨口盖后称量，然后再放回原溶胀管内使之继续溶胀。
4. 每隔 3h，用同样方法再称一次溶胀体的质量，直至溶胀体两次称重结果之差不超过 0.01g 时为止，即认为已达溶胀平衡。

六、数据记录及处理

1. 从有关手册上查出天然橡胶的密度ρ_1 和各种溶剂密度ρ_2 及溶度参数 δ_1，由式(2-5-6) 计算出天然橡胶在各种溶剂中的溶胀度 Q。
2. 做 Q-δ 图，确定 Q 的极大值点，找出极大值 Q 所对应的溶度参数，它就是天然橡胶的溶度参数 δ_2。
3. 查出天然橡胶与某种溶剂间的相互作用参数χ_1，根据式(2-5-5) 计算出天然橡胶的交联密度$\overline{M}_C$。

4. 由计算出的$\overline{M}_C$值，再根据式(2-5-5) 计算出天然橡胶与另外几种溶剂之间的相互作用参数。

七、实验注意事项

在交联聚合物的网格中若存在未交联物质，这些物质可以溶解，使溶液的浓度改变造成误差。所以应对样品溶液中是否有可溶性聚合物进行试验。

八、回答问题及讨论

1. 简述溶胀法测定交联聚合物的交联度的优点和局限性。

2. 简述线型聚合物、网状结构聚合物以及体型结构聚合物在适当的溶剂中，它们的溶胀情况有何不同？

九、参考文献

[1] 李树新，王佩璋. 高分子科学实验. 北京：中国石化出版社，2008.
[2] 何平笙，杨海洋，朱平平等. 高分子物理实验. 合肥：中国科学技术大学出版社，2002.
[3] 冯开才，李谷，符若文等. 高分子物理实验. 北京：化学工业出版社，2004.

第二节　聚合物的结构分析

实验六　高分子链形态的计算机模拟

一、实验背景简介

小分子化合物不存在形态的问题，对于高分子化合物来说，分子链是由成千上万个单键连接而成。在理想状态下，这些单键是可以进行自由内旋转的，因此高分子链在空间的排布会产生不同形态。因此，高分子链的构象、形态是高分子化合物特有的现象。由于单键的内旋转，使得柔性大分子在某一瞬间的构象与另一瞬间不同，链构象数很大，链的形态不断改变，尺寸也随之发生变化，导致了高分子链的构象、形态非常复杂，所以这方面的内容也是高分子物理理论教学的重点和难点。分子模拟法（也称作计算机模拟法）是用计算机以原子水平的分子模型来模拟分子的结构与行为，进而模拟分子体系的各种物理与化学性质。它已成为一种重要的科学研究方法，并且被广泛地应用于高分子科学的研究中。本实验的开设可使学生对高分子链构象形态问题有直观、形象、透彻的了解，能提高学生对该方面知识的掌握。

二、实验目的

1. 了解用计算机软件模拟大分子的“分子模拟”方法。
2. 学会用“分子的性质”软件构造聚丙烯、聚乙烯、聚甲基丙烯酸甲酯等大分子。
3. 计算主链含 50 个碳原子的聚乙烯、聚丙烯分子末端的直线距离。
4. 学会用“分子的性质”软件计算聚丙烯酸甲酯构象能量。

三、实验原理

C—C 单键是 σ 键，其电子云分布具有轴对称性。因此，键相连的两个碳原子可以相对旋转而不影响电子云的分布。原子或与原子团周围单键内旋转的结果将使原子在空间的排布方式不断地变换。长链分子主链单键的内旋转赋予高分子链以柔性，致使高分子链可任取不同的卷曲程度。高分子链的卷曲程度可以用高分子链两端点间直线距离——末端距来度量，高分子链卷曲越厉害，末端距越短。高分子长链能以不同程度卷曲的特征称为柔性。高分子链的柔性是高聚物具有高弹性的根本原因，也是决定高聚物玻璃化温度高低的主要因素。高分子链的末端距是一个统计平均值，通常采用它的平方的平均值，叫做均方末端距，通常是用高分子溶液性质的实验来测定的。

高分子材料的飞速发展使传统的实验方法难以应付。近几年，由于计算机主宰的能够模拟真实发展体系的结构与行为的方法形成了一个全新的领域。这个新领域就是“分子模拟”。

“分子模拟”是用计算机以原子水平的分子模型来模拟分子的结构与行为，进而模拟分子体系的各种物理和化学性质。分子模拟法不但可以模拟分子的静态结构，也可以模拟分子的动态行为（如分子链的弯曲运动，分子间氢键的缔合作用与解缔行为，分子在表面的吸附行为以及分子的扩散等)。该法能使一般的实验化学家、实验物理学家方便地使用分子模拟方法在屏幕上看到分子的运动像电影一样逼真。

原子组成分子。原子与原子之间的空间位置，由于键与键之间的伸缩、弯曲和扭转角的变化而不断变化，占主导地位的排列方式是低能量的。分子中原子之间的拓扑结构是由分子力场而不是重力场确定的。整个分子的势能被分子力场确定，或者说，分子力场在分子的势能函数中被表达。

“原子的种类”是指同种元素的原子由不同的键接方式，或不同的原子轨道杂化方式所引起的种类上的不同（这里不是讲化学元素各异的原子的种类)，这是一个十分重要的问题。

本软件提供 24 个使用的元素，有 C、H、O、N、F、Cl、Br、I、S、Si、P、B、Ge、Sn、Se、Te、Al、Ga、As、Sb、Na、Ca、Fe、Zn。

整个分子结构的能量优化过程如下：

① 选定一个分子的初始结构；

② 找出分子中的全部内坐标；

③ 建立该分子体系的势能函数表达式；

④ 计算该势能对笛卡尔坐标的一阶、二阶导数；

⑤ 计算出结构优化所需要的笛卡尔坐标的增量；

⑥ 得到新的结构，重复步骤④、⑤、⑥。

本实验首先计算聚丙烯酸甲酯的构象能量，其次通过分子力学以及分子动力学计算得到聚丙烯酸甲酯合理分子构象（能量最低）及其动态展示。

四、实验仪器

1. 装有 WinXP 或 Win2000 系统的计算机一台。
2. MP (Molecular Properties) 分子模拟软件。

五、实验步骤

软件的界面由主窗口、图形窗口、按钮窗口和主菜单窗口组成。主窗口位于屏幕的右上角，关闭主窗口也就退出了 MP 软件。屏幕上最大的是图形窗口，用来显示三维的分子图形。其中化学键用线段表示，用不同颜色表示不同元素：白色为氢，绿色为碳，红色为氧。按钮窗口有三个按钮："主菜单窗口按钮"是将菜单窗口返回主菜单窗口；"居中按钮"是计算机根据所画分子的大小和形状，自动选择合适的放大比例，把分子图像显示在图形窗口的中间；"全不选中按钮"将使所有的原子退出被选中状态。所有操作由鼠标的左右键及其与 Shift、Ctrl 键的组合来实现。

1. 学习鼠标的功能

鼠标左键：可以选中光标对准的一个原子，屏幕上用红色的十字表示选中的原子；如果该原子已被选中，按此键将使该原子取消选中。

鼠标右键：按此键并保持，光标将变为，这时如果上下移动鼠标，分子图形将沿着通过分子中心的水平轴旋转、如果左右移动鼠标，图形将通过分子中心的垂直轴旋转。

[Shift] ＋鼠标左键：按下此组合键可以选中该原子所在的分子；如果该分子已选中，按此键将使该分子取消选中。

[Shift] ＋鼠标右键：按下此组合键并保持，光标格变为；这时如果绕分子中心移动鼠标，分子图形将沿着通过分子中心且垂直屏幕的轴旋转。

[Ctrl] ＋鼠标左键：按下此组合键并保持，光标格变为；这时如果移动鼠标，分子图形将沿屏幕平面移动。

[Ctrl] ＋鼠标左键：按下此组合键并保持，光标格变为，这时如果向上移动鼠标，分子图形将放大，如果分子向下移动鼠标，分子图形将缩小。

2. 了解菜单窗口

[Main Menu] 是主菜单窗口，其中包含 10 个不同菜单，如 [File]、[Select]、[Build]、[Label]、[Quit]、[Analyse] 等。在菜单状态下使用菜单左上角的小图标，即可回到 [Main Menu] 状态。其中，各菜单的功能如下所述。

[File] 包括文件的打开、保存以及退出。

[Select] 菜单窗口可进行原子或分子的选择操作。包括如下几个选项：[Select all] 和 [Unselect all] 分别为选中所有的原子和退出所有被选中的原子。[Select a group] 则是选中一组原子（分别选中起点原子和终点原子，按 [Select a group] 就能把起点原子到终点原子间的原子全部选中，包括支链上的原子）。[Move all Mol] 和 [Move selected] 分别是用鼠标移动所有分子和被选中的分子。

[Build] 菜单窗口包括如下的选项：[Add] 可在被选中的氢原子（如果不是氢原子，要先用 [Change] 变为氢原子）上连接新的基团（新基团菜单在按 [Add] 时会自动弹出在屏幕的右侧）。[Delect] 可删除所有选中的原子以及与选中的原子相连的氢原子。[Bond] 可改变选中的两个原子间的化学键，如变单键为双键或链接两个原子。[Change] 可改变原子的属性（当有一个原子被选中时），改变键长（当有两个原子被选中时），改变平面角（当有三个原子被选中时）和改变二面角（当有四个原子被选中时）。[Unselect all] 则是将所有原子退出选中状态。

[Label] 菜单窗口包括如下的选项：[Element]、[Charge]、[Hybridization] 和 [Atom Number］是分别用来标出原子的元素符号、电荷、杂化状态和原子的编号。［Selected Atom］标出选中原子的原子编号。［None］则是去掉所有的标签。

［Analyse］用来分析测量，如按［Measure］键，将会根据选中的原子数目弹出相应的对话框测量键长、平面角。

［Quit］用来退出系统。

3. 构建全同立构聚丙烯分子

从主菜单窗口中选择［Build］，出现构造［Build］菜单窗口，再选择［Add］出现各分子片段的窗口，从中选取乙基片段，用鼠标标亮其中的一个氢原子，从［Add］菜单窗口中选取甲基片段，至此完成了丙烷分子的构建。重复以下的操作：用鼠标标亮其中的一个氢原子，从［Add］菜单窗口中选取甲基和乙基片段，即可完成丙烯分子的构建。

构建完聚丙烯分子结构模型之后，从主菜单窗口中选择［Build］，再选择［Change］，用鼠标标亮扭转角的 4 个原子。将 Torsion 角调整为 180°、60°、180°、60°…，即 TGTG…的构型，即可得到全同立构聚丙烯的分子结构模型。

构建 50 个碳原子的全同立构和无规立构聚丙烯分子，标亮第一和最后一个碳原子，选择［Analyse］，再选择［Measure］，这时得到的数据既是该聚丙烯分子的末端距离（由于分子不够长，这不是统计上的末端距）。比较全同立构分子和无规分子末端距离的大小。

4. 构建聚乙烯分子

用与步骤 3 中相同的步骤构建若干个含 50 个碳原子的无规线团聚乙烯分子，计算它们的末端距离。从中来理解 C—C 键内旋转引起的分子卷曲程度。

5. 构建聚丙烯酸甲酯分子

从主菜单窗口中选择［Build］，出现构造［Build］菜单窗口，再选择［Add］出现各分子片段的窗口，从中选取乙基片段，用鼠标标亮其中的一个氢原子，从［Add］菜单窗口中选取—COOH 片段，再标亮—COOH 上的氢原子，选加上甲基片段，至此完成了丙烯酸甲酯分子的构建。重复以下的操作：用鼠标标亮其中的一个氢原子，从［Add］菜单窗口中选取乙基和—COOH 片段，即可完成聚丙烯酸甲酯分子片段的构建。本实验要求构建含三个和五个单体单元的聚丙烯酸甲酯片段。

6. 聚丙烯酸甲酯构象能量计算

构建完聚丙烯酸甲酯分子片段结构模型之后，从主菜单窗口中选择［Conformation］，弹出相应窗口。用鼠标标亮准备旋转的角所涉及的 4 个原子，按［Torsion one］后，再按［Torsion RUN］，即出现一个对话框。

对话框中出现的是关于所建分子进行构象能计算时所需选择的参数。Description 是关于文件的提示性的描述，如评价力函数（RMS force）分子间相互作用的选择；偶极相互作用（Dipole）还是静电相互作用（Charge）；距离截断功能的限定距离（Cut off value）；在 Torsionl 中所显示的数字表示所选定扭转角原子的原子序号。从对话框中还可以设定进行构象能计算时扭转角的起始角度及间断角度。对话框最下端的［read initial structure and sequential search］、［read initial structure and free search］、［use last structure and free search］分别表示读入初始结构并按顺序查找，读入初始结构并自由查找，读入最终结构并自由查找，在进行构象计算时选择其中一项即可。扭转角的范围是从−180°到 180°。

若要计算两个扭转角，则在选择［Torsion one］之后，用鼠标选中第二个扭转角的 4 个原子，再按［Torsion RUN］，在屏幕上即出现新的对话框。对话框中各参数的意义同上，输入相应的参数后，选择［OK］即可。当程序完成计算构象之后，若想查看计算的结果，可调用 Conforme one 文本文件，文件中有三列数据，分别对应扭转角 1（φ_1）、扭转角 2（φ_2）和构象能（E）。有了构象能和扭转角的数据，要求用扭转角 φ_1 或 φ_2 对构象能 E 作图。

六、数据记录及处理

1. 构建全同立构聚丙烯（主链含 50 个 C 原子）

(1) 是否形成螺旋形构象：________________；

(2) 在螺旋形构象的一个等同周期中，含有________个重复单元，转了________圈；

(3) 末端距 C_1—C_{50}：________________Å；

(4) 键角 C—C—C：________________。

2. 构建无规立构聚丙烯（主链含 50 个 C 原子）

(1) 伸直链（主链呈平面锯齿形）

末端距 C_1—C_{50}：________________Å；

(2) 改变链的构象，使链弯曲

末端距 C_1—C_{50}：________________Å。

3. 构建聚丙烯酸甲酯片段（三个单体单元），选取一个内旋转角

内旋转角涉及的四个原子编号：________，________，________，________；

内旋转角范围：从________（起始角度）到________（终止角度）；

内旋转间隔：________。

记录内旋转角 φ 和构象能 $E(\varphi)$ 数据，以 $E(\varphi)$ 对 φ 作图［附上 $E(\varphi)$ 对 φ 的作图］。

4. 构建聚丙烯酸甲酯片段（三个单体单元），选取两个内旋转角

(1) 内旋转角 φ_1 涉及的四个原子编号________，________，________，________；

内旋转角 φ_1 范围：从________（起始角度）到________（终止角度）；

内旋转间隔：________。

(2) 内旋转角 φ_2 涉及的四个原子编号：________，________，________，________；

内旋转角 φ_2 范围：从________（起始角度）到________（终止角度）；

内旋转间隔：________。

记录内旋转角 φ_1 和构象能 $E(\varphi_1)$ 以及内旋转角 φ_2 和构象能 $E(\varphi_2)$ 数据，选取任一 φ_2，以 $E(\varphi_1)$ 对 φ_1 作图［附上 $E(\varphi_1)$ 对 φ_1 的作图］。

根据以上操作，计算 50 个碳原子的全同立构聚丙烯分子、聚乙烯分子的末端距离。构建聚丙烯酸甲酯的构象并计算构象能 E，以 $E(\varphi)$ 对 φ 作图。

七、实验注意事项

实验开始之前，需熟悉实验软件的操作程序。禁止学生随意使用 U 盘拷贝数据，以免电脑和软件程序被病毒破坏。

八、回答问题及讨论

1. 什么是均方末端距，如何从统计学上理解均方末端距？

2. 高分子内旋转通常是不自由的，构象能与内旋转角有很大关系。通过本实验，你认

为高分子的尺寸能否用理论方法计算？简述原因。

九、参考文献

[1] 杨海洋，朱平平，何平笙．高分子物理实验．合肥：中国科学技术大学出版社，2008.

[2] 韩哲文．高分子科学实验．上海：华东理工大学出版社，2005.

[3] 朱平平，何平笙，杨海洋等．把分子模拟法引入高分子物理实验教学．大学化学，2010，25（4）：41-46.

[4] 杨海洋，易院平，朱平平等．二维高分子链形态的计算机模拟．高分子通报，2003，（5）：76-80.

实验七　差示扫描量热法

一、实验背景简介

差热分析（differential thermal analysis）是在温度程序控制下测量试样与参比物之间温度差随温度变化的一种技术，简称 DTA。在 DTA 基础上发展起来的是差示扫描量热法（differential scanning calorimetry），简称 DSC。差示扫描量热法是在温度程序控制下，测量试样与参比物在单位时间内能量差随温度变化的一种技术。

DTA、DSC 在高分子方面的应用特别广泛，试样在受热或冷却过程中，由于发生物理变化或化学变化而产生热效应，在差热曲线上就会出现吸热或放热峰。试样发生力学状态变化时（例如由玻璃态转变为高弹态），虽无吸热或放热现象，但比热容有突变，表现在差热曲线上是基线的突然变动。试样内部这些热效应均可用 DTA、DSC 进行检测，发生的热效应大致可归纳如下。

（1）吸热反应。如结晶、蒸发、升华、化学吸附、脱结晶水、二次相变（如高聚物的玻璃化转变）、气态还原等。

（2）放热反应。如气体吸附、氧化降解、气态氧化（燃烧）、爆炸、再结晶等。

（3）可能发生的放热或吸热反应。结晶形态的转变、化学分解、氧化还原反应、固态反应等。

DTA、DSC 在高分子方面的主要用途是：①研究聚合物的相转变过程，测定结晶温度 T_c、熔点 T_m、结晶度 X_c、等温结晶动力学参数；②测定玻璃化温度 T_g；③研究聚合、固化、交联、氧化、分解等反应，测定反应温度或反应温区、反应热、反应动力学参数等。

DSC 与 DTA 相比，有一突出的优点，即差热分析时试样与参比物的温度始终相等，避免了 DTA 测试时试样发生热效应造成的参比物与试样之间的热传递，因此，DSC 仪器反应灵敏，分辨率高，重现性好。目前，DSC 在高分子材料分析方面应用非常广泛。

二、实验目的

1. 了解 DSC 的基本原理，通过 DSC 测定聚合物的加热及冷却谱图。
2. 了解 DSC 法在聚合物研究领域中的应用。
3. 了解 DSC 的基本操作步骤和相关注意事项。

4. 观察聚合物的DSC谱图，并学会使用仪器分析软件对谱图进行分析，求取聚合物相应的特征转变温度及转变热焓。

三、实验原理

1. DSC仪器简介

DSC又分为功率补偿式DSC和热流式DSC、热通量式DSC。后两种在原理上和DTA相同，只是在仪器结构上作了很大改进。应用较多的是功率补偿式DSC和热流式DSC。

图2-7-1是功率补偿式DSC示意图。美国的Perkin-Elmer公司所生产的系列DSC就属于功率补偿式DSC。功率补偿式DSC与差热分析（DTA）在仪器结构上的主要不同是仪器中增加了一个差动补偿放大器，以及在盛放样品和参比物的坩埚下面装置了补偿加热丝，其他部分均和DTA相同。

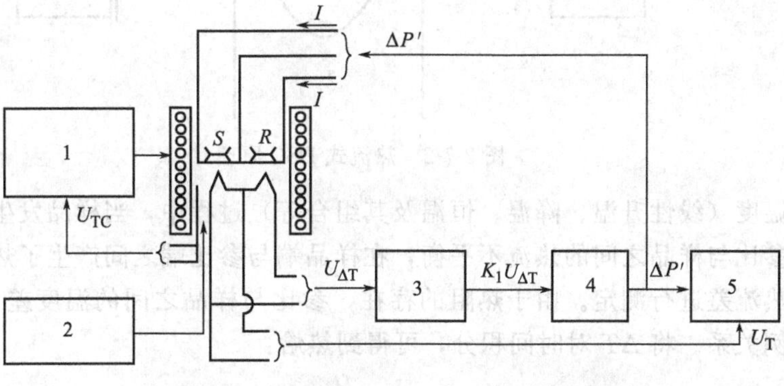

图2-7-1　功率补偿式DSC原理示意图

1—温度程序控制器；2—气氛控制；3—差热放大器；4—功率补偿放大器；5—记录仪

当试样发生热效应时，如放热，试样温度高于参比物温度，放置在它们下面的一组差示热电偶产生温差电势，经差热放大器放大后送入功率补偿放大器，功率补偿放大器自动调节补偿加热丝的电流，使试样下面的电流减小，参比物下面的电流增大。降低试样的温度，增高参比物的温度，使试样与参比物之间的温差ΔT趋于零。上述热量补偿能及时、迅速完成，使试样和参比物的温度始终维持相同。

设两边的补偿加热丝的电阻值相同，即$R_S=R_R=R$，补偿电热丝上的电功率为$P_S=I_S^2R$和$P_R=I_R^2R$。当样品无热效应时，$P_S=P_R$。当样品有热效应时，P_S和P_R之差ΔP能反映样品放（吸）热的功率：

$$\Delta P=P_S-P_R=I_S^2R-I_R^2R=(I_S^2-I_R^2)R=(I_S+I_R)(I_S-I_R)R=(I_S+I_R)\Delta V=I\Delta V \tag{2-7-1}$$

由于总电流（I_S+I_R）为恒定值，所以样品放（吸）热的功率ΔP只与ΔV成正比。记录ΔP随温度T（或时间t）的变化就是试样放热速率（或吸热速率）随T（或t）的变化，这就是DSC曲线。在DSC中，峰的面积是维持试样与参比物温度相等所需要输入的电能的真实量度，它与仪器的热学常数或试样热性能的各种变化无关。因此，功率补偿式DSC在热量定量方面比DTA好得多，能直接从曲线的峰面积中得到试样的放热量（或吸热量），而且分辨率高，测得的化学反应动力学参数和物质纯度等数据比DTA、热流式及热通量式DSC更为精确，其仪器常数K几乎与温度无关，故无需对所测得的峰面积加以逐点校正。

热流型差示扫描量热仪（DSC）使样品处于一定的温度程序（升温/降温/恒温）（即相同功率）控制下，观察样品和参比物之间的热流差随温度或时间的变化过程。德国NETZSCH公司生产的系列DSC就属于热流型DSC。热流型差示扫描量热仪的基本原理示意如图2-7-2所示。

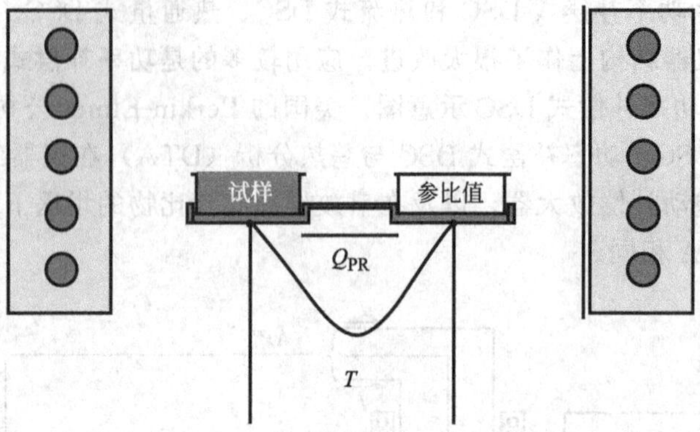

图 2-7-2　热流式DSC原理

在程序温度（线性升温、降温、恒温及其组合等）过程中，当样品发生热效应时，样品热效应引起参比与样品之间的热流不平衡，在样品端与参比端之间产生了热流差，并通过热电偶对这一热流差进行测定。由于热阻的存在，参比与样品之间的温度差（ΔT）与热流差成一定的比例关系。将ΔT对时间积分，可得到热焓：

$$\Delta H = K\int_{0}^{t} \Delta T \mathrm{d}t \tag{2-7-2}$$

式中，$K=f$（温度、热阻、材料性质等）。

DSC曲线的纵坐标代表试样放热或吸热的速率，即热流速率，单位是mJ/s，试样放热或吸热的热量为：

$$\Delta Q = \int_{t_1}^{t_2} \Delta P' \mathrm{d}t \tag{2-7-3}$$

式(2-7-2) 右边的积分就是峰面积A，是DSC直接测量的热效应热量。但试样和参比物与补偿加热丝之间总存在热阻，补偿的热量有些漏失，因此热效应的热量应修正为$\Delta Q=KA$。K称为仪器常数，可由标准物质实验确定。这里的K不随温度、操作条件而变，这就是DSC比DTA定量性能好的原因。同时试样和参比物与热电偶之间的热阻可做得尽可能的小，这就使DSC对热效应的响应快、灵敏，峰的分辨率好，基线水平性好。由于温差电势ΔT和热阻都与温度呈非线性关系，为了精确地测定试样焓变，必须使用校准曲线。校准曲线可以从几个标准样品的焓变与该仪器测得的峰面积之比中得到。即使对同一种型号的仪器，它们的校准曲线也是有差别的。或者换新的样品池后，应该重新求得校准曲线。DSC仪器常规包括温度校正与灵敏度校正。校正周期视仪器的使用频率而定，一般建议每隔半年至一年校正一次。若传感器在某次实验中发生明显污染，则在清除污染后可考虑重新校正。

2. DSC曲线

在DSC测试过程中，样品在程序温度（线性升温、降温、恒温及其组合等）过程中发生热效应时，在样品端与参比端之间产生了热流差，通过热电偶对这一热流差进行测定，即可获得如图 2-7-3 所示的聚合物典型 DSC 图谱。

当温度升高，达到玻璃化温度 T_g 时，试样的热容由于局部链节移动而发生变化，一般为增大，所以相对于参比物，试样要维持与参比物相同温度就需要加大试样的加热电流。由于玻璃化温度不是相变化，曲线只产生阶梯状位移，温度继续升高，试样发生结晶则会释放大量结晶热而出现吸热峰。再进一步升温，试样可能发生氧化、交联反应而放热，出现放热峰，最后试样则发生分解、吸热，出现吸热峰。并不是所有的聚合物试样都存在上述全部物理变化和化学变化。

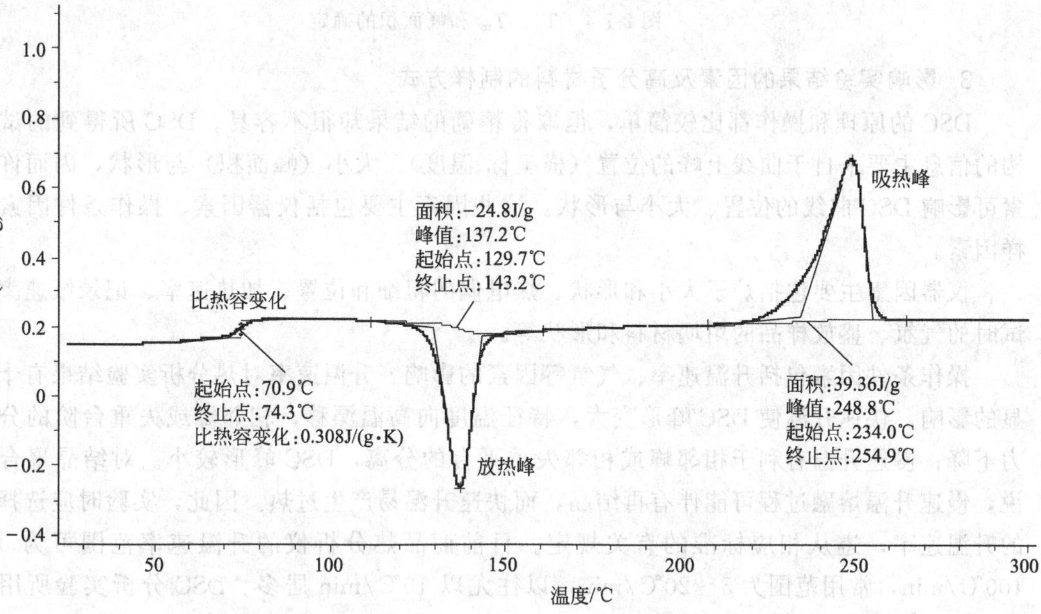

图 2-7-3　高聚物的典型 DSC 图谱

确定 T_g 的方法是由玻璃化转变前后的直线部分取切线，再在实验曲线上取一点，如图 2-7-4(a)，使其平分两切线间的距离 A，这一点所对应的温度即为 T_g。T_m 的确定，对低分子纯物质来说，像苯甲酸，如图 2-7-4(b)，由峰的前部斜率最大处作切线与基线延长线相交，此点所对应的温度即为 T_m。对聚合物来说，如图 2-7-4(c) 所示，由峰的两边斜率最大处引切线，相交点所对应的温度为 T_m，或取峰顶温度作为 T_m。T_c 通常也是取峰顶温度。峰面积的取法如图 2-7-4 中 (d)、(e) 所示。可用求积仪或数格法、剪纸称重法量出面积。如果峰前峰后基线基本水平，峰对称，其面积以峰高乘半宽度，即 $A=h\times\Delta t_{1/2}$，如图 2-7-4(f) 所示。如果 100%结晶试样的熔融热 ΔH_f^* 已知，则试样的结晶度可以用下式计算：

$$结晶度\ X_D=\frac{\Delta H_f}{\Delta H_f^*}\times 100\% \qquad (2\text{-}7\text{-}4)$$

目前，DSC 在高分子材料分析方面应用非常广泛。如研究结晶聚合物的熔融与结晶过程；研究聚合物的玻璃化转变与热焓松弛；研究聚合物的反应过程；研究多相聚合物体系的相容性；研究液晶聚合物的热转变过程；研究聚合物与水的相互作用；研究聚合物与 T_g 转变有关的其他性能，如分子间相互作用与 T_g 的关系、聚合物交联与降解对 T_g 的影响、添加物对聚合物 T_g 的影响、T_g 与相对分子质量及分布的关系等。

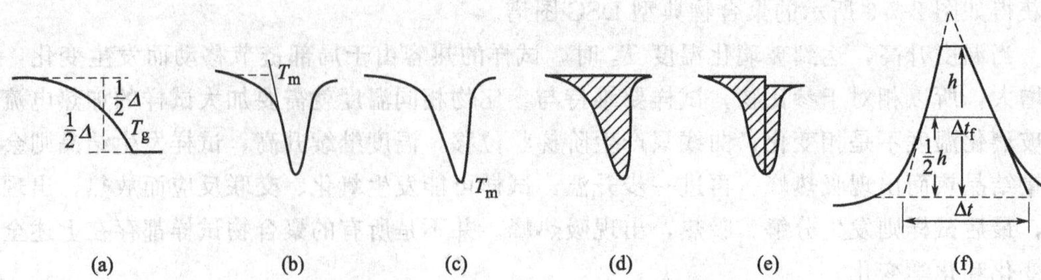

图 2-7-4 T_g、T_m 和峰面积的确定

3. 影响实验结果的因素及高分子材料的制样方式

DSC 的原理和操作都比较简单，但取得精确的结果却很不容易。DSC 所得到的试样结构的信息主要来自于曲线上峰的位置（横坐标-温度）、大小（峰面积）与形状，因而许多因素可影响 DSC 曲线的位置、大小与形状。这些因素主要包括仪器因素、操作条件因素和试样因素。

仪器因素主要包括炉子大小和形状、热电偶的粗细和位置、加热速率、记录纸速率、测试时的气氛、盛放样品的坩埚材料和形状等。

操作条件因素包括升温速率、气氛等因素的影响。升温速率对热分析实验结果有十分明显的影响。快速升温使 DSC 峰形变大，特征温度向高温漂移，相邻峰或失重台阶的分离能力下降；慢速升温有利于相邻峰或相邻失重平台的分离，DSC 峰形较小。对结晶聚合物来说，慢速升温熔融过程可能伴有再结晶，而快速升温易产生过热。因此，实验时应选择合适的升温速率，遵从相应标准的有关规定。目前商品热分析仪的升温速率范围可为 0.1～100℃/min，常用范围为 5～20℃/min，以往尤以 10℃/min 居多。DSC 分析实验所用气氛应根据测试内容和目的不同进行变换，借以辨析热分析曲线热效应的物理-化学归属。常用的惰性气体有氮气、氩气、氦气等。空气和氧气由于具有一定的氧化性，因此有时用作样品反应气氛。考虑到气氛在测试所达到的最高温度下是否会与热电偶、坩埚等发生反应注意防止爆炸和中毒等情况，有时还会用到氢气、一氧化碳、氯化氢等气体。所用气氛的化学活性、流动状态、流速、压力等均会影响样品的测试结果。

试样因素主要包括试样的量、试样粒度大小、样品填装方式等影响。少量试样有利于气体产物的扩散和试样内部温度的均衡，减小温度梯度，降低试样温度与环境线性升温的偏差。除此之外，试样的用量还会对其形态特征有影响，进而为使用 DSC 曲线形貌特征来鉴别物质的方法带来困难。因此，试样的用量在灵敏度足够的前提下应尽可能少。一般来讲，表面反应或多或少要受到试样粒径的影响。因此，试样粒径越小，表面反应也就越多，反应峰面积越大。所以，一般样品的粒径越小越好。DSC 曲线峰面积与样品的热导率成反比，而热导率与样品颗粒大小分布和装填的疏密程度有关，接触越紧密，则热传导越好。

一般来讲，如果为了提高对微弱热效应的检测灵敏度，一般采用提高升温速率或加大样品量的方式。如果为了提高相邻峰（失重平台）的分离度，一般采用减慢升温速率或减小样品量的方式。

根据以上因素的影响，不同类型样品的制样方式主要包括以下几点。

（1）粉状固体：样品应均匀分布于样品坩埚底部。

（2）块状固体：对于块状固体，如橡胶或热塑性材料，可用小刀、解剖刀或剃刀片切成薄片。

（3）薄膜：采用空心钻头钻取或冲取圆片。圆片应完全覆盖在坩埚底部。为了增加样品与坩埚底部的接触，应在坩埚上加盖，凸面朝下，并密封。

（4）液体：根据液体样品的黏度，可采用细玻璃棒、微型移液管或注射器将其滴入坩埚。

（5）纤维：主要包括以下几种制样方式。

① 纤维可切成小段，并平行铺散于坩埚底部。

② 可将纤维缠绕在小棒上，再将盘绕的纤维由棒上移至坩埚内。

③ 束状纤维可用铝箔包裹，且切取两端（可适量增加纤维以增加样品质量），将由铝箔包裹的纤维材料放入坩埚。

④ 在任何情况下，可通过滴加一滴硅油来提高实验的结果（改善热传导）。

四、实验仪器和试剂

1. 仪器：差示扫描量热仪德国耐驰 DSC 200PC（图 2-7-5）、坩埚、压片制样机、天平。
2. 试剂：聚乙烯、聚氯乙烯、聚苯乙烯、涤纶、环氧树脂等高聚物样品。

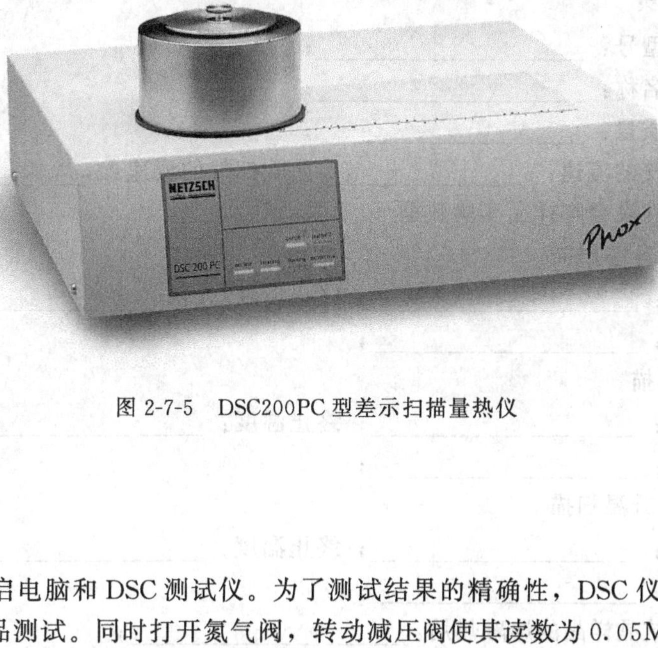

图 2-7-5 DSC200PC 型差示扫描量热仪

五、实验步骤

1. 准备工作

（1）开机：开启电脑和 DSC 测试仪。为了测试结果的精确性，DSC 仪器打开之后预热 30min 方可进行样品测试。同时打开氮气阀，转动减压阀使其读数为 0.05MPa。

（2）制样：取适量样品并称量，将称好的样品用镊子放入坩埚中，用压片机压制。一般测量玻璃化转变样品可取多些，可在 15mg 左右；测试熔融温度时样品量应少，5mg 左右足够。用镊子夹取坩埚时要小心，防止坩埚的损坏，如在测试过程中有气体逸出，可在坩埚上盖扎一个小孔。

（3）打开测试软件，建立新的测试窗口和测试文件。

（4）设定测量参数、测量类型、样品编号：×××；样品名称：×××；样品质量：×××；操作者：×××；材料：×××。

（5）打开温度校正文件和灵敏度校正文件。

(6) 设定程序温度：进入温度控制编程程序设定程序温度。设定程序温度时，初始温度要比测试过程中出现的第一个特征温度至少低 50～60℃，一般选择升温步长为 10℃/min 或者 20℃/min。程序条件：选定 STC，吹扫气和保护气。如果测定低温阶段，应先将仪器预先冷却到低温阶段。

(7) 定义测试文件名。

(8) 初始化工作条件：当温度高于室温时可以打开控制开关，选用压缩机冷却。若需从低温测起可开启液氮装置，但不宜开得太大，而且可以在高于设定温度时即可关闭，等其降至最低然后升至设定温度时开始进行测试。

2. 操作步骤

(1) 将样品坩埚和参比坩埚放入样品池。

(2) 在计算机中选择“开始”测试，仪器自动开始运行，运行结束后可以打印所得到的谱图。

(3) 用随机软件处理谱图，求取聚合物相应的特征转变温度及转变热焓。

(4) 测试完毕关仪器时，顺序没有特别要求，退出程序即可。

六、数据记录及处理

1. 实验记录

(1) 仪器型号：____________________；

(2) 样品名称：____________________；

(3) 样品质量：____________________；

(4) 保护气的流速：________________；吹扫气的流速：____________________；

(5) 结晶性聚合物样品实验数据

① 第一次升温扫描

起始温度：____________________；终止温度：____________________；

升温速率：____________________；

② 降温扫描

起始温度：____________________；终止温度：____________________；

降温速率：____________________；

③ 第二次升温扫描

起始温度：____________________；终止温度：____________________；

升温速率：____________________；

④ 100%结晶样品的熔融热焓：____________________；

⑤ 谱图分析结果

玻璃化温度：____________________；

结晶度 T_c：____________________；结晶热 ΔH_c：____________________；

熔点 T_m：____________________；熔融热焓 ΔH_m：____________________；

结晶度 $X_{c(DSC)}$：____________________。

(6) 热固性树脂样品实验数据

起始温度：____________________；终止温度：____________________；

升温速率：____________________；

熔点 T_m：________________；

固化峰起始温度 T_i：________________；固化峰值温度 T_p：________________；

固化峰终止温度 T_f：________________；

固化转化率（α）：________________。

2. 数据处理

利用 DSC 曲线通过仪器分析软件确定样品的玻璃化温度、结晶温度及熔融温度，并求其熔融热 ΔH_f。

如是结晶聚合物，可以利用聚合物的熔融热焓求出聚合物的结晶度。结晶度的计算可以利用分析软件直接计算得出，其计算原理如下式所示：

$$X_c=\frac{\text{样品升温熔融热焓}}{100\%\text{结晶材料的理论熔融热焓}} \tag{2-7-5}$$

如是热固性树脂，可以利用聚合物的固化反应放热焓求出聚合物的固化反应转化率（α），计算公式如下所示：

$$\text{转化率}(\alpha)=\frac{100\%\text{固化反应的热焓}-\text{样品升温固化反应的热焓}}{100\%\text{固化反应的热焓}} \tag{2-7-6}$$

七、实验注意事项

1. 根据测试样品种类和测试内容精确控制保护气和吹扫气的流速及吹扫气的种类。
2. 根据测试内容准确设定升温程序。
3. 根据测试内容选择合适的样品用量，并准确称量样品的用量。
4. 保持样品坩埚的清洁，应使用镊子夹取，避免用手触摸。
5. 试验完成后，必须等炉温在室温到 100℃以内才能打开炉盖。
6. 应严格按照仪器的操作流程进行操作，以免损坏仪器。
7. 必须注意 DSC 测试温度范围应控制在样品分解温度以下。
8. 测试过程中，如果被测样品有腐蚀性气体产生，仪器所使用的保护气体及吹扫气的密度应大于所生成的腐蚀性气体，或加大吹扫气的流速有利于将腐蚀性气体带出去。

八、回答问题及讨论

1. 差示量热扫描仪分析（DSC）的基本原理是什么？
2. 升温速率对聚合物的 T_g 有何影响？
3. 对于结晶聚合物材料，以相同的升温速率进行两次扫描，试分析两次升温曲线有哪些异同点？为什么？
4. DSC 在聚合物的研究中有哪些用途？

九、参考文献

[1] 刘振海，徐国华，张洪林. 热分析仪器. 北京：化学工业出版社，2006.
[2] 朱诚身. 聚合物结构分析. 北京：科学出版社，2004.
[3] 冯开才，李谷，符若文等. 高分子物理实验. 北京：化学工业出版社，2004.
[4] 刘振海，山立子，陈学思等. 聚合物量热测定. 北京：化学工业出版社，2002.
[5] 德国耐驰仪器制造有限公司. DSC 200 PC 表使用说明书. 2005.

实验八 偏光显微镜法观察聚合物的球晶形态并测定球晶的径向生长速率

一、实验背景简介

偏光显微镜是利用光的偏振特性对双折射物质进行研究鉴定的必备仪器。它在医学上有广泛的用途，如观察齿、骨、头发及活细胞等的结晶内含物、神经纤维、动物肌肉、植物纤维等的结构细节，分析变性过程。用于高分子材料、聚合物材料等化工领域，适用于研究物体的结晶相态分析、共混相态分布、粒子分散性及尺寸测量、结晶动力学的过程记录分析、液晶分析、织态结构分析、熔解状态记录观察分析等研究方向。例如高聚物熔融和结晶过程中形态观察，结晶速率及动力学计算，观察双折射体的光学效应，微生物形貌观察，组织细胞核和壁形态观察，地质材料偏光形态观察，无机晶体材料观察与评价。也可以观察无机化学中各种盐类的结晶状况，在自然光看不到的精细结构，是医疗卫生、科研教学等单位的理想仪器。

众所周知，晶体和无定形体是聚合物聚集态的两种基本形式，很多聚合物都能结晶。聚合物在不同条件下形成不同的结晶，比如单晶、球晶、纤维晶等，聚合物从浓溶液中析出或熔体冷却结晶时，倾向于生成比单晶复杂的多晶聚集体，通常呈球形，故称为“球晶”。球晶可以长得很大。球晶是聚合物中最常见的结晶形态，大部分由聚合物熔体和浓溶液生成的结晶形态都是球晶。结晶聚合物材料的实际使用性能（如光学透明性、冲击强度等）与材料内部的结晶形态、晶粒大小及完善程度有着密切的联系，如较小的球晶可以提高冲击强度及断裂伸长率。例如球晶尺寸对于聚合物材料的透明度影响更为显著，由于聚合物晶区的折射率大于非晶区，因此球晶的存在将产生光的散射而使透明度下降，球晶越小，则透明度越高，当球晶尺寸小到与光的波长相当时，可以得到透明的材料。聚合物制品的实际使用性能（如光学透明性、冲击强度等）与材料内部的结晶形态、晶粒大小及完善程度有着密切的联系。因此，对于聚合物球晶的形态与尺寸等的研究具有重要的理论和实际意义。

球晶的大小取决于聚合物的分子结构及结晶条件，因此随着聚合物种类和结晶条件的不同，球晶尺寸差别很大，直径可以从微米级到毫米级，甚至可以大到厘米。球晶尺寸主要受冷却速率、结晶温度及成核剂等因素影响。球晶具有光学各向异性，对光线有折射作用，因此能够用偏光显微镜进行观察，该法最为直观，且制样方便、仪器简单。聚合物球晶在偏光显微镜的正交偏振片之间呈现出特有的黑十字消光图像。有些聚合物生成球晶时，晶片沿半径增长时可以进行螺旋性扭曲，因此还能在偏光显微镜下看到同心圆消光图像。对于更小的球晶则可用电子显微镜进行观察或采用激光小角散射法等进行研究。

二、实验目的

1. 熟悉偏光显微镜的结构，掌握偏光显微镜的使用方法。
2. 了解双折射体在偏光场中的光学效应及球晶黑十字消光图案的形成原理。
3. 观察聚合物的结晶形态，测定球晶的尺寸，判断球晶的正负性。
4. 测定聚合物球晶的径向生长速率。

三、实验原理

球晶的基本结构单元具有折叠链结构的片晶（晶片厚度在10mm左右）。许多这样的晶片从一个中心（晶核）向四面八方生长，发展成为一个球状聚集体。电子衍射实验证明了球晶分子链总是垂直于球晶半径方向排列的。球晶的生长过程如图2-8-1所示。球晶的生长以晶核为中心，从初级晶核生长的片晶，在结晶缺陷点发生分叉，形成新的片晶。它们在生长时发生弯曲和扭转，并进一步分叉形成新的片晶，如此反复，最终形成以晶核为中心，三维向外发散的球形晶体。实验证实，球晶中分子链垂直球晶的半径方向。

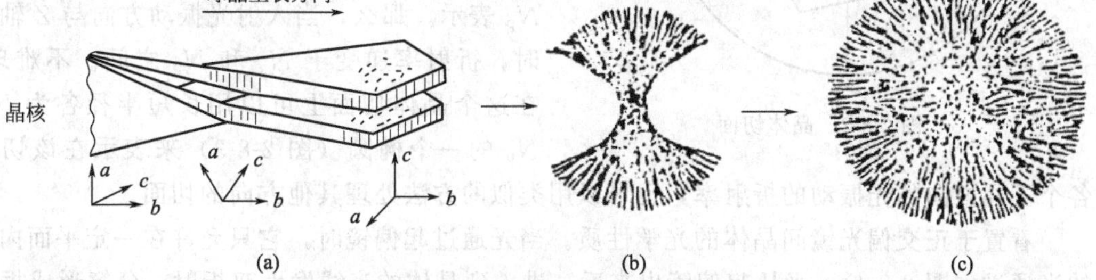

图2-8-1　聚乙烯球晶生长的取向

(a) 晶片的排列与分子链的取向（其中a、b、c轴表示单位晶胞在各方向上的取向）；(b) 球晶生长；(c) 长成的球晶

根据振动的特点不同，光有自然光和偏振光之分。自然光的光振动（电场强度E的振动）均匀地分布在垂直于光波传播方向的平面内，如图2-8-2(a) 所示。自然光经过反射、折射、双折射或选择吸收等作用后，可以转变为只在一个固定方向上振动的光波，这种光称为平面偏光或偏振光，如图2-8-2(b) 所示。偏振光振动方向与传播方向所构成的平面叫做振动面。如果沿着同一方向有两个具有相同波长并在同一振动平面内的光传播，则二者相互起作用而发生干涉。引起偏振物质产生的偏振光的振动方向，称为该物质的偏振轴，偏振轴并不是单独一条直线，而是表示一种方向。如图2-8-2(b) 所示。自然光经过第一偏振片后，变成偏振光，如果第二个偏振片的偏振轴与第一片平行，则偏振光能继续透过第二个偏振片；如果将其中任意一片偏振片的偏振轴旋转90°，则使它们的偏振轴相互垂直。这样的组合，便成为光的不透明体，这时两偏振片处于正交。

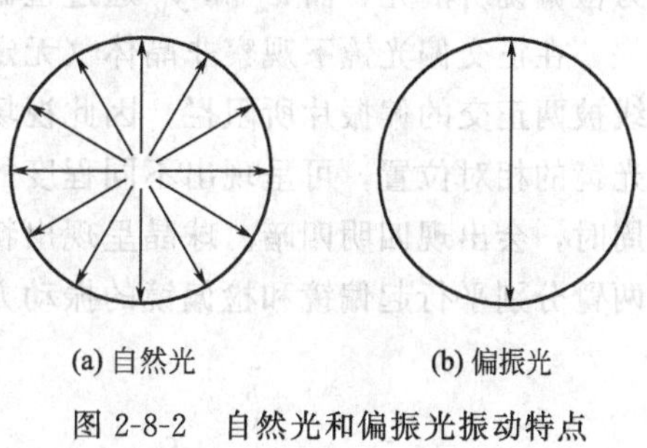

图2-8-2　自然光和偏振光振动特点

（光波在与纸面垂直的方向上传播）

光波在各向异性介质（如结晶聚合物）中传播时，其传播速率随振动方向不同而发生变化，其折射率值也因振动方向不同而改变，除特殊的光轴方向外，都要发生双折射，分解成振动方向互相垂直、传播速率不同、折射率不等的两条偏振光。两条偏振光折射率之差叫做双折射率。光轴方向，即光波沿此方向射入晶体时不发生双折射。晶体可分为两类：第一类是一轴晶，具有一个光轴，如四方晶系、三方晶系、六方晶系；第二类是二轴晶，具有两个光轴，如斜方晶系、单斜晶系、三斜晶系。二轴晶的对称性比一轴晶低得多，故亦可称为低级晶系。聚合物由于化学结构比低分子链长，对称性低，大多数属于二轴晶系。一种聚合物

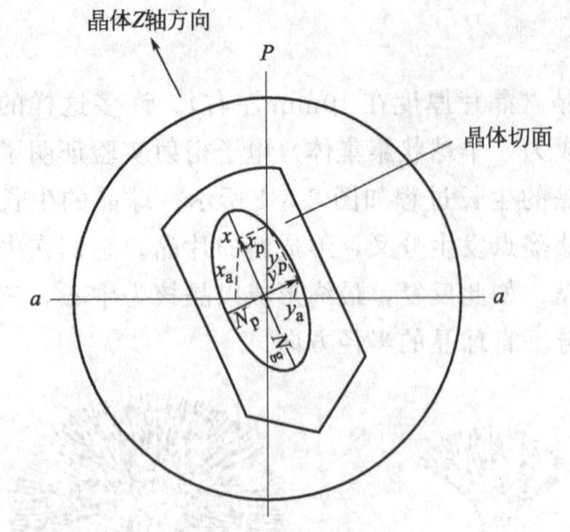

图 2-8-3　晶体切面

的晶体结构通常属于一种以上的晶系，在一定条件可相互转换，聚乙烯晶体一般为正交晶系，如反复拉伸、辊压，发生严重变形，晶胞便变为单斜晶系。

图 2-8-3 画出了一轴晶一个平行于它的光轴 Z 的切面。这类晶体有最大和最小两个主折射率值。假设光波振动方向平行于 Z 轴时，相应的折射率为最大主折射率；垂直于 Z 轴时，相应的折射率为最小主折射率，并分别用 N_g 和 N_p 表示。那么，当入射光振动方向与 Z 轴斜交时，折射率递变于 N_g 和 N_p 之间。不难理解，在这个晶体切面上可以用长短半径各为 N_g 和 N_p 的一个椭圆（图 2-8-3）来表示在该切面上各个不同方向的光振动的折射率，也可以用类似的方法处理其他方向的切面。

看置于正交偏光镜间晶体的光学性质。当光通过起偏镜时，它只允许在一定平面内振动的光通过（图 2-8-4），光从起偏镜出来后，进入到晶体的光线发生双折射，分解形成振动方向分别平行于椭圆长、短半径的两条光线 x 和 y，折射率分别为 N_g 和 N_p。从晶体出来后，光线继续在这两个方向上振动，但随后要遇到的检偏镜只允许具有振动 aa 的光线通过，光线 x 分解为沿 x_a 和 x_p 振动的两条光，光线 y 也分解为沿 y_a 和 y_p 振动的两条光，x_a 和 y_p 为检偏镜所消光，而 x_a 和 y_p 通过检偏镜能发生相互干涉。

在正交偏光镜下观察非晶体（无定形）的聚合物薄片是光均匀体，没有双折射现象。光线被两正交的偏振片所阻拦，因此视场是暗的，如无规 PS、PE。聚合物单晶体根据对于偏光镜的相对位置，可呈现出不同程度的明或暗图形，其边界和棱角明晰，当把工作台旋转一周时，会出现四明四暗。球晶呈现出特有的黑十字消光图像，称为 Maltase 十字，黑十字的两臂分别平行起偏镜和检偏镜的振动方向。分别如图 2-8-5、图 2-8-6、图 2-8-7 所示。

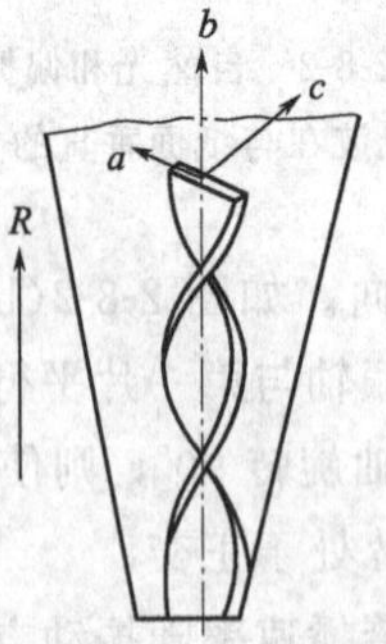

图 2-8-4　球晶中晶轴螺旋取向

图 2-8-5　全同立构聚苯乙烯球晶的偏光显微镜照片

转动工作台，这种消光图像不改变，其原因在于球晶是由沿半径排列的微晶所组成，这些微晶均是光的不均匀体，具有双折射现象，对整个球晶来说，是中心对称的。因此，除偏振片的振动方向外，其余部分就出现了因折射而产生的光亮。聚戊二酸丙二酯的球晶在正交偏光显微镜下观察，出现一系列消光同心圆是因为聚戊二酸丙二酯球晶中的晶片是螺旋形，

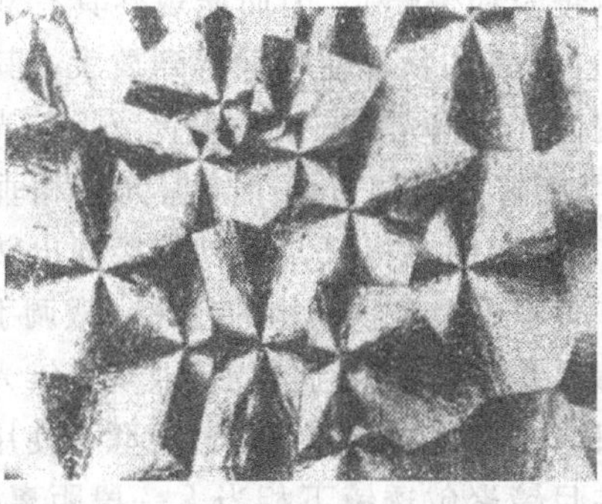

图 2-8-6 聚乙烯球晶的偏光显微镜照片

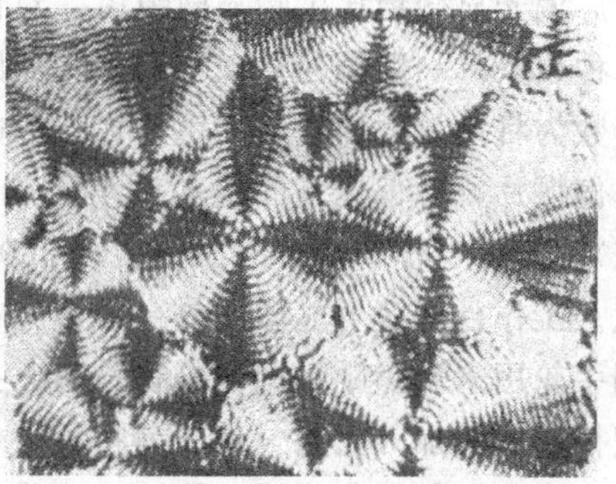

图 2-8-7 带消光同心圆环的聚乙烯球晶偏光显微镜照片

即 a 轴与 c 轴在与 b 轴垂直的方向上旋转，b 轴与球晶半径方向平行，径向晶片的扭转使得 a 轴和 c 轴（大分子链的方向）围绕 b 轴旋转（图 2-8-4）。

当聚合物中发生分子链的拉伸取向时，会出现光的干涉现象。在正交偏光镜下多色光会出现彩色的条纹。根据条纹的颜色、多少、条纹间距及条纹的清晰度等，可以计算出取向程度或材料中应力的大小，这是一般光学应力仪的原理，而在偏光显微镜中，可以观察得更为细致。

影响球晶尺寸的因素：冷却速率、结晶温度、成核剂等。本实验用偏光显微镜观察聚合物结晶形成的球晶黑十字消光图像，以及测量球晶大小。再选取某一温度，在偏光显微镜下测量球晶的径向生长速率。

四、实验仪器和试剂

偏光显微镜（配有显微摄影仪，并与计算机相连），如图 2-8-8 和图 2-8-9 所示。

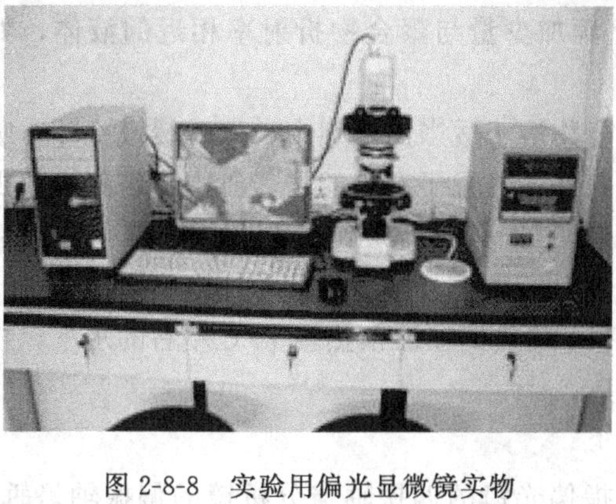

图 2-8-8 实验用偏光显微镜实物

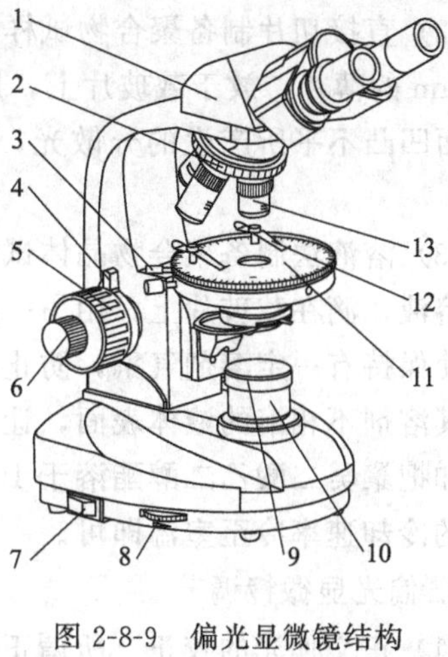

图 2-8-9 偏光显微镜结构

1—双目头；2—转换器；3—旋转台面固紧螺钉；4—限位手轮；5—粗动调焦手轮；6—微动调焦手轮；7—电源开关；8—亮度调节旋钮；9—起偏镜；10—下聚光镜；11—载物台；12—标本片夹持器；13—物镜

偏光显微镜比生物显微镜多一对偏振片（起偏镜及检偏镜），因而能观察具有双折射的各种现象。一般偏光显微镜的结构如图 2-8-9 所示。目镜和物镜使物像得到放大，其总放大倍数为目镜放大倍数与物镜放大倍数的乘积。起偏镜（下偏光片）和检偏镜（上偏光片）都是偏振片，检偏镜是固定的，不可旋转，起偏镜可旋转。以调节两个偏振光互相垂直（正交）。旋转工作台是可以水平旋转 360°的圆形平台，旁边附有标尺，可以直接读出转动的角度。工作台可放置显微加热台，研究在加热或冷却过程中聚合物结构的变化。微调手轮及粗调手轮用来调焦距。用低倍物镜时，拉索透镜应移出光路，在用高倍物镜及观察锥光图时才把拉索透镜加入光路。勃氏镜在一般情况不用，只有在高倍物镜、拉索透镜联合使用。由于用了拉索镜与高倍物镜，物镜的成像平面降低，在目镜聚敛透镜下相当大一段距离处成像。勃氏镜使像素提高又配合目镜起放大作用。

附件一盒、擦镜纸、镊子一把、载玻片、盖玻片若干块；聚乙烯、涤纶膜、双轴取向聚苯乙烯膜、聚丙烯、聚乙二醇。

五、实验步骤

1. 聚合物试样的制备

(1) 熔融法制备聚合物球晶　首先把已洗干净的载玻片、盖玻片及专用砝码放在恒温熔融炉内，在选定温度（一般比 T_m 高 30℃）下恒温 5min。然后把少许聚合物（几毫克）放在载玻片上，并盖上盖玻片，恒温 10min 使聚合物充分熔融后，压上砝码，轻压试样至玻片排去气泡，再恒温 5min，在熔融炉有盖子的情况下自然冷却到室温。有时，为了使球晶长得更完整，可在稍低于熔点的温度恒温一定时间再自然冷却至室温。本实验制备聚丙烯（PP）和低压聚乙烯（PE）球晶时，分别在 230℃和 220℃熔融 10min，然后在 150℃和 120℃保温 30min（炉温比玻片的实际温度高约 20℃，实验温度为炉温），在不同恒温温度下所得的球晶形态是不同的。

(2) 直接切片制备聚合物试样　在要观察的聚合物试样的指定部分用切片机切取厚度约为 10μm 的薄片，放于载玻片上，用盖玻片盖好即可进行观察。为了增加清晰度，消除因切片表面凹凸不平所产生的分散光，可于试样上滴加少量与聚合物折射率相近的液体，如甘油等。

(3) 溶液法制备聚合物晶体试样　先把聚合物溶于适当的溶剂中，然后缓慢冷却，吸取几滴溶液，滴在载玻片上，用另一清洁盖玻片盖好，静置于有盖的培养皿中（培养皿放少许溶剂使保持有一定溶剂气氛，防止溶剂挥发过快），让其自行缓慢结晶。或把聚合物溶液注在与其溶剂不相溶的液体表面，让溶剂缓慢挥发后形成膜，然后用玻片把薄膜捞起来进行观察，如把聚癸二酸乙二醇酯溶于 100℃的溴苯中，趁热倒在已预热至 70℃左右的水上，控制一定的冷却速率冷至室温即可。

2. 偏光显微镜调节

(1) 正交偏光的校正　所谓正交偏光，是指偏光镜的偏振轴与分析镜的偏振轴呈垂直。将分析镜推入镜筒，转动起偏镜来调节正交偏光。此时，目镜中无光通过，视区全黑。在正常状态下，视区在最黑的位置时，起偏振镜刻线应对准 0°位置。

(2) 调节焦距，使物像清晰可见　将欲观察的薄片置于载物台中心，用夹夹紧。从侧面看着镜头，先旋转微调手轮，使它处于中间位置，再转动粗调手轮将镜筒下降使物镜靠近试样玻片，然后观察试样的同时慢慢上升镜筒，直至看清物体的像，再左右旋动微调手轮使物体的像最清晰。切勿在观察时用粗调手轮调节下降，否则物镜有可能碰到玻片硬物而损坏镜头，特别在高倍时，被观察面（样品面）距离物镜只有0.2～0.5mm，一不小心就会损坏镜头。

(3) 物镜中心调节　偏光显微镜物镜中心与载物台的转轴（中心）应一致，在载物台上放一透明薄片，调节焦距，在薄片上找一小黑点移至目镜十字线中心O处，载物台转动360°，如物镜中心与载物台中心一致，不论载物台如何转动，黑点始终保持原位不动。如物镜中心与载物台中心不一致，那么，载物台转动一周，黑点即离开十字线中心，绕一圆圈，然后回到十字线中心，如图2-8-10所示。显然十字线中心代表物镜中心，而圆圈的圆心S即为载物台中心。中心已校正的目的就是要使O点与S点重合。由于载物台的转轴是固定的，所以只能调节物镜中心位置，将中心校正螺丝帽套在物镜钉头上，转动螺丝帽来校正，具体步骤如下。

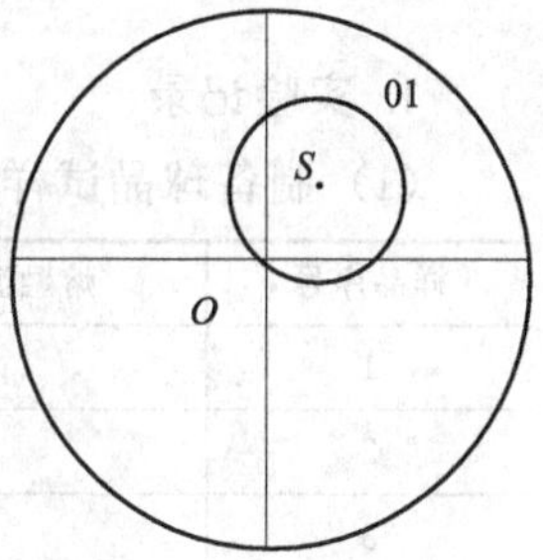

图2-8-10　显微镜物镜中心调节

① 薄片位于载物台，调节焦距，在薄片中任找一黑点，使其位于十字线中心O点。

② 转动载物台180°黑点移动至01，距十字线中心较远。01等于物镜中心与载物和中心S之间距离的两倍，转动物镜上的两个螺丝帽，使小黑点自01移回O、01距离的一半。

③ 用手移动薄片，再找小黑点（也可以是第一次的那个黑点），使其位于十字线中心，转动载物台，小黑点所绕圆圈比第一次小，如此循环，直到转动载物台小黑点在十字线中心不移动。

3. 聚合物聚集态结构的观察

(1) 观察聚合物晶形，测定聚乙烯球晶大小　聚合物晶体薄片，放在正交偏光显微镜下观察，表面不是光滑的平面，而是有颗粒突起的。这是由于样品中的组成和折射率是不同的，折射率越大，成像的位置越高；折射率低者，成像位置越低。聚合物结晶具有双折射性质，视区有光通过，球晶晶片中的非晶态部分则是光学各向同性，视区全黑。用显微镜目镜分度尺，测量晶粒直径（单位为μm），测定步骤如下。

① 将带有分度尺的目镜插入镜筒内，将载物台显微尺（1.00mm，为100等分）置于载物台上，使视区内同时见到两尺。

② 调节焦距使两尺平行排列，刻度清楚，使两零点相互重合，即可算出目镜分度尺的值。

③ 取走载物台显微尺，将欲测的聚乙烯试样置于载物台视域中心，观察并记录晶形。读出球晶在目镜分度尺上的刻度，即可算出球晶直径大小。

(2) 观察消光黑十字及干涉色环　双折射的大小依赖于分子的排列和取向，能观察拉伸引起的分子取向对双折射产生的贡献。

① 把聚光镜（拉索透镜）加上，选用高倍物镜（40×、63×），并推入分析镜、勃氏镜。

② 把欲测涤纶膜、双轴取向聚苯乙烯膜、聚丙烯膜置于载物台，观察消光黑十字、干涉色及一系列消光同心圆环。

③ 将载物台旋转45°后再观察消光图。

(3) 观察PEG球晶的光学符号（双折射符号）　在正交场下，将高聚物试样置于载物台上，调好焦距，找到一个比较大而完整的球晶，把石膏一级红补色器插入镜筒开口位置上观察，若第一、三象限为蓝色，第二、四象限为黄色，则是正球晶，反之，为负球晶。

(4) 球晶径向生长速率的测量　选取一适宜的结晶温度，跟踪聚合物的结晶过程，即在偏光显微镜下观察晶核的形成、晶粒的生长，每隔 5min（间隔长短取决于聚合物结晶速率）记录一次球晶直径，最后根据球晶直径对相应的结晶时间作图，求得斜率，即为该温度下球晶的径向生长速率。

六、数据记录及处理

1. 实验记录

(1) 制备球晶试样样品：________

样品序号	熔融温度/℃	熔融时间/min	结晶温度/℃	结晶时间/min
1				
2				
3				

(2) 观测球晶偏光显微镜型号：________；显微尺总长（100 格）：________

样品序号	物镜倍数	目镜倍数	总放大倍数	显微尺长度/mm	分度尺读数/格	分度尺比例/(mm/格)	球晶直径/μm
1							
2							
3							

(3) 获取球晶的黑十字消光图像。

(4) 测定球晶的径向生长速率。

样品：________；结晶温度：________；分度尺比例（mm/格）：________

结晶时间/min	0	5	10	15	20	25	30
相邻球晶中心距离/格							
球晶直径/μm							

2. 数据处理

(1) 采用显微镜成像系统实时摄录样品的黑十字消光图像，并保存于计算机中，打印图像。

(2) 以球晶直径对相应的结晶时间作图，求得斜率，即为该温度下球晶的径向生长速率。

七、注意事项

调焦时，应先使物镜接近样片，仅留一窄缝（不要碰到），然后从目镜中观察，同时调焦（调节方向务必使物镜离开样片）至清晰。

八、回答问题及讨论

1. 在偏光显微镜两正交偏振片之间，解释出现特有的黑十字消光图像和一系列同心圆环的结晶光学原理。

2. 结合聚合物结晶特点和本实验结果，讨论结晶温度对球晶尺寸的影响。

3. 溶液结晶与熔体结晶形成的球晶的形态有何差异？造成这种差异的原因是什么？在实际生产中如何控制晶体的形态？

九、参考文献

[1] 麦卡弗里 E L 著. 高分子化学实验室制备. 蒋硕健等译. 北京：科学出版社，1981.
[2] 李允明. 高分子物理实验. 杭州：浙江大学出版社，1996.
[3] 何曼君等. 高分子物理. 上海：复旦大学出版社，2000.
[4] 复旦大学高分子科学系. 高分子实验技术：修订版. 上海：复旦大学出版社，1996.

实验九　红外光谱法测定聚合物的结构

一、实验背景简介

红外光谱是研究有机化合物、高分子化合物结构与性能关系的基本手段之一，具有分析速度快、样品用量少并能分析各种状态的样品等特点。红外光谱广泛用于高聚物材料的定性定量分析，例如研究高聚物的序列分布、研究支化程度、高聚物的聚集态结构、高聚物的聚合过程反应机理和老化，还可以对高聚物的力学性能进行研究。

二、实验目的

1. 了解红外光谱的基本原理。
2. 初步掌握红外光谱样品的制备方法和红外光谱仪的使用。
3. 初步学会红外光谱图的解析。

三、实验原理

红外辐射光的波数可分为近红外区（10000～4000cm^{-1}）、中红外区（4000～400cm^{-1}）和远红外区（400～10cm^{-1}）。其中最常用的是中红外区，大多数化合物的化学键振动能的跃迁发生在这一区域，在此区域出现的光谱为分子振动光谱，即红外光谱。在分子中存在着许多不同类型的振动，其振动与原子数有关。含 N 个原子的分子有 $3N$ 个自由度，除去分子的平动和转动自由度以外，振动自由度应为 $3N-6$（线形分子是 $3N-5$）。这些振动可分两大类：一类是原子沿键轴方向伸缩使键长发生变化的振动，称为伸缩振动，用 v 表示。这种振动又分为对称伸缩振动（v_s）和非对称伸缩振动（v_{as}）。另一类是原子沿垂直键轴方向的振动，此类振动会引起分子内键角发生变化，称为弯曲（或变形）振动，用 δ 表示。这种振动又分为面内弯曲振动（包括平面摇摆及剪式两种振动）和面外弯曲振动（包括非平面摇摆及扭曲两种振动）。图 2-9-1 为聚乙烯中—CH_2—基团的几种振动模式。

分子振动能与振动频率成反比。为计算分子振动频率，首先研究各个孤立的振动，即双原子分子的伸缩振动。

可用弹簧模型来描述最简单的双原子分子的简谐振动。把两个原子看成质量分别为 m_1

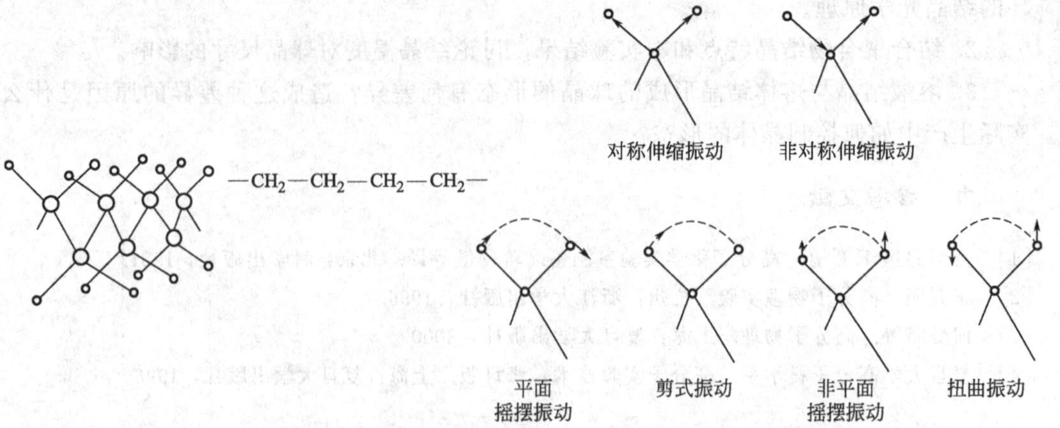

图 2-9-1 聚乙烯中—CH_2—基团的振动模式

和 m_2 的刚性小球，化学键好似一根无质量的弹簧，如图 2-9-2 所示。

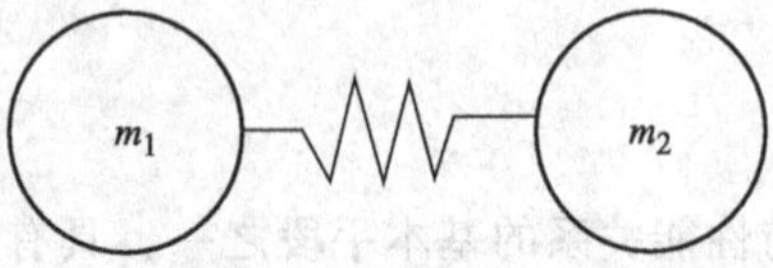

图 2-9-2 双原子分子弹簧球模型

按照这一类型，双原子分子的简谐振动应符合虎克定律，振动频率可用下式表示：

$$\nu=\frac{1}{2\pi}\sqrt{\frac{K}{u}} \tag{2-9-1}$$

$$u=\frac{m_1 m_2}{m_1+m_2}\times\frac{1}{N} \tag{2-9-2}$$

式中，ν 为频率，Hz；K 为化学键力常数，10^{-5}N/cm；u 为折合质量，g；m_1、m_2 分别为每个原子的相对原子质量；N 为阿伏加德罗常数。

若用波数来表示双原子分子的振动频率，则式(2-9-1) 改写为：

$$\bar{\nu}=\frac{1}{2\pi c}\sqrt{\frac{K}{u}} \tag{2-9-3}$$

在原子或分子中有多种振动形式，每一种简谐振动都对应一定的振动频率，但并不是每一种振动都会和红外辐射发生相互作用而产生红外吸收光谱，只有能引起分子偶极矩变化的振动（称为红外活性振动）才能产生红外吸收光谱。也就是说，当分子振动引起分子偶极矩变化时，就能形成稳定的交变电场，其频率与分子振动频率相同，可以和相同频率的红外辐射发生相互作用，使分子吸收红外辐射的能量跃迁到高能态，从而产生红外吸收光谱。

在正常情况下，这些具有红外活性的分子振动大多数处于基态，被红外辐射激发后，跃迁到第一激发态，这种跃迁所产生的红外吸收称为基频吸收。在红外吸收光谱中大部分吸收都属于这一类型。除基频吸收外还有倍频和合频吸收，但这两种吸收都较弱。

红外吸收谱带的强度与分子数有关，但也与分子振动时偶极矩变化有关。偶极矩变化率越大，吸收强度也越大，因此极性基团如羰基、氨基等均有很强的红外吸收带。

按照光谱和分子结构的特征可将整个红外光谱大致分为两个区，即官能团区（4000～1300cm^{-1}）和指纹区（1300～400cm^{-1}）。

官能团区，即前面讲到的化学键和基团的特征振动频率区，它的吸收光谱主要反映分子中特征基团的振动，基团的鉴定工作主要在该区进行。指纹区的吸收光谱很复杂，特别能反映分子结构的细微变化，每一种化合物在该区的谱带位置、强度和形状都不一样，相当于人的指纹，用于认证化合物是很可靠的。此外，在指纹区也有一些特征吸收峰，对于鉴定官能团也是很有帮助的。

利用红外光谱鉴定化合物的结构，需要熟悉红外光谱区域基团和频率的关系。通常将红外区分为四个区。下面对各个光谱区域作一介绍。

(1) X—H 伸缩振动区（X 代表 C、O、N、S 等原子）　频率范围为 $4000\sim2500cm^{-1}$，该区主要包括 O—H、N—H、C—H 等的伸缩振动。O—H 伸缩振动在 $3700\sim3300cm^{-1}$，氢键的存在使频率降低，谱峰变宽，它是判断有无醇、酚和有机酸的重要证据；C—H 伸缩振动分饱和烃和不饱和烃两种，饱和烃 C—H 伸缩振动在 $3000cm^{-1}$ 以下，不饱和烃 C—H 伸缩振动（包括烯烃、炔烃、芳烃的 C—H 伸缩振动）在 $3000cm^{-1}$ 以上。因此，$3000cm^{-1}$ 是区分饱和烃和不饱和烃的分界线。N—H 伸缩振动在 $3500\sim3300cm^{-1}$ 区域，它和 O—H 谱带重叠，但峰形比 O—H 尖锐。伯、仲酰胺和伯、仲胺类在该区都有吸收谱带。

(2) 叁键和累积双键区　频率范围在 $2500\sim2000cm^{-1}$。该区红外谱带较少，主要包括 —C≡C—、—C≡N 等叁键的伸缩振动和—C═C═C、—C═C═O 等累积双键的反对称伸缩振动。

(3) 双键伸缩振动区　频率范围在 $2000\sim1500cm^{-1}$ 区域，该区主要包括 C═O、C═C、C═N、N═O 等的伸缩振动以及苯环的骨架振动、芳香族化合物的倍频谱带。羰基的伸缩振动在 $1600\sim1900cm^{-1}$ 区域，所有的羰基化合物，例如醛、酮、羧酸、酯、酰卤、酸酐等在该区都有非常强的吸收带，而且是谱图中的第一强峰，其特征非常明显，因此 C═O 伸缩振动吸收带是判断有无羰基化合物的主要证据。C═O 伸缩振动吸收带的位置还和邻接基团有密切关系，因此对判断羰基化合物的类型有重要价值；C═C 伸缩振动出现在 $1600\sim1660cm^{-1}$，一般情况下较弱。芳烃的 C═C 伸缩振动出现在 $1500\sim1480cm^{-1}$ 和 $1600\sim1590cm^{-1}$ 两个区域。这两个峰是鉴别有无芳烃存在的标志之一，一般前者谱带比较强，后者比较弱。

(4) 部分单键振动及指纹区　$1500\sim670cm^{-1}$ 区域的光谱比较复杂，出现的振动形式很多，除了极少数较强的特征谱带外，一般难以找到它的归属。对于鉴定有用的特征谱带有 C—H、O—H 的变形振动以及 C—O、C—N、C—X 等的伸缩振动。

饱和的 C—H 弯曲振动包括甲基和亚甲基两种。甲基的弯曲振动有对称、反对称面内弯曲振动和面外弯曲振动。其中以对称面内弯曲振动为特征，吸收谱带在 $1370\sim1380cm^{-1}$ 受取代基影响很小，可以作为判断有无甲基存在的依据。亚甲基的弯曲振动有 4 种方式，其中面外弯曲振动在结构分析中很有用，当 4 个或 4 个以上的 CH_2 基成直链相连时，CH_2 面外弯曲振动出现在 $722cm^{-1}$，随着 CH_2 个数的减少，吸收谱带向高波数方向位移，由此可推断分子链的长短。

在烯烃的═C—H 弯曲振动中，波数范围在 $1000\sim800cm^{-1}$ 的面外弯曲振动最为有用，可借助这些吸收峰鉴别各种取代烯烃的类型。

芳烃的 C—H 弯曲振动中，主要是 $900\sim650cm^{-1}$ 处的面外弯曲振动，对于确定苯环的取代类型是很有用的。甚至可以利用这些峰对苯环的邻、间、对位的异构体混合物进行定量分析。

C—O 伸缩振动常常是该区中最强的峰，比较容易识别。一般醇的 C—O 伸缩振动在 $1200\sim1000cm^{-1}$，酚的 C—O 伸缩振动在 $1300\sim1200cm^{-1}$。在酯醚中有 C—O—C 的对称伸缩振动和反对称伸缩振动，反对称伸缩振动比较强。

C—Cl、C—F 伸缩振动都有强吸收，前者出现在 $800\sim600cm^{-1}$，后者出现在

1400～1000cm^{-1}。

上述 4 个重要基团振动光谱区域的分布，和用振动频率公式 $\bar{\nu}=\frac{1}{2\pi c}\sqrt{\frac{K}{u}}$ 计算出的结果完全相符。即键力常数大的（如 C═C）、折合质量小的（如 X—H）基团都在高波数区；反之键力常数小的（如单键）、折合质量大的（如 C—Cl）基团都在低波数区。

实验得到的红外光谱图是以吸收光的波数 v(cm^{-1}) 为横坐标，表示各种振动的谱带位置；以透射百分率或吸光度为纵坐标表示吸收强度。根据吸收峰的位置以及吸收峰移动规律、谱带的强度可以进行光谱分析。

红外光谱图中常见的英文缩写字母的含义分别如下。

v：伸缩振动； v_s：对称伸缩振动；
va_s：不对称伸缩振动； δ：变形振动；
γ：面内弯曲振动； r：面内摇摆振动；
t：扭曲振动； β：面外弯曲振动；
wag：面外摇摆振动； s：强吸收谱带；
m：中等强度谱带； w：弱吸收谱带。

四、实验仪器和试剂

1. 仪器：傅里叶变换红外光谱仪

傅里叶变换红外光谱仪是一种干涉型红外光谱仪，干涉型红外光谱仪的原理如图 2-9-3 所示，干涉仪由光源、动镜（M_1）、定镜（M_2）、分束器、检测器组成。

2. 试剂：聚苯乙烯、聚异丁烯、聚丁二烯、涤纶、尼龙等。

五、实验步骤

以美国 Thermo Nicolet 公司生产的傅里叶变换红外光谱仪为例。

1. 制样

(1) 流延薄膜法　选择合适有效的溶剂将聚合物溶解制成溶液，使其成为均匀的薄膜后将其置于真空下干燥，挥发掉其中的溶剂即可制成样品。

(2) 热压薄膜法　将待测样品置于压机上，升至一定温度后，由热压装置压制即成。该法是制备热塑性树脂和不易溶解的树脂样品最方便和最快速的方法，对于聚乙烯、α-烯烃聚合物如聚丙烯最为合适，而对于含氟聚合物、聚硅氧烷和橡胶样品，热压法很难制备适用的膜。

使用热压法时应注意某些化合物可能会因受热而氧化，或者在加压时产生取向，从而使光谱图发生某些变化。

(3) 溴化钾压片法　此法对一般固体样品都很适用，但是在聚合物制样中，只适用于不溶性或脆性的树脂粉末状的样品。

取 1～2mg 左右的待测样品和 200mg 左右的 KBr 晶体放在研钵中研磨，使待测样品均匀分散在 KBr 晶体中。将研好后的粉末，小心地转入模具中，用制样器用力压紧即可

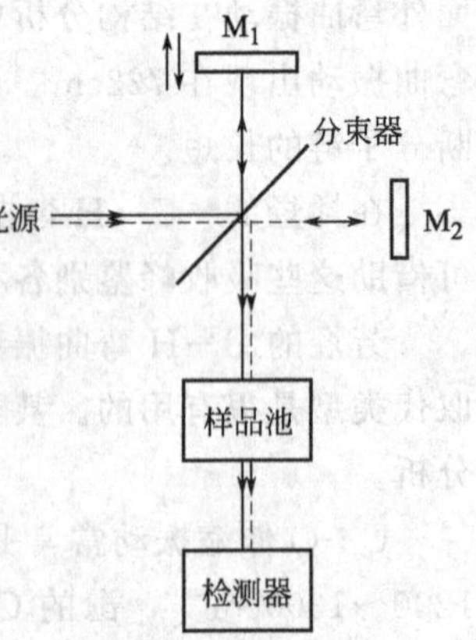

图 2-9-3　傅里叶变换红外光谱仪原理

得到一个小的薄片状样品。一个较好的样片应该尽量的薄、均匀，并具有一定的透明性。

除了上述三种方法外，还有切片法、溶液法、石蜡糊法等。

2. 放置样片

打开红外光谱仪的电源，待其稳定后（30min），打开盖子，将制好的样片固定在支架上。

3. 测试

（1）打开 Nicolet 380 傅里叶变换红外光谱仪主机的电源开关。

（2）点击电脑屏幕上的［EZ OMNIC］快捷键，进入 EZ OMNIC 红外软件。

（3）确认右上角的［Bench Status］（仪器状态）是否打勾，即仪器内的光学台是否进入正常工作状态。

（4）点击主菜单上的 Collect（数据采集设定），从下拉菜单中选择［Experiment Setup 实验设置］。

① 进行 Collect（采集参数）栏目的设定。

参数设定解释：扫描次数、分辨率、透光度(%)、校正、扫描数据的存储位置、背景图的收集、输出本次扫描数据时的名称。

例如：

No. ofscan（扫描次数）：32

Resolution（分辨率）：4

Finalformat（谱图形式）：%Transmittance（透射%）

Correction（校正）：选 None 或其他要求。

File handing（文件处理）：选 Save automatically（自动保存）或不选。

Background handing（背景处理）：Collect background before every sample（采集样品前先采集背景谱图）或其他方式。

Experiment title（为将要保存的实验设置文件起名）：可暂时不设置。

② 进行 Bench（工作台参数）栏目的设定。

（5）其他设定也可采用默认选项或按照要求选择。

（6）点击主菜单上的 View（视窗设定），从下拉菜单中选择 display setup（显示设置）。

勾选 annotation（注释）、display X-axis、display Y-axis（显示 *X* 轴、*Y* 轴）、connect to spectrum（显示谱图）、display all annotation（显示所有注释）、auto stack spectra（自动堆叠谱图）。

（7）将压制好的溴化钾空白片（不含样品的溴化钾空片）放入光谱仪样品仓内的样品架上。

（8）点击菜单栏中的［Collect Sample］（样品采集）按钮，输入光谱名称，确认采集参比背景光谱。

（9）背景谱图采集完毕后，取出溴化钾空白片，将样品片放入光谱仪，关上仓盖。

（10）在谱图采集界面内，按 OK 键确认采集样品光谱，得到扣除背景的样品的红外透射光谱图。

软件可按要求对谱图进行各种分析处理，并点击主菜单上的 File 菜单，从下拉菜单中选择 Print（打印），将图谱以不同形式打印出报告。

4. 调用谱图的操作练习

(1) 点击电脑屏幕上的［EZ OMNIC］快捷按钮，打开工作站软件。

(2) 点击主菜单上的 File，从下拉菜单中选择 Open，选择一个 .spa 文件，按“OK”键确认。

(3) 将可以在工作站软件的主界面内看到被调出的光谱图。

(4) 点击 Absorb 按钮，此时显示的是吸光率峰图。

(5) 点击 Find Pks 按钮，吸光率图谱的峰值将被自动查找和显示。

(6) 点击%Trans 按钮，此时显示的是透光率峰图。

(7) 点击 Find Pks 按钮，吸光率图谱的峰值将被自动查找和显示。

(8) 点击 AutBsln 按钮，进行图谱的自动基线修正。

(9) 点击 NrmScl 按钮，显示正常尺寸的图谱。

(10) 点击 Print 按钮，打印当前的图谱。

六、数据记录及处理

红外光谱图上的吸收峰位置（波数或波长）取决于分子振动的频率，吸收峰的高低（同一特征频率相比），取决于样品中所含基团的多少，而吸收峰的个数则和振动形式的种类多少有关。

根据所测得的实验数据，以波数为横坐标，吸收峰的透射百分率为纵坐标，绘制所测样品的红外光谱图，然后分析所得谱图含有哪些基团，推出是何种聚合物，写出可能的结构。

查阅标准谱图，对照推出的结构是否正确。

七、实验注意事项

一般说来，在制备样品时应注意下列几点。

(1) 应选择适当的样品浓度和测试厚度。过低的浓度和过薄的测试厚度常使弱峰或中等强度的峰消失，不能得到一张完整的谱图；反之又会使强吸收峰过宽，无法确定它的真实位置，从而导致分辨率下降。一张好的谱图应使它的吸收峰的透过率为 20%～80%范围内，有时为得一完整的谱图往往需要采用多种浓度或厚度。

(2) 样品中不应含有游离水，水的存在不但干扰样品吸收峰的面貌，而且还腐蚀吸收槽窗。

(3) 测绘多组分试样的红外光谱时，应预先进行组分分离，否则会造成各级分光谱互相干扰，致使无法解析。

(4) 采用热压制膜法制样时，应控制加热温度、加热时间及施加压力，避免某些化合物因受热而氧化，或者在加压时产生取向，使光谱图发生某些变化。

八、回答问题及讨论

1. 样品的用量对检测精度有无影响？
2. 红外光谱检测样品时是否要经过精制？

九、参考文献

[1] 张兴英，李齐方．高分子科学实验．北京：化学工业出版社，2004.

[2]　李树新，王佩璋. 高分子科学实验. 北京：中国石化出版社，2008.

实验十　密度法测定聚合物结晶度

一、实验背景简介

结晶度是结晶聚合物的重要物理参数之一。结晶度对结晶聚合物的物理力学性能有很大的影响。结晶度对了解结晶聚合物的聚集态结构或成型加工过程中的聚集态结构的变化情况，对比较各种聚集态结构状况对聚合物物理力学性能的影响是必需的。

结晶度一般以结晶聚合物中晶区部分的含量来量度，通常以结晶部分质量百分数 f_c^W 和体积百分数 f_c^V 来表示：

$$f_c^W=\frac{W_c}{W_c+W_a}\times 100\% \tag{2-10-1}$$

$$f_c^V=\frac{V_c}{V_c+V_a}\times 100\% \tag{2-10-2}$$

式中，W 为重量；V 为体积；下标 c 表示结晶；a 表示非晶。

测定聚合物结晶度的方法有密度法、差热分析法、红外光谱法、核磁共振法和 X 射线衍射法等。由于聚合物的晶区和非晶区的界限不明确，存在不同程度的有序状态，而各种测定结晶度的方法所涉及的有序状态不同，或者说，各种方法对晶区和非晶区的理解不同，同一样品，用不同的方法测得的结晶度是不一样的，有时结晶度数据有很大的差别。因此，比较聚合物的结晶度时，必须用同一方法测定的结晶度数据进行比较。

本实验采用最简单的密度法。

二、实验目的

1. 掌握密度法测聚合物结晶度的原理和方法。
2. 掌握比重瓶的正确使用方法。

三、实验原理

聚合物结构中有序状态不同，其密度就不同。有序程度越高，分子堆积越紧密，聚合物密度就越大，或者说，其比容越小。若结晶聚合物由晶区和非晶区两部分组成，且聚合物晶区密度（或比容）与非晶区密度（或比容）具有线性加和性，则由密度线性加和性可得：

$$\rho=f_c^V\rho_c+f_a^V\rho_a=f_c^V\rho_c+(1-f_c^V)\rho_a$$

$$f_c^V=\frac{\rho-\rho_a}{\rho_c-\rho_a} \tag{2-10-3}$$

由比容线性加和性可得：

$$v=f_c^W v_c+f_a^W v_a=f_c^W v_c+(1-f_c^W)v_a$$

$$f_c^W=\frac{v_a-v}{v_a-v_c}=\frac{\dfrac{1}{\rho_a}-\dfrac{1}{\rho}}{\dfrac{1}{\rho_a}-\dfrac{1}{\rho_c}} \tag{2-10-4}$$

式中，ρ为密度；v为比容。

由式(2-10-3)、式(2-10-4)可知，若已知完全结晶聚合物试样的密度ρ_c和完全非晶聚合物试样的密度ρ_a，只要测定聚合物试样的密度ρ，即可求得其结晶度。

本实验采用悬浮法，测定聚合物试样的密度，即在恒温条件下，在加有聚合物试样的试管中，调节能完全互溶的两种液体的比例，待聚合物试样不沉也不浮，悬浮在液体中部时，根据阿基米德定律可知，此时混合液体的密度与聚合物试样密度相等，用比重瓶测定该混合液体密度，即可得聚合物试样的密度。

四、实验仪器和试剂

1. 仪器：恒温水槽一套、25mL 比重瓶一只、玻璃搅拌棒一根、滴管 2 根、50mL 试管一根。

2. 试剂：高压聚乙烯、低压聚乙烯、蒸馏水、95%乙醇。

五、实验步骤

1. 将恒温水槽调至（25±0.1)℃。

2. 将试管、滴管和玻璃搅拌棒按图 2-10-1 装置。在试管中加 95%乙醇约 15mL，然后加入一粒聚合物样品，用滴管加入蒸馏水，同时上下移动搅拌棒，使液体混合均匀，加水速率可快一些，当被搅拌起的样品下降速率缓慢时，慢慢逐滴滴加蒸馏水（若滴加过量，可用另一滴管回滴乙醇)，直至样品不沉也不浮，悬浮在混合液体中部，保持数分钟，此时混合液体的密度即为该聚合物样品的密度。用比重瓶测定该液体的密度。重复上述操作，测定另一样品的密度。

3. 混合液体密度的测定。先用电子天平称得空比重瓶（图 2-10-2）的质量 W_0，然后取下瓶塞，灌满被测混合液体，盖瓶塞，放入恒温槽内，多余液体从毛细管溢出。用滤纸擦去毛细管口外的液体，当温度达到平衡后，从恒温槽中拿出比重瓶并擦净瓶外的液体，称得此时装液后比重瓶的质量 W_1。倒出瓶中液体，用蒸馏水洗涤数次后装满蒸馏水，恒温，擦干瓶体，称得加水后比重瓶的质量 $W_水$，则液体的密度ρ按下式求得：

$$\rho=\frac{W_1-W_0}{W_水-W_0}\rho_水 \tag{2-10-5}$$

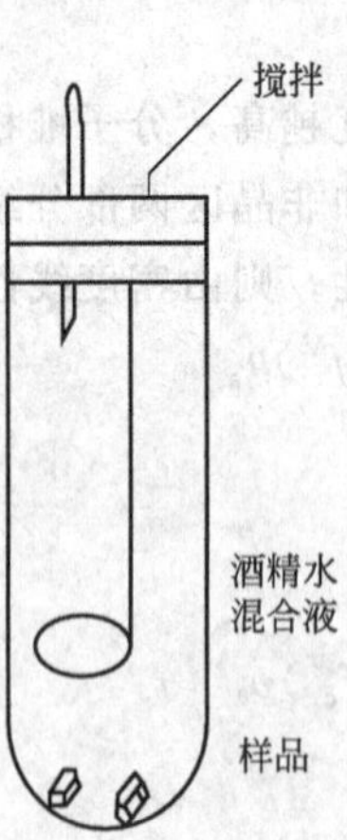

图 2-10-1 实验装置示意图

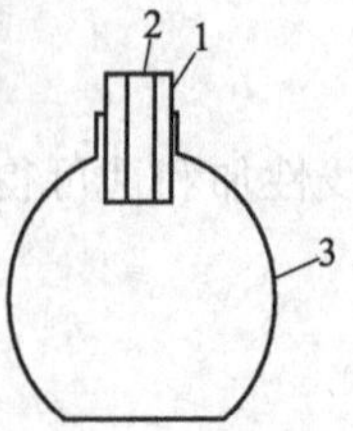

图 2-10-2 比重瓶示意图

1—瓶塞；2—毛细管；3—瓶体

六、数据记录及处理

1. 按式(2-10-5) 计算两个样品的密度。

2. 从有关手册上查出聚乙烯完全结晶体的密度和完全非晶体的密度，并按式(2-10-3)、式(2-10-4) 计算两样品的结晶度，并判断哪一样品为高压聚乙烯，哪一样品为低压聚乙烯。

七、实验注意事项

1. 两种液体应充分搅拌均匀。
2. 比重瓶的液体要加满，不能有气泡。
3. 先称空瓶的质量，再称装满混合液体的质量，最后称装满蒸馏水的质量。

八、回答问题及讨论

1. 体积结晶度和质量结晶度的物理意思是什么？密度法测的是哪一种？
2. 组成混合液体的各组分要满足什么条件？
3. 影响测量结果的因素有哪些？

九、参考文献

[1] 许春生，邵华锋，姚薇等. 聚 1-丁烯结晶度的实验测定. 化学推进剂与高分子材料，2010，8 (1)：49-50，59.

[2] 徐涛，金志浩，于杰. 聚烯结晶度的实验测定. 合成树脂及塑料，2000，17 (6)：28-30.

[3] 冯开才，李谷，符若文等. 高分子物理实验. 北京：化学工业出版社，2004.

[4] 侯灿淑，杜宗英，朱居木等. 聚萘酯结晶度的测定. 四川大学学报：自然科学版，1990，27 (2)：203-209.

第三节　聚合物的力学性能

实验十一　聚合物应力-应变曲线的测定

一、实验背景简介

聚合物材料在拉力作用下的应力-应变测试是一种广泛使用的最基础的力学试验。拉伸性能是聚合物力学性能中最重要、最基本的性能之一。拉伸实验是在规定的试验温度、湿度和速度条件下，对标准试样沿纵轴方向施加静态拉伸负荷，直到试样被拉断为止。聚合物的应力-应变曲线提供力学行为的许多重要线索及表征参数（杨氏模量、屈服应力、屈服伸长率、破坏应力、极限伸长率、断裂能等），以评价材料抵抗载荷，抵抗变形和吸收能量的性质优劣。从宽广的试验温度和试验速度范围内测得的应力-应变曲线有助于判断聚合物材料的强弱、软硬、韧脆和粗略估算聚合物所处的状况与拉伸取向、结晶过程，从而为质量控制，按技术要求验收或拒收产品，研究、开发与工程设计及其他项目提供参考，并为设计和应用部门选用最佳材料提供科学依据。

二、实验目的

1. 熟悉电子式万能试验机原理以及使用方法。

2. 测定不同拉伸速度下聚合物材料的应力-应变曲线。

3. 掌握图解法求算聚合物材料屈服强度、拉伸强度、断裂强度、断裂伸长率和弹性模量。

4. 了解测试条件对测试结果的影响。

三、实验原理

用于聚合物应力-应变曲线测定的电子拉力机是将试样上施加的载荷、形变通过压力传感器和形变测量装置转变成电信号记录下来，经计算机处理后，测绘出试样在拉伸变形过程中的拉伸应力-应变曲线。

应力-应变曲线一般分两个部分：弹性变形区和塑性变形区。在弹性变形区域，材料发生可完全恢复的弹性变形，应力与应变呈线性关系，符合虎克定律。在塑性变形区，形变是不可逆的塑性形变，应力和应变增加不再呈正比关系，最后出现断裂。

不同的高聚物材料、不同的测定条件，分别呈现不同的应力-应变行为。根据应力-应变曲线的形状，目前大致可归纳成五种类型，如图 2-11-1 所示。

Ⅰ. 软而弱　拉伸强度低，弹性模量小，且伸长率也不大，如溶胀的凝胶等。

Ⅱ. 硬而脆　拉伸强度和弹性模量较大，断裂伸长率小，如聚苯乙烯等。

Ⅲ. 硬而强　拉伸强度和弹性模量较大，且有适当的伸长率，如硬聚氯乙烯等。

Ⅳ. 软而韧　断裂伸长率大，拉伸强度也较高，但弹性模量低，如天然橡胶、顺丁橡胶等。

Ⅴ. 硬而韧　弹性模量大、拉伸强度和断裂伸长率也大，如聚对苯二甲酸乙二醇酯、尼龙等。

由以上 5 种类型的应力-应变曲线，可以看出不同聚合物的断裂过程。

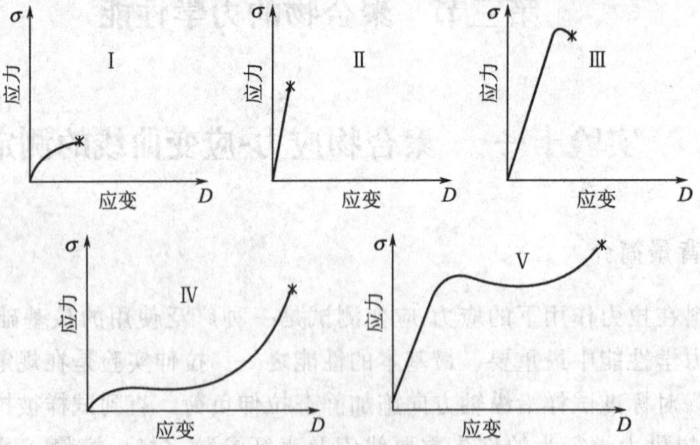

图 2-11-1　聚合物的拉伸应力-应变曲线类型

影响聚合物拉伸强度的因素如下。

1. 高聚物的结构和组成　聚合物的相对分子质量及其分布、取代基、交联、结晶和取向是决定其机械强度的主要内在因素。通过在聚合物中添加填料，采用共聚和共混方式来改变高聚物的组成可以达到提高聚合物的拉伸强度的目的。

2. 实验状态　拉伸实验是用标准形状的试样。在规定的标准化状态下测定聚合物的拉伸性能。标准化状态包括试样制备、状态调节、实验环境和实验条件等。这些因素都将直接影响实验结果。现仅就试样制备、拉伸速率、温度的影响阐述如下。

(1) 在试样制备过程中，由于混料及塑化不均，引进微小气泡或各种杂质，在加工过程中留下来的各种痕迹如裂缝、结构不均匀的细纹、凹陷、真空气泡等。这些缺陷都会使材料强度降低。

(2) 拉伸速率和环境温度对拉伸强度有着非常重要的影响。塑料属于黏弹性材料，其力学松弛过程，不仅与实验温度有关，而且也与实验速率有关。温度升高，分子链段的热运动增加，松弛过程进行的较快，在拉伸实验中就表现出较大的变形和较低的温度。如图 2-11-2 和图 2-11-3 所示。

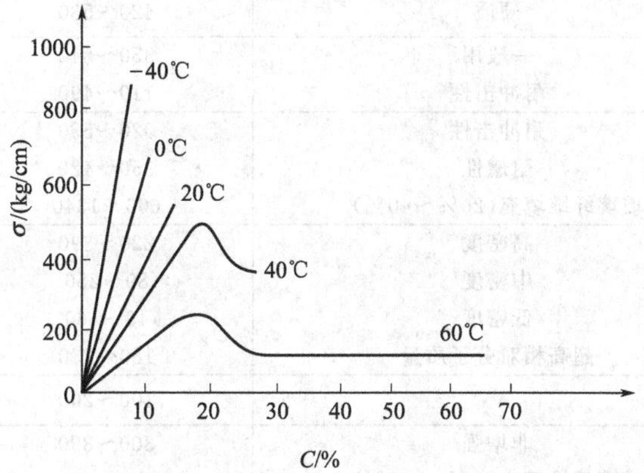

图 2-11-2　实验温度对 PMMA 应力-应变曲线的影响

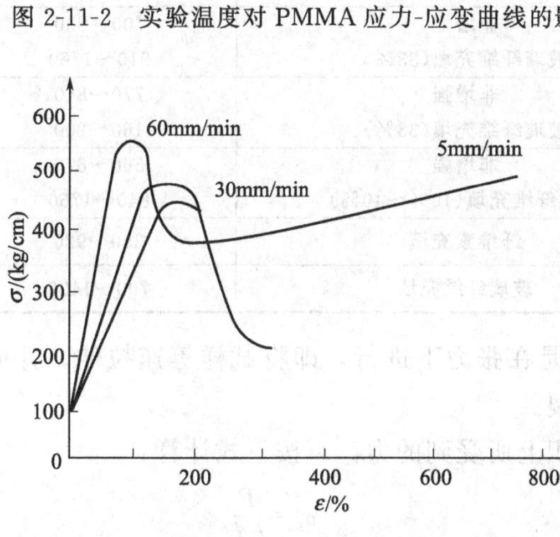

图 2-11-3　拉伸速率对 PP 应力-应变曲线的影响

由图 2-11-2 和图 2-11-3 可见实验温度和实验速率都可以引起塑料力学松弛过程快慢的改变，使应力-应变曲线发生变化。在拉伸过程中可以认为降低实验温度与增加实验温度结果是相似的，都表现出较大的变形和较低的强度。虽然二者都是影响松弛过程的因素，都能够得到相同的效果，但是它们之间还是有差别的。因为它们是各自通过不同的途径即不同的运动形式来影响塑料的力学松弛过程的。实验温度继续升高，可以使玻璃态的塑料转化为高弹态至黏流态。而实验速率如何减慢也不会使塑料的聚集态发生改变。

当低速拉伸时，分子链来得及位移、重排，呈现韧性行为，表现为拉伸强度减小，而断裂伸长率增大。高速拉伸时，高分子链段的运动跟不上外力作用速率，呈现脆性行为，表现为拉伸强度增大，断裂伸长率减小。由于聚合物品种繁多，不同的聚合物对拉伸速率的敏感不同。硬而脆的聚合物对拉伸速率比较敏感。一般采用较低的拉伸速率。韧性塑料对拉伸速率的敏感性小，一般采用较高的拉伸速率以缩短实验周期，提高效率。不同品种的聚合物可根据国家规定的试验速率范围选择适合的拉伸速率进行实验（GB/T 1040—2006）。高分子材料的力学性能表现出对温度的依赖性，随着温度的升高，拉伸强度降低，而断裂伸长则随温度升高而增大。因此实验要求在规定的温度下进行。

一些重要聚合物材料的拉伸强度和断裂伸长率如表 2-11-1 所示。

表 2-11-1 聚合物拉伸强度和断裂伸长率

聚合物	性　质	拉伸强度/($\times10^5$N/m^2)	断裂伸长率/%
PVC	硬质	420～530	40～80
PS	一般用	350～840	1.0～2.5
	耐冲击性	110～490	2.0～90
ABS	耐冲击性	320～530	5.0～60.0
	耐燃性	350～420	5.0～25.0
	玻璃纤维填充(20%～40%)	600～1340	2.5～3.0
PE	高密度	220～390	20～1300
	中密度	80～250	500～600
	低密度	40～160	90～800
	超高相对分子质量	180～250	300～500
EVA		100～200	550～900
PP	非增强	300～390	200～700
	玻璃纤维填充(30%～35%)	420～1020	2.0～3.6
PA-6	非增强	700～830	200～300
	玻璃纤维充填(33%)	910～1760	3
PA-66	非增强	770～840	60～300
	玻璃纤维充填(33%)	160～200	4～5
PC	非增强	560～670	100～130
	玻璃纤维充填(10%～40%)	840～1760	0.9～5.0
尿素树脂	纤维素充填	390～920	0.5～1.0
环氧树脂	玻璃纤维充填	700～1400	4

应力-应变试验通常是在张力下进行，即将试样等速拉伸，并同时测定试样所受的应力和形变值，直至试样断裂。

应力是试样单位面积上所受到的力，可按下式计算：

$$\sigma_t=\frac{P}{bd} \tag{2-11-1}$$

式中，P 为最大载荷、断裂负荷、屈服负荷；b 为试样宽度，m；d 为试样厚度，m。

应变是试样受力后发生的相对变形，可按下式计算：

$$\varepsilon_t=\frac{I-I_0}{I_0}\times100\% \tag{2-11-2}$$

式中，I_0 为试样原始标线距离，m；I 为试样断裂时标线距离，m。

应力-应变曲线是从曲线的初始直线部分，按下式计算弹性模量 E（MPa）：

$$E=\frac{\sigma}{\varepsilon} \tag{2-11-3}$$

式中，σ 为应力；ε 为应变。

在等速拉伸时，无定形高聚物的典型应力-应变曲线如图 2-11-4 所示。

a 点为弹性极限，σ_a 为弹性（比例）极限强度，ε_a 为弹性极限伸长率。由 O 到 a 点为一直线，应力-应变关系遵循虎克定律 $\sigma=E_\varepsilon$，直线斜率 E 称为弹性（杨氏模量）。y 点为屈服点，对应的 σ_y 和 ε_y 称为屈服强度和屈服伸长率。材料屈服后可在 t 点处断裂，σ_t、ε_t 为材料的断裂强度、断裂伸长率。（材料的断裂强度可大于或小于屈服强度，视不同材料而定。）

从 σ_t 的大小，可以判断材料的强与弱，而从 ε_t 的大小（从曲线面积的大小）可以判断材料的脆与韧。

晶态高聚物材料的应力-应变曲线见图 2-11-5。

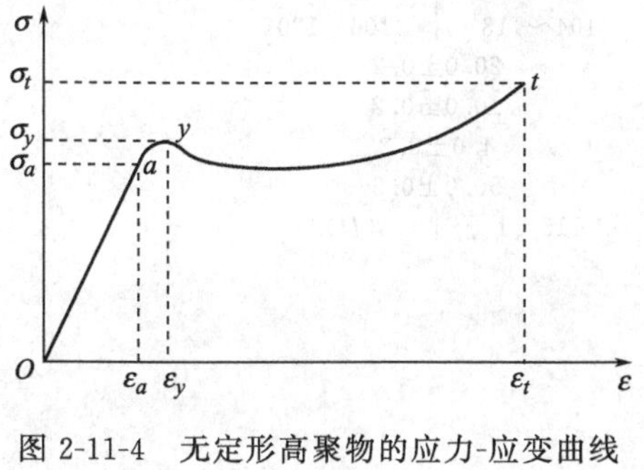

图 2-11-4 无定形高聚物的应力-应变曲线

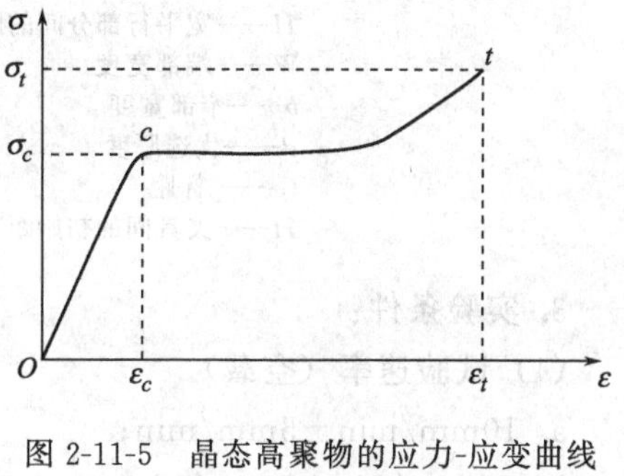

图 2-11-5 晶态高聚物的应力-应变曲线

在 c 点以后出现微晶的取向和熔解，然后沿力场方向重排或重结晶，故 σ_c 称重结晶强度。从宏观上看，在 c 点材料出现细颈，随拉伸的进行，细颈不断发展，到细颈发展完全后，应力才继续增大到 t 点断裂。

由于高聚物材料的力学试验受环境湿度和拉伸速率的影响，因此必须在广泛的温度和速率范围内进行。工程上，一般是在规定的湿度、速率下进行，以便比较。

四、实验仪器和试剂

1. 仪器：WDW-10 系列微机控制电子式万能试验机、游标卡尺。

2. 试样：不同的材料优选的试样类型及相关条件及试样的类型和尺寸参照 GB/T 1040—2006 执行。

只要可能，试样应为如图 2-11-6 所示的 1A 型和 1B 型的哑铃型试样；直接模塑的多用途试样选用 1A 型，机加工试样选用 1B 型。

应按照相关材料规范制备试样，以适当的方法从材料直接压塑或注塑制备试样，或由压塑成注塑板材经机加工制备试样。试样要求表面光滑平整，无气泡、杂质、裂纹、分层、机械损伤等缺陷。

每组试样不少于 5 个，试样编号，每个试样上划好标线，用游标卡尺量样条中部左、中、右三点的宽度和厚度，宽度精确到 0.1mm，厚度精确到 0.02mm，重复测量三次，取算术平均值，记录在表中。

选定两种不同的拉伸速率，每个速率至少做 5 个试样，将每个试样的负荷-形变曲线按试样编号记录在表中。实验中注意观察试样伸长及断裂的情况，如不是在标距内断裂则应另取试样重新试验。

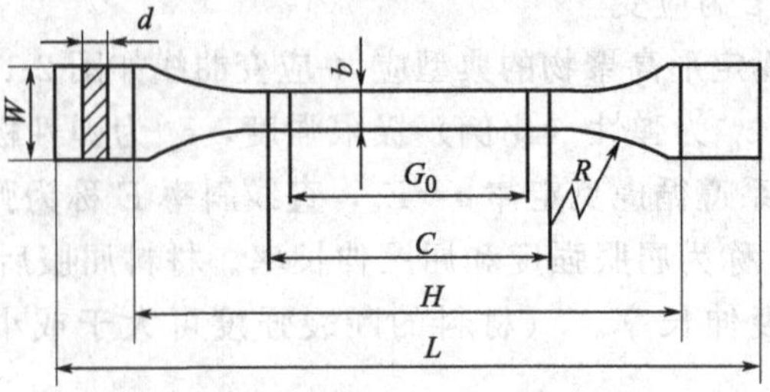

图 2-11-6　哑铃型试样（单位：mm）

试样类型	1A	1B
L——总长度	≥150	
C——窄平行部分间的长度	80±2	60.0±0.5
R——半径	20～25	≥60b
H——宽平行部分间的距离	104～113	106～120
W——端部宽度	20.0±0.2	
b——窄部宽度	10.0±0.2	
d——优选厚度	4.0±0.2	
G_0——标距	50.0±0.5	
H——夹具间的初始距离	115±1	$(H)_0^{+5}$

3. 实验条件：

（1）试验速率（空载）

a. 10mm/min±5mm/min；

b. 50mm/min±5mm/min；

c. 100mm/min±10mm/min 或 250mm/min±50mm/min。

当相对伸长率≤100 时，用 100mm/min±10mm/min；相对伸长率＞100 时，用 250mm/min±50mm/min。

热固性塑料、硬质热塑性塑料：用 A 速率。

伸长率较大的硬质热塑性塑料和半硬质热塑性塑料（如尼龙、聚乙烯、聚丙烯、聚四氟乙烯等）：用 *B* 速率。

软板、片、薄膜：用 *C* 速率。

（2）测定模量时，速率为 1mm/min，测变形准确至 0.01mm。

五、实验步骤

1. 实验应在一定的温度（热塑性塑料为 25℃±2℃，热固性塑料为 25℃±5℃）和湿度（相对湿度为 65%±5%）下进行。

2. 打开电源开关，启动试验机按钮，启动计算机、打印机。

3. 调校标定：试验机调校工作由实验室老师已标定好。

4. 双击桌面上“Window”进入系统主界面；分别设定“新建试样”、“试验编号”、“试样设定”、“试样参数”、“测试项目”等按钮，设定参数。

设定试验编号，注意试验编号不能重复使用；试样设定；试验类型：拉伸；横梁方向：向上；横梁速度；曲线选择：负荷-形变；输入试样参数：试样宽度厚度；标距：50；测试项目：最大负荷点、拉伸强度、断裂伸长率。

5. 检查移动横梁的速率控制是否可靠，如上升、下降、快速上升和下降，停止以及限位块自动停车等。根据实际情况（主要是试样的长度及夹具的间距）设置好限位装置。

6. 装夹试样：点击升降键将横梁运行到适当的位置，夹好试样；夹具夹持试样时，要使试样纵轴与上、下夹具中心连线相重合。并且要松紧适宜，以防止试样滑脱或断在夹具内。夹持薄膜要求夹具内垫橡胶之类的弹性材料。测伸长时，应在试样平行部分作标线，此标线对测试结果不应有影响。

7. 拉伸试验：点击负荷清零和变形清零，点击开始，进行拉伸试验，观察拉伸过程的变形特征，直到试样断裂为止，立即按下停止键，记录试验数据。若试样断裂在标线之外的部位时，此试样作废，另取试样补做。

试样拉断后，打开夹具取出试片；重复 4～6 步骤，进行其余样条的测试。

8. 结果分析：点击主界面的“试验分析”，进入曲线分析界面。手动分析时，在分析结果区域中用鼠标左键双击对应的字母，然后在对应的曲线处单击，便可显示对应的数据。要想取消某一分析点，可在分析结果区域中，用鼠标左键双击对应的字母，然后双击鼠标右键即可。点击“用户报告”，打印试验报告。

9. 改变速率，做第二组试样。

10. 根据同一速率下的五个试样的应力和应变值，求其平均值。绘制不同速率下的应力-形变曲线，并计出弹性模量 E，比较说明速度对应力-形变曲线的影响。

11. 计算材料拉伸强度的标准偏差值（S）：

$$S=\sqrt{\frac{\sum(X-\overline{X})^2}{n-1}} \tag{2-11-4}$$

式中　X——每次测定值；

$\overline{X}$——每组测定的算术平均值；

n——测定次数。

12. 实验结束，将所用电源开关全部关闭。

六、数据记录及处理

1. 实验记录

试样名称：＿＿＿＿＿＿＿＿；

试样类型：＿＿＿＿＿＿＿＿；

试样制备方法：＿＿＿＿＿＿；

仪器型号：＿＿＿＿＿＿＿＿；

拉伸速率：＿＿＿＿＿＿＿＿；

温度：＿＿＿＿＿＿＿＿＿＿；

湿度：＿＿＿＿＿＿＿＿＿＿。

试样编号	试样尺寸								
	厚度 d/mm			平均 d/mm	宽度 b/mm			平均 b/mm	面积 bd/mm^2
	1	2	3		1	2	3		
1									
2									
3									
4									
5									

2. 数据处理

(1) 拉伸强度或拉伸断裂应力或拉伸屈服应力（MPa）

$$\sigma_t = \frac{p}{bd} \tag{2-11-5}$$

式中 p——最大负荷或断裂负荷或屈服负荷，N；

b——试样工作部分宽度，mm；

d——试样工作部分厚度，mm。

(2) 断裂伸长率 ε_t（%）

$$\varepsilon_t = \frac{L - L_0}{L_0} \tag{2-11-6}$$

式中 L——试样原始标距，mm；

L_0——试样断裂时标线间距离，mm。

计算结果以算术平均值表示，σ_t 取三位有效数值，ε_t 取二位有效数值。

试样编号	最大负荷 P_{max}/N	拉伸强度 σ_{t_1}/MPa	拉伸强度 σ_{t_1} 平均值/MPa	断裂负荷 P_n/N	断裂应力 σ_{t_2}/MPa	断裂应力 σ_{t_2} 平均值/MPa	试样原始标距 L_0/mm	试样断裂时标线间距离 L/mm	断裂伸长率 ε_t/%	断裂伸长率 ε_t 平均值/%
1										
2										
3										
4										
5										

(3) 试样的拉伸应力-应变曲线（图 2-11-7）

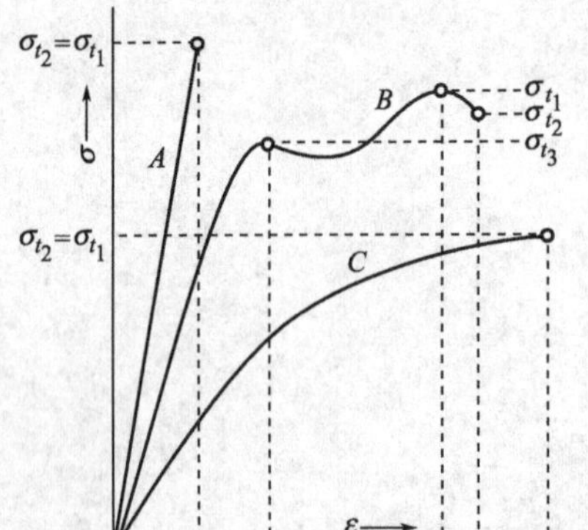

σ_{t_1}—拉伸强度；ε_{t_1}—拉伸时的应变；

σ_{t_2}—断裂应力；ε_{t_2}—断裂时的应变；

σ_{t_3}—屈服应力；ε_{t_3}—屈服时的应变；

A—脆性材料；

B—具有屈服点的韧性材料；

C—无屈服点的韧性材料

图 2-11-7　拉伸应力-应变曲线

七、实验注意事项

1. 微机控制电子式万能试验机属精密设备，在操作材料试验机时，务必遵守操作规程，精力集中，认真负责。

2. 每次设备开机后要预热 10min，待系统稳定后，才可进行实验工作。如果刚关机，需要再开机，至少保证 1min 的间隔时间。任何时候都不能带电插拔电源线和信号线，否则很容易损坏电气控制部分。

3. 试验开始前，为了仪器的安全，测试前应根据自己试样的长短，设置动横梁上下移动的限位挡圈，以免操作失误损坏力值传感器。

4. 试验过程中，不能远离试验机。夹具安装应注意上下垂直在同一平面上，防止实验过程中试样性能受到额外剪切力的影响。

5. 对于拉伸伸长很小的试样，可安装微型测量仪测量伸长。

6. 试验过程中，除停止键和急停开关外，不要按控制盒上的其他按键，否则会影响试验。

7. 试验结束后，一定要关闭所有电源。

八、回答问题及讨论

1. 在拉伸实验中，如何测定模量？拉伸速率对试验结果有何影响？

2. 如何根据聚合物材料的应力-应变曲线来判断材料的性能？结晶与非晶聚合物的应力-应变曲线有何不同？

3. 对于拉伸试样，如何使拉伸实验断裂在有效部分？分析试样断裂在标线外的原因？

4. 同样的材料，为什么测定的拉伸性能（强度、断裂伸长率、模量）有差异？

九、参考文献

[1] 北京大学化学系高分子化学教研室编. 高分子物理实验. 北京：北京大学出版社，1983.

[2] 刘振兴等. 高分子物理实验. 广州：中山大学出版社，1991.

[3] 韩哲文等. 高分子科学实验. 上海：华东理工大学出版社，2005.

实验十二 聚合物弯曲强度的测定

一、实验背景简介

我们都知道，许多构件或产品在使用过程中大多要承受弯曲应力的作用。因此，弯曲强度和模量是材料加工和产品设计必须考虑的性能指标。

塑料或复合材料作为结构材料使用时，经常处于弯曲应力作用场中。材料的弯曲性能如何决定了其在使用过程中是否能发生弯曲破裂。弯曲性能是材料的基本力学性能之一，但弯曲性能不同于拉伸和冲击性能，为考察塑料或复合材料是否能使用于弯曲应力场中，需对材料进行弯曲性能的测试。弯曲性能的测试不仅能为材料的配方设计和成型加工工艺参数的选择提供指导依据，而且能够划定材料所能承受的最大弯曲应力，保证材料在使用中不发生破坏。

二、实验目的

1. 了解聚合物材料弯曲强度的意义和测试方法。

2. 熟悉电子式万能试验机原理以及使用方法。

3. 掌握静态三点弯曲法测试硬质塑料或复合材料弯曲性能的实验技术。了解测试条件对测试结果的影响。

三、实验原理

弯曲是试样在弯曲应力作用下的形变行为。弯曲负载所产生的应力是压缩应力和拉伸应力的组合，其作用情况见图 2-12-1。表征弯曲形变行为的指标有弯曲应力、弯曲强度、弯曲模量及挠度等。

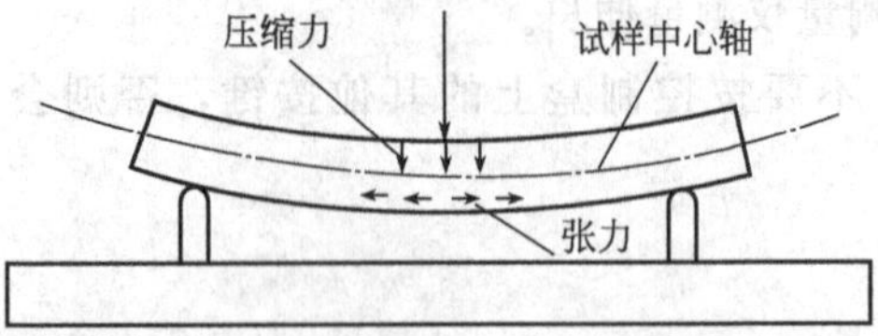

图 2-12-1　支梁受到力的作用弯曲的情况

弯曲强度 σ_f，也称挠曲强度（单位 MPa），是试样在弯曲负荷下破裂或达到规定挠度时能承受的最大应力。挠度 s 是指试样弯曲过程中，试样跨度中心的顶面或底面偏离原始位置的距离（mm）。弯曲应变 ε_f 是试样跨度中心外表面上单元长度的微量变化，用无量纲的比值或百分数表示。挠度和应变的关系为：$s=\varepsilon_f L^2/6h$（L 为试样跨度，h 为试样厚度）。

当试样弯曲形变产生断裂时，材料的极限弯曲强度就是弯曲强度，但是有些聚合物在发生很大的形变时也不发生破坏或断裂，这样就不能测定其极限弯曲强度，这时通常是以试样外层纤维的最大应变达到 5%时的应力作为弯曲屈服强度。

与拉伸试验相比，弯曲试验有以下优点。假如有一种用做梁的材料可能在弯曲时破坏，那么对于设计或确定技术特性来说，弯曲试验要比拉伸试验更适用。制备没有残余应变的弯曲试样是比较容易的，但在拉伸试样中试样的校直就比较困难。弯曲试验的另一优点是在小应变下，实际的形变测量大得足以精确进行。

一般工程塑料、电绝缘材料和层压材料的弯曲性能测定可采用三点弯曲或四点弯曲两种方法。

目前最为常用的弯曲性能测试方法为静态三点弯曲法。所谓三点弯曲法，指用两个试样支座将规定形状和尺寸的试样支撑住，用一点加载压头在试样中部加压，使试样产生弯曲应力和形变，测试弯曲应力随挠度的变化，从而得到定挠度弯曲应力、最大负荷弯曲应力和弯曲破坏应力等材料的弯曲性能指标。此方法是使试样在最大弯矩处及其附近产生破坏。这种加载方法由于弯矩分布不均匀，某部位的缺陷不易显示出来，且存在剪切力的影响，但由于加载方法简单，是目前工厂的实验室里最常用的方法。如图 2-12-2 所示。

四点弯曲方法如图 2-12-3 所示。四点弯曲体系有两个负载点，负载点的距离及其各负载点与其邻近支座的距离相等，为跨距的 1/3。

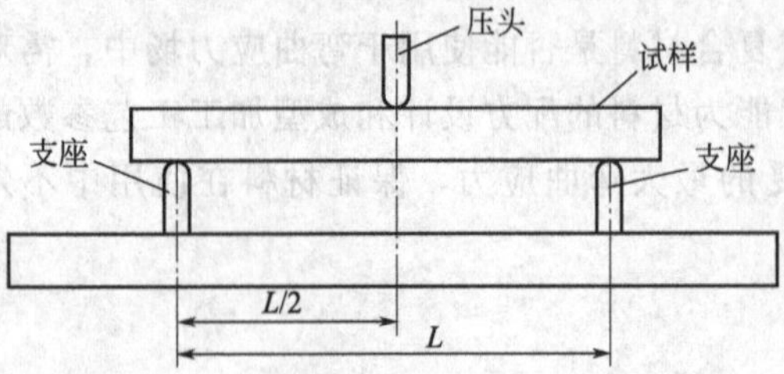

图 2-12-2　三点弯曲试验

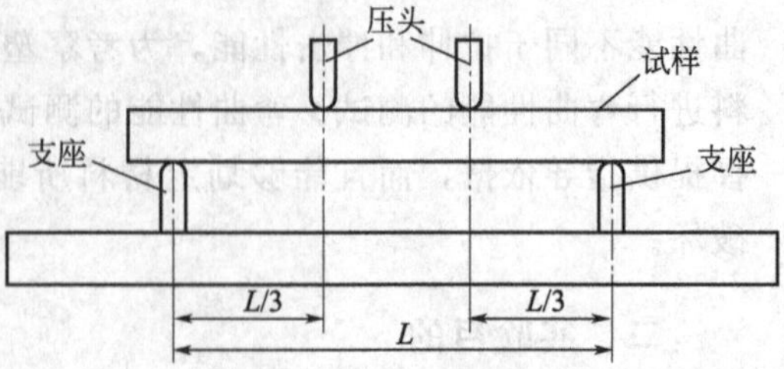

图 2-12-3　四点弯曲试验

基本术语的规定：

1. 挠度，指在弯曲过程中试样跨度中心的顶面或底面偏离原始位置的距离。

2. 弯曲应力，指在弯曲过程中，任何时刻跨度中心处截面上的最大外层纤维正应力。

3. 定挠度弯曲应力，指挠度等于试样厚度的1.5倍时的弯曲应力。

4. 最大负荷时的弯曲应力，指在规定挠度或之前，负荷达到最大值的弯曲应力（即弯曲强度）。

5. 弯曲破坏应力，指在规定挠度时或之前，试样破断瞬间所达到的弯曲应力。

弯曲性能测试有以下主要影响因素。

① 试样尺寸和加工　试样的厚度和宽度都与弯曲强度和挠度有关。

② 加载压头半径和支座表面半径　如果加载压头半径很小，试样容易引起较大的剪切力而影响弯曲强度。支座表面半径会影响试样跨度的准确性。

③ 应变速率　弯曲强度与应变速率有关，应变速率较低时，其弯曲强度也偏低。

④ 试验跨度　当跨厚比增大时，各种材料均显示剪切力的降低，可见用增大跨厚比可减少剪切应力，使三点弯曲试验更接近纯弯曲。

⑤ 温度　就同一种材料来说，屈服强度受温度的影响比脆性强度的大。现行塑料弯曲性能试验的国家标准为GB/T 9341—2000。

四、实验仪器和试剂

1. 仪器：WDW-10系列微机控制电子式万能试验机、游标卡尺。

2. 试样：弯曲试验所用试样是矩形截面的棒，可从板材、片材上切割，或由模塑加工制备。一般是把试样模压成所需尺寸。常用标准试样尺寸为长（90±10)mm，宽（10±0.1)mm，厚（4±0.2)mm。标准实验的测试速率为（2.0±0.4)mm/min。每组试样应不少于5个。试验前，需对试样的外观进行检查，试样应表面平整，无气泡、裂纹、分层和机械损伤等缺陷。另外，在测试前应将试样在测试环境中放置一定时间，使试样与测试环境达到平衡。

取合格的试样进行编号，在试样中间的1/3跨度内任意取3点测量试样的宽度和厚度，取算术平均值。试样尺寸小于或等于10mm的，精确到0.02mm；大于10mm的，精确到0.05mm。不同材料的试样类型和尺寸参照国家标准GB/T 9341—2000执行。

五、实验步骤

1. 打开电源开关，启动试验机按钮，预热30min；启动计算机、打印机。

2. 调校标定：试验机调校工作由实验室老师已标定好。

3. 双击桌面上“Window”进入系统主界面；分别设定“新建试样”、“试验编号”、“试样设定”、“试样参数”、“测试项目”等按钮，设定参数。

设定试验编号，注意试验编号不能重复使用；试样设定；试验类型：弯曲；横梁方向：向下；横梁速率：若试样为PP样条，采用10mm/min的速率；曲线选择：负荷-形变；输入试样参数：试样宽度厚度；标距：为试样厚度的（13±1）倍；测试项目：最大负荷点、挠度。

4. 检查移动横梁的速度控制是否可靠：如上升、下降、快速上升和下降，停以及限位块自动停车等。根据实际情况（主要是试样的长度及夹具的间距）设置好限位装置。

5. 装夹试样：安装三点弯曲支座，调整跨度 L 及加载压头位置，准确至 0.5%。加载压头位于支座中间。调节跨度为试样厚度的（13±1）倍，跨度测量准确至 0.5% 以内。

6. 将样品放置在样品支座上，按下降键将压头调整至刚好与试样接触。压头与试样应该是线接触，并保证与试样宽度的接触线垂直于试样长度方向。

7. 弯曲试验：点击负荷清零和变形清零，点击开始，进行弯曲试验，观察弯曲过程的变形特征，直到试样断裂为止，立即按下停止键，记录下列试验数据：①在规定挠度等于试样厚度的 1.5 倍时或之前出现断裂的试样，记录断裂弯曲负载及挠度；②在达到规定挠度时不断裂的试样，记录达到规定挠度时的负荷。如果材料允许超过规定的挠度，则继续进行实验，直到试样破坏或达到最大负荷时，记录此时的负荷和挠度；③在达到规定挠度之前，能指示最大负荷的试样，记录其最大负荷及挠度。

8. 按上升键使动横梁回复原来位置，重复试验 4～7 步骤，进行其余样条的测试。

9. 结果分析：点击主界面的“试验分析”，进入曲线分析界面。手动分析时，在分析结果区域中用鼠标左键双击对应的字母，然后在对应的曲线处单击，便可显示对应的数据。要想取消某一分析点，可在分析结果区域中，用鼠标左键双击对应的字母，然后双击鼠标右键即可。点击“用户报告”，打印试验报告。

10. 实验结束，将所用电源开关全部关闭。

六、数据记录及处理

1. 实验记录

试样名称：＿＿＿＿＿＿＿＿；

试样类型：＿＿＿＿＿＿＿＿；

试样制备方法：＿＿＿＿＿＿＿＿；

仪器型号：＿＿＿＿＿＿＿＿；

横梁速率：＿＿＿＿＿＿＿＿；

温度：＿＿＿＿＿＿＿＿；

湿度：＿＿＿＿＿＿＿＿；

试样编号	试样尺寸								
	厚度 d/mm			平均 d/mm	宽度 b/mm			平均 b/mm	面积 bd/mm^2
	1	2	3		1	2	3		
1									
2									
3									
4									
5									

2. 数据处理

（1）弯曲应力或弯曲强度按照式(2-12-1)计算：

$$\sigma_f = \frac{3PL}{2bh^2} \tag{2-12-1}$$

式中 σ_f——弯曲应力或弯曲强度，MPa；

P——试样所承受的弯曲负载（规定挠度时的负载、破坏负载、最大负载值），N；

L——跨度，mm；

b——试样宽度，mm；

h——试样厚度，mm。

（2）弯曲弹性模量由负荷-挠度曲线的初始线形部分按式(2-12-2) 计算：

$$E_f=\frac{L^3}{4bh^3}\times\frac{P}{Y} \tag{2-12-2}$$

式中 E_f——弯曲弹性模量，MPa；

L——跨度，mm；

P——在负载-挠度曲线上线形部分上选定点的负荷，N；

Y——与负荷相对应的挠度，mm。

计算结果以算术平均值表示，σ_f 取三位有效数值，E_f 取二位有效数值。

试样编号	最大负荷 P_{max}/N	弯曲强度 σ_f/MPa	弯曲强度 σ_f 平均值/MPa	跨度 L/mm	选定点的负荷 P/N	与负荷相对应的挠度 y/mm	弯曲弹性模量 E_f/MPa
1							
2							
3							
4							
5							

（3）弯曲性能应力-应变曲线

弯曲实验除了上述通过计算得到的性能数据以外，也可以用弯曲应力-应变曲线表征材料完整力学性能参数。从应力-应变曲线可确定材料的屈服强度、屈服形变和修正屈服强度等。

符合虎克定律材料的弯曲应力-应变曲线如图 2-12-4(a) 所示，开始部分 AC 段不反映材料的性能，直线 CD 与应变轴交点 B 作为应变的零点。因为在弯曲实验试样开始受到荷载作用时，由于试样与支座和压头的接触不可能完全均匀，并且试样形变滞后于应力，所以出现 AC 段。在 CD 上任意点应力与应变之比都可以计算出弹性模量，弯曲屈服强度是当试样外层纤维形变达到 5%而不发生断裂时测定。有些材料当加到一定载荷后，其形变增加而载荷不增加，即材料发生屈服形变。

不符合虎克定律材料的弯曲应力-应变曲线如图 2-12-4(b) 所示。$A'H'$段与 AC 段相似，应变零点从 B'点开始，是通过向内弯曲曲线上 H'点作的切线（直线）与应变轴的交点。在曲线上任一点 G'的应力与应变之比为正割模量。

屈服强度在符合虎克定律材料的应力-应变曲线上很容易确定［图 2-12-4(a) 中 DF 段］，D 点是屈服开始点（即比例极限），F 点是当外层纤维变形达到 5%时（E 点），从 E 点作 CD 的平行线与曲线的交点，此时对应的强度为弯曲修正屈服强度。也可用给定的应变量计算修正屈服强度，并注明给定的应变量。

七、实验注意事项

1. 微机控制电子式万能试验机属精密设备，在操作材料试验机时，务必遵守操作规程，

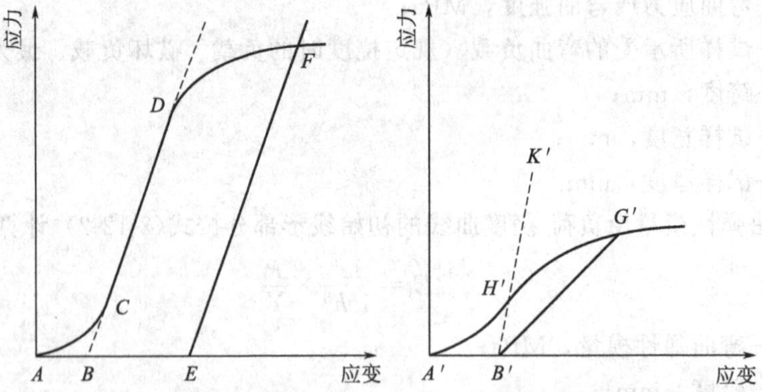

(a) 符合虎克定律 (b) 不符合虎克定律

图 2-12-4 材料的弯曲应力-应变曲线

精力集中，认真负责。

2. 每次设备开机后要预热 30min，待系统稳定后，才可进行实验工作。如果刚关机，需要再开机，至少保证 1min 的间隔时间。任何时候都不能带电插拔电源线和信号线，否则很容易损坏电气控制部分。

3. 试验开始前，为了仪器的安全，测试前应根据自己试样的长短，设置动横梁上下移动的限位挡圈，以免操作失误损坏力值传感器。

4. 试验过程中，不能远离试验机。安装压头和支座时，必须注意保持压头和支座的圆柱面轴线相平行。

5. 单纯测定弯曲强度时，可不安装微形变测量仪，以免试样大的弯曲损伤微形变测量仪。

6. 试验过程中，除停止键和急停开关外，不要按控制盒上的其他按键，否则会影响试验。

7. 试验结束后，一定要关闭所有电源。

八、回答问题及讨论

1. 试样尺寸对弯曲强度和模量有何影响?

2. 三点弯曲与四点弯曲试验对材料的破坏有什么不同?

3. 在弯曲实验中，如何测定和计算弯曲模量?

九、参考文献

[1] [美] 维苏·珊著．塑料测试技术手册．徐定宇，王豪忠译．北京：中国石化出版社，1991.

[2] 北京大学化学系高分子化学教研室编．高分子物理实验．北京：北京大学出版社，1983.

[3] 刘振兴等．高分子物理实验．广州：中山大学出版社，1991.

[4] 韩哲文等．高分子科学实验．上海：华东理工大学出版社，2005.

实验十三 聚合物材料冲击强度的测定

一、实验背景简介

冲击强度（Impact Strength）是高聚物材料的一个非常重要的力学指标，它是指某一标准样品在每秒数米乃至数万米的高速形变下，在极短的负载时间下表现出的破坏强度，或者说是材料对高速冲击断裂的抵抗能力，也称为材料的韧性。近年来，关于高聚物材料力学改性的研究非常活跃，其中一个主要目的是如何增加材料的冲击强度，即材料的增韧。利用高速冲击的能量都可以进行冲击试验，这些试验可以模拟材料的实际应用领域，如落体、旋转体、子弹等飞行体以及压缩气体爆炸等。因此，冲击强度的测量无论在研究工作还是在工业应用中都是不可缺少的。

二、实验目的

1. 测定聚合物的冲击强度，了解其对制品使用的重要性。
2. 熟悉聚合物的冲击性能测试的原理，掌握摆锤式冲击试验机的操作方法。
3. 掌握实验结果处理方法，了解测试条件对测定结果的影响。

三、实验原理

冲击性能实验是在冲击负荷的作用下测定材料的冲击强度。在实验中，对聚合物试样施加一次冲击负荷使试样破坏，记录下试样破坏时或过程中试样单位截面积所吸收的能量，即得到冲击强度。由于聚合物的制备方法和本身结构的不同，它们的冲击强度也各不相同。通过抗冲击试验，可以评价聚合物在高速冲击状态下抵抗冲击的能力或判断聚合物的脆性和韧性程度。

冲击试验的方法很多，根据实验温度可分为常温冲击、低温冲击和高温冲击三种，依据试样的受力状态，可分为摆锤式弯曲冲击（包括简支梁冲击 GB 1043 和悬臂梁冲击 GB 1843）、拉伸冲击、扭转冲击和剪切冲击；依据采用的能量和冲击次数，可分为大能量的一次冲击（简称一次冲击试验或落锤冲击实验 GB 11548）和小能量的多次冲击（简称多次冲击实验）。不同材料或不同用途可选择不同的冲击试验方法，由于各种试验方法中试样受力形式和冲击物的几何形状不一样，不同的试验方法所测得的冲击强度结果不能相互比较。

摆锤式冲击实验方法较简单易行，在控制产品质量和比较制品韧性时是一种经常使用的测试方法。根据试样的安放方式，摆锤式冲击实验又分为简支梁型（Charpy 法）和悬臂梁型（Izod 法）。前者试样两端固定，摆锤冲击试样的中部；后者试样一端固定，摆锤冲击自由端，如图 2-13-1 所示。

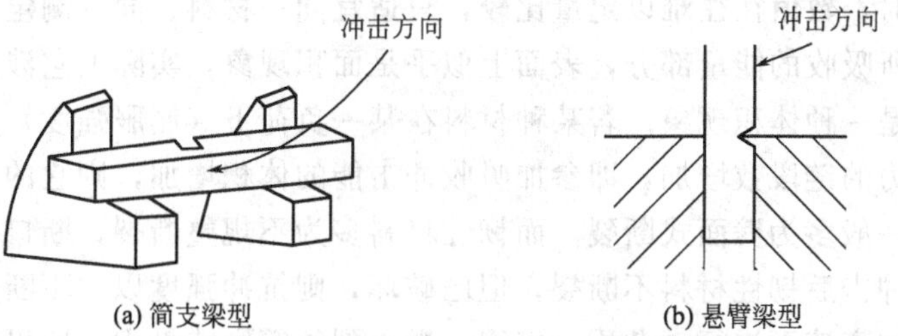

图 2-13-1 摆锤冲击试验中试样的安放方式

国内对塑料冲击强度的测定一般采用简支梁式摆锤冲击实验机进行。试样可分为无缺口和有缺口两种。有缺口的抗冲击测定是模拟材料在恶劣环境下受冲击的情况，目的是使缺口处试样的截面积大为减小。受冲击时，试样断裂一定发生在这一薄弱处，所有的冲击能量都能在这局部的地方被吸收，从而提高试验的准确性。

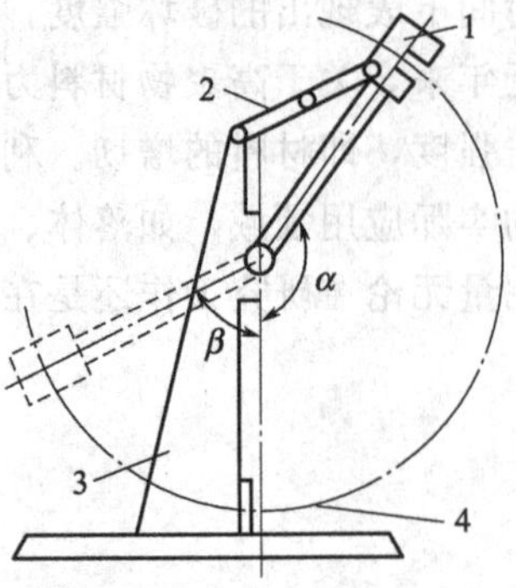

图 2-13-2　摆锤式冲击试验机的工作原理
1—摆锤；2—扬臂；3—机架；4—试样

摆锤式冲击试验机的工作原理，如图 2-13-2 所示。

实验时摆锤挂在机架的扬臂上，摆锤杆的中心线与通过摆锤杆轴中心的铅垂线成一角度为 α 的扬角，此时摆锤具有一定的位能。释放摆锤，让其自由落下，将放于支架上的样条冲断，在它摆到最低点的瞬间其位能转变为动能。随着试样断裂成两部分，消耗了摆锤的冲击能并使其大大减速。摆锤的剩余能量使摆锤继续升高至一定高度，β 为其升角。

从刻度盘读数读出冲断试样所消耗的功 A，就可计算出冲击强度：

$$\sigma=\frac{A}{bd}(\mathrm{kg\cdot cm/cm^2}) \tag{2-13-1}$$

式中，b、d 分别为试样宽及厚，对有缺口试样，d 为除去缺口部分所余的厚度。如以 W 表示摆锤的质量，l 为摆锤杆的长度，则摆锤的初始功 A_0 为：

$$A_0=Wl(1-\cos\alpha) \tag{2-13-2}$$

若考虑冲断试样时克服的空气阻力和试样断裂而飞出时所消耗的功，根据能量守恒定律，可用式(2-13-3) 表示：

$$A_0=Wl(1+\cos\beta)+A+A_\alpha+A_\beta+\frac{1}{2}mv^2 \tag{2-13-3}$$

式(2-13-3) 中，除 β 角外均为已知数，因此，根据摆锤冲断试样后的升角 β 的数值就可以从读数盘直接读取冲断试样时所消耗功的数值。α、β 分别为摆锤冲击前后的扬角；A 为冲击试样所耗功；A_α、A_β 分别为摆锤在 α、β 角度内克服空气阻力所消耗的功；$\frac{1}{2}mv^2$ 为"飞出功"。通常，式(2-13-3) 后三项都忽略不计，则可简单的把试样断裂时所消耗的功表示为：

$$A=WL(\cos\beta-\cos\alpha) \tag{2-13-4}$$

对于一固定仪器，α、W、L 均为已知，因而可据 β 大小，绘制出读数盘，直接读出冲击试样所耗功。实际上，飞出功部分因试样情况不同、试验仪器情况不同而有较大差别，有时甚至占读数 A 的 50%。脆性材料，飞出功往往很大，厚样品的飞出功亦比薄样大。因而测试情况不同时，数值往往难以定量比较，只适宜同一材料、同一测定条件下的比较。

试样断裂所吸收的能量部分，表面上似乎是面积现象，实际上它涉及参加吸收冲击能的体积有多大，是一种体积现象。若某种材料在某一负荷下（屈服强度）产生链段运动，因而使参与承受外力的链段数增加，即参加吸收冲击能的体积增加，则它的冲击强度就大。

脆性材料一般多为劈面式断裂，而韧性材料多为不规整断裂，断口附近会发白，涉及的体积较大。若冲击后韧性材料不断裂，但已破坏，则抗冲强度以"不断"表示。

因为测试在高速下进行，杂质、气泡、微小裂纹等影响极大，所以对测定前后试样情况须进行认真观察。

通常冲击性能实验对聚合物的缺陷很敏感，而且影响因素也很多。

实验温度的影响：温度越高，分子链运动的松弛过程进行越快，冲击强度越高。相反，当温度低于脆化温度时，几乎所有的塑料都会失去抗冲击的能力。当然，结构不同的各种聚合物，其冲击强度对温度的依赖性也各不相同。

环境湿度对有些塑料的冲击强度也有很大的影响。如尼龙类塑料，特别是尼龙 6、尼龙 66 等在湿度较大时，其冲击强度更主要表现为韧性的大大增加，在绝干状态下几乎完全丧失冲击韧性。这是因为水分在尼龙中起着增塑剂和润滑剂的作用。

试样几何尺寸、缺口的大小和形状对测试结果也有影响。用同一种配方、同一成型条件而厚度不同的塑料作冲击试验时，会发现不同厚度的试样在同一跨度上作冲击试验，以及相同厚度在不同跨度上的试验，其所得的冲击强度均不相同，且都不能进行比较和换算。而只有用相同厚度的试样在同一跨度上试验，其结果才能相互比较，因此在标准试验方法中规定了材料的厚度和跨度。缺口半径越小，表示缺口越尖锐，则应力越易集中，冲击强度就越低。因此，同一种试样，加工的缺口尺寸和形状不同，所测得冲击强度数据也不一样。这在比较强度数据时应该注意。

还有试样夹持力等影响，因此冲击性能测试是一种操作简单而影响因素较复杂的实验，在实验过程中不可忽视上述各有关因素的影响，一般应在实验方法规定的条件下进行冲击性能的测定。

四、实验仪器和试剂

1. 仪器：悬臂梁冲击试验机、游标卡尺。

2. 试样：试样材料采用聚丙烯、聚苯乙烯或聚氯乙烯样条。

简支梁冲击试样类型及尺寸和缺口类型与尺寸参照 GB/T 1043—93 执行。试样长 (120±2)mm，宽 (15±0.2)mm，厚 (10±0.2)mm。缺口试样：缺口深度为试样厚度的 1/3，缺口宽度为 (2±0.2)mm，缺口处不应有裂纹。

每个样品样条数不少于 5 个。试样要求表面平整，无气泡、裂纹、分层、伤痕等缺陷。

单面加工的试样，加工面朝冲锤；缺口试样，缺口背向冲锤，缺口位置应与冲锤对准。

热固性材料在 (25±5)℃，热塑性塑料在 (25±2)℃，相对湿度为 (65±5)%的条件下放置不少于 16h。

凡试样不断或断裂处不在试样三等分中间部分或缺口部分，该试样作废，另补试样。

样条的缺口一般是在缺口制样机上进行的。

五、实验步骤

1. 试样的制备和外观检查，按 GB 1043—93 规定进行；试样的状态调节和实验环境按 GB 2918 规定执行。

2. 试样编号，对于无缺口试样，分别测量试样中部边缘和试样端部中心位置的宽度和厚度，并取其平均值为试样的宽度和厚度，准确至 0.02mm；缺口试样应测量缺口处的剩余厚度，测量时应在缺口两端各测一次，取其算术平均值。

3. 熟悉冲击试验机，检查机座是否水平。

4. 检查和调整被动指针的位置，使摆锤在铅垂位置时主动指针与被动指针靠紧，指针指示的位置与最大指标值相重合。即调节能量读盘指针零点，使它在摆锤处于起始位置时与主动针接触。

5. 按要求进行完试样测量和冲击试验机的检查之后，根据材料及选定试验方法，装上适当的摆锤 (50J、30J、15J、7J、5J)。

6. 空击试验：以检查指针装配是否良好，空击值误差应在规定范围内。

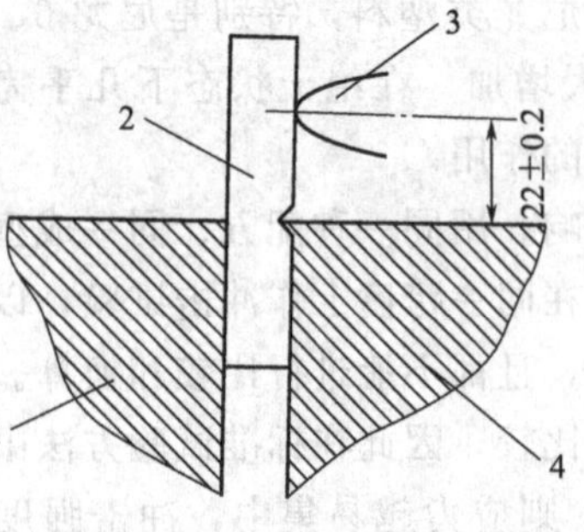

图 2-13-3　虎钳支座、缺口试样及冲刃位置图（单位 mm）

1—虎钳固定夹具；2—试样；3—冲击刃；4—虎钳可动夹具

7. 根据实际需要，调整支承刀刃的距离为 70mm 或 40mm。

8. 检查零点，且每做一组试样校准一次。

9. 抬起并锁住摆锤，把试样放在虎钳中，其侧面应与支承刀刃靠紧，若带缺口的试样，应用 0.02mm 的游标卡尺找正缺口在两支承刀刃的中心。如图 2-13-3 所示夹住试样（也称正置试样冲击）。测定缺口试样时，缺口应在摆锤冲击刃的一边。

10. 冲击试验：上述完成后，释放摆锤，冲击后，从刻度盘上记录试样所吸收的冲击能，并对其摩擦损失等进行修正。

11. 试样可能会有四种破坏类型，即完全破坏（试样断裂成两段或多段）、铰链破坏（断裂的试样由没有刚性的很薄表皮连在一起的一种不完全破坏）、部分破坏（除铰链破坏以外的不完全破坏）、无破坏（指试样未破坏，只产生弯曲形变并有应力发白现象的产生）。测得的完全破坏和铰链破坏的值用以计算平均值。部分破坏时，以 P 表示；完全不破坏时，以 NB 表示。

12. 在同一样品中，如果有部分破坏和完全破坏或铰链破坏时，应报告每种破坏类型的算术平均值。

六、数据记录及处理

1. 实验记录

试样名称：______________；

试样类型：______________；

试样制备方法：__________；

仪器型号：______________；

试样取样方向：__________；

实验温度：________________；

实验湿度：________________；

有无缺口：______________；

缺口类型：______________；

缺口加工方法：__________；

摆锤公称能量：__________；

冲击方向（悬臂梁）：______________。

编号		宽度/mm	厚度/mm	破坏类型	冲击能量/J
无缺口试样	1				
	2				
	3				
	4				
	5				

续表

编号		宽度/mm	厚度/mm	破坏类型	冲击能量/J
缺口试样	1				
	2				
	3				
	4				
	5				

2. 数据处理

(1) 无缺口试样悬臂梁冲击强度 α_{iu}

$$\alpha_{iu}=\frac{W_{iu}}{bh}\times10^3(\mathrm{kJ/m^2}) \tag{2-13-5}$$

式中　W_{iu}——破坏试样所吸收并经过修正后的能量，J；

b——试样宽度，mm；

h——试样厚度，mm。

(2) 缺口试样悬臂梁冲击强度 α_{iN}

$$\alpha_{iN}=\frac{W_{iN}}{b_N h}\times10^3(\mathrm{kJ/m^2}) \tag{2-13-6}$$

式中　W_{iN}——破坏试样所吸收并修正后的能量，J；

b_N——试样缺口处剩余宽度，mm；

h——试样厚度，mm。

七、实验注意事项

1. 摆锤举起后，人体各部分都不要伸到重锤下面及摆锤起始处，冲击实验时注意避免样条碎块伤人。

2. 扳手柄时，用力适当，切忌过猛。

3. 当摆动轴承长期未清洗摆动不灵活时，造成能量损失超差，这样应用 120# 以上的汽油清洗摆轴的轴承，清洗后注入适量 5# 或 7# 高速机油或钟表油即可。

4. 当冲击试样长期磨损引起刀刃钳口变形时，应更换其磨损件。

5. 在试验中经常出现死打现象时，摆杆容易出现弯曲变形，影响测试精度，故对欲测定材料的冲击韧性的大小选用相应能量等级的摆锤，尽量避免死打现象。

八、回答问题及讨论

1. 冲击试验法所测得的数据为何不能相互比较？

2. 为什么注射成型的试样比模压成型的试样冲击测试结果往往偏高？

3. 测定冲击强度的影响因素有哪些？

4. 缺口试样与无缺口试样的冲击试验现象有何不同？哪些试样材料应采用缺口试样或有无缺口两种试样都应测试？

5. 在悬臂梁和简支梁冲击试验时，试样受到的作用力有何区别？

九、参考文献

[1] 北京大学化学系高分子化学教研室编．高分子物理实验．北京：北京大学出版社，1983.

[2] 冯开才，李谷，符若文等. 高分子物理实验. 北京：化学工业出版社，2004.
[3] 韩哲文等. 高分子科学实验. 上海：华东理工大学出版社，2005.
[4] 吴智华. 高分子材料加工工程试验. 北京：化学工业出版社，2004.
[5] 张兴英，李齐方. 高分子科学实验. 北京：化学工业出版社，2007.

实验十四 聚合物的蠕变

一、实验背景简介

高聚物材料在外力作用下将产生非线形的应变现象，其中高聚物材料在一定温度和恒定应力的作用下应变随时间的增加而逐渐增大的现象称为蠕变。在高聚物材料应用的过程中可经常观察到这种蠕变现象，如一条已架设的硬聚氯乙烯管线，随着时间的延长会弯曲变性；一件经常挂在墙上的雨衣，由于本身的自重会使它沿着悬挂方向变形；高聚物的蠕变反映了高分子材料的尺寸稳定性，应根据高分子材料的使用情况加以选择。例如：精密机械零件不能采用易发生蠕变的高分子材料；作为纤维使用的聚合物，必须具有常温下不易蠕变的性能，否则就不能保证纤维织物的形态稳定性；对于橡胶产品，一定要经过硫化交联，借助分子间交联阻止分子链的流动，避免发生不可逆的形变，进而保证橡胶制品具有良好的高弹性。蠕变现象的严重意味着高聚物制品的尺寸很不稳定，在选材和应用时要特别关注高聚物材料的尺寸稳定性。由此可知，在受力产品设计时，要充分了解材料的蠕变性能，以便合理地设计产品的尺寸和形状。

二、实验目的

1. 了解聚合物蠕变的基本原理和特点。
2. 掌握聚合物蠕变的测试方法和影响材料蠕变性能的影响因素。
3. 测量硬质高分子材料的拉伸蠕变性能。
4. 绘制聚合物蠕变曲线并求出弹性模量。

三、实验原理

与其他材料相比较，聚合物材料的显著特点是呈明显的黏弹性——既具有弹性又具有黏性。聚合物的黏弹性能主要取决于它本身的结构和材料的组成、温度、作用力大小和作用时间的长短等因素。蠕变就是聚合物静态黏弹性表现形式之一。所谓的蠕变现象，就是指在一定温度和远低于该材料断裂强度的恒定外力作用下，材料的变形随时间增加而逐渐增大的现象。外力可以是拉伸、压缩和剪切，相应的现象称为拉伸蠕变、压缩率和剪切应变。蠕变又可以分为蠕变较大的聚合物（如交联和未交联的橡胶、热塑性弹性体）和蠕变较小的聚合物（如玻璃态、结晶态热塑性塑料或热固性塑料）。如橡胶的蠕变是在很小的应力作用下，很短时间内就能发生明显的蠕变现象；而塑料发生蠕变现象所需的应力要大，时间要长。

聚合物的蠕变性能，与虎克型的弹性体、牛顿型的流体的变形性能最主要的差别就是时间因素。虎克型的弹性体与牛顿型的流体的变形性能都与时间无关，即变形随着应力瞬时达平衡，而聚合物的形变往往是时间的函数，即有明显的松弛现象。如将固定的应力加在聚合物的固体上，它的形变随时间而改变，即产生蠕变现象。图 2-14-1 为典型的线形聚合物的蠕变曲线。

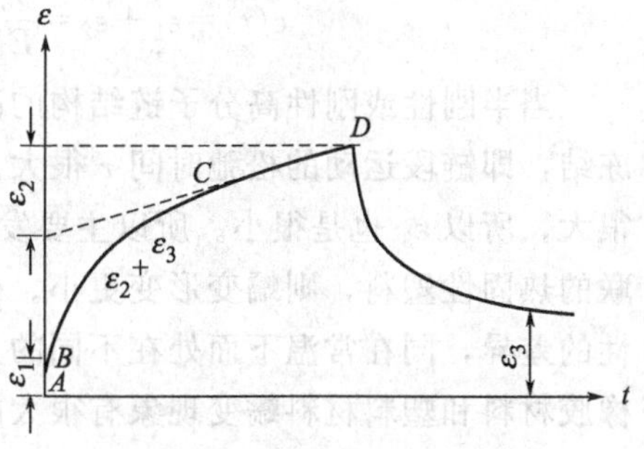

图 2-14-1　典型线形聚合物的蠕变曲线

黏弹性聚合物材料的蠕变曲线可分为四个阶段。

第一阶段为 AB 段，施加应力，应变马上就会产生，像虎克型的弹性体一样，应力-应变关系符合虎克定律，称为瞬时普弹形变。若以柔量表示，应变 ε_1 为：

$$\varepsilon_1=\frac{\sigma_0}{E_1}=J_0\sigma_0 \qquad (2\text{-}14\text{-}1)$$

式中，J_0 为普弹性柔量，是蠕变模量的倒数。

第二阶段为 BC 段，是推迟蠕变形变，是由于分子链构象的改变而引起的形变。这种形变需要一个松弛时间，形变量很大，弹性模量很小，也是可逆形变，同时也进行着黏性流动，也称之为高弹形变或推迟弹性形变。蠕变速率开始增加很快，然后逐渐变慢，最后达到平衡。应变与应力成比例，并为时间 t 的函数：

$$\varepsilon_2=\frac{\sigma_0}{E_2}(1-e^{-\frac{t}{\tau}})=\frac{\sigma_0}{E_2}\psi(t)=\sigma_0 J_e\psi(t) \qquad (2\text{-}14\text{-}2)$$

式中，$\psi(t)$ 为推迟蠕变发展的时间函数，称为蠕变函数；J_e 为平衡柔量，即当应力作用时间足够长时，应变趋于平衡；τ 为松弛时间或推迟时间，与链段运动的黏度η_2 和高弹模量 E_3 有关，$\tau=\eta_2/E_3$；t 为实验观测时间。

第三阶段为 CD 段，是由于分子链之间产生了相对滑移引起的形变。这种形变是会随着时间无限发展的，并且是不可逆形变，称之为黏性流变。

$$\varepsilon_3=\frac{\sigma_0}{\eta_3}t \qquad (2\text{-}14\text{-}3)$$

式中，η_3 为高分子材料的本体黏度。

第三阶段（CD 段）是由于黏性流动的不可逆形变造成的，称为永久形变。

如图 2-14-1 所示，高分子材料的蠕变回复曲线不能回复到 0，留下的永久形变 ε_3 即为黏流形变。ε_3 与时间的关系遵从牛顿定律。

当外力作用的时间足够长，未交联线形高聚物蠕变过程中任一时刻的应变量是普弹应变、高弹应变和黏流应变的叠加，其总应变为：

$$\varepsilon(t)=\varepsilon_1+\varepsilon_2+\varepsilon_3=\frac{\sigma_0}{E_1}+\frac{\sigma_0}{E_2}(1-e^{-\frac{t}{\tau}})+\frac{\sigma_0}{\eta_3}t=\varepsilon_0+\varepsilon_\infty(1-e^{-\frac{t}{\tau}})+\frac{\sigma_0}{\eta_3}t \qquad (2\text{-}14\text{-}4)$$

三种应变的相对比例依具体条件不同而不同。

如果 $t_2-t_1=t\gg\tau$，则 $e^{-t/\tau}\to 0$，$\varepsilon_2\to\varepsilon_\infty$（平衡高弹应变值），即只要外力作用时间比聚合物的松弛时间长得多，则高弹形变可充分发展达到平衡高弹形变。但黏流形变将继续随时间线性地增加，因而蠕变曲线的最后部分可以认为是纯粹的黏流形变。

若是交联橡胶做蠕变实验时，不会发生黏流形变。当外力作用时间足够长时，高弹形变 ε_2 可以逐渐发展到外力 σ_0 相平衡的平衡态应变值 ε_∞。当在 t_2 时刻除去外力后，ε_1 和 ε_2 两种弹性形变可逐渐完全回复。因此，交联橡胶的总应变为：

$$\varepsilon(t)=\varepsilon_1+\varepsilon_2=\frac{\sigma_0}{E_1}+\frac{\sigma_0}{E_2}(1-e^{-\frac{t}{\tau}})=\varepsilon_0+\varepsilon_\infty(1-e^{-\frac{t}{\tau}}) \tag{2-14-5}$$

当半刚性或刚性高分子链结构的高聚物常温下处于玻璃态或结晶态时，链段运动几乎被冻结，即链段运动的松弛时间 τ 很大。在外力作用下 ε_2 很小，分子间的内摩擦黏滞阻力也很大，所以 ε_3 也是很小。所以主要发生的是 ε_1 普弹形变，导致总的蠕变形变很小。若是交联的热固性塑料，则蠕变形变更小。由此可看出，聚合物由于分子链结构的不同，分子链柔性的差异，同在常温下而处在不同的力学状态，高分子链分子运动状态的不同，导致宏观上橡胶材料和塑料材料蠕变现象有很大的差异。

高分子材料的蠕变性能反映了材料的尺寸稳定性和长期负载能力。如果高分子材料很容易发生蠕变，则它的用途会受到限制，因而蠕变现象直接影响高分子材料的尺寸稳定性，所以对这方面的研究和测定具有重要意义。

影响聚合物蠕变现象的主要因素有温度、压力、聚合物的分子量、交联状态、结晶状态及聚合物的分子结构等影响。

(1) 温度的影响　不同温度下的蠕变速率不同，温度越高，蠕变松弛速率越大，蠕变值和应力松弛值也越大。但对橡胶这类聚合物来说，温度升高一定值时其蠕变松弛速率显著降低，蠕变值变化很小。

(2) 压力的影响　增大压力可以使材料的自由体积减小，降低了分子链段的活动性，即降低了柔量。实验证明，当压力达到 34.47MPa 时，一些聚合物的蠕变柔量下降到常压下柔量的十分之一。

(3) 聚合物分子量的影响　聚合物蠕变的产生有一部分来自分子链的缠结而产生的黏性和弹性。这种黏性与聚合物的熔融黏度密切相关，而熔融黏度又与分子量有关。当分子量较小时，熔融黏度与分子量成正比；分子量足够大时，熔融黏度与分子量的 3.4～3.5 次幂成正比。

(4) 聚合物交联状态的影响　不同的交联网，聚合物蠕变不相同。随着交联度的提高，蠕变速率明显下降。

(5) 聚合物结晶状态的影响　实验证明，即使聚合物结晶不高也能大大减少蠕变松弛。结晶度低于 15%～20%的共聚物，其性能与交联的橡胶类似。此外，由于结晶度与温度有很强的依赖关系，所以结晶聚合物的松弛时间谱和推迟时间谱比不定形聚合物宽。

(6) 聚合物分子结构的影响　嵌段聚合物和共聚聚合物形成两相，因此其模量低于均聚物的模量，同样蠕变柔量也相应增大。这类材料受到外力作用时，在屈服点附近将产生严重的裂纹，这时的蠕变速率将急剧增大。树脂分子链柔性和分子链间作用力大小反映出其蠕变性能。分子量柔性越好，分子链间作用力越小，其蠕变松弛就越明显。相反，刚性分子链及链间作用力太小的材料，其蠕变松弛就小，如热固性塑料由于分子链间交联，抗蠕变松弛一般而言就优于热塑性塑料。

根据聚合物材料在蠕变试验过程中所受力的不同，蠕变试验可分为拉伸蠕变、压缩蠕变、弯曲蠕变、剪切蠕变等。一般塑料以拉伸蠕变测试为主，橡胶材料以压缩蠕变为主。本实验仅介绍塑料的拉伸蠕变测试。

四、实验仪器和试剂

1. 仪器：本实验采用长春试验机研究所研制的 CSS-3910 型电子蠕变松弛试验机进行测试。CSS-3910 型电子蠕变松弛试验机是采用德国 DOLL 公司 DEC-60 数字控制器及相关软件的新型蠕变松弛试验机，可广泛应用于金属、非金属、复合材料及结构件等材料的蠕变、松弛或持久试验。同时，也能对各种试样进行低周疲劳试验。

CSS-3910 型电子蠕变松弛试验机主要由主机、DEC-60 数字控制器、计算机控制系统构成，其结构示意如图 2-14-2 所示。

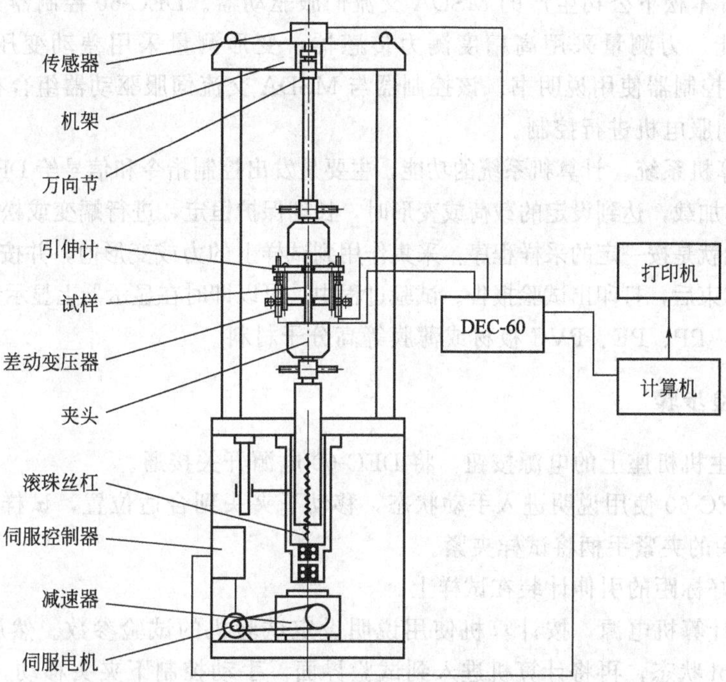

图 2-14-2　CSS-3910 型电子蠕变松弛试验机主机结构

(1) 主机　主机结构见图 2-14-2。

① 加载系统　加载机架是一个由上横梁、中台板、底板及两根支柱和四根角钢支承起来的门形框架。测力传感器固定在上横梁上，在中台板和底板上安装着加载驱动系统。

加载驱动系统由交流伺服电机、蜗轮减速器、滚珠丝杠、拉管、支承管及导向臂等构成。交流伺服电机通过齿形带带动蜗轮减速器，减速器输出轴与滚球丝杠相连，加载拉管固定在滚珠丝杠的螺母上，滚珠丝杠由一对向心轴承和一对止推轴承支承固定在支承管上，在拉管上安装一个导向臂，其上装有两个轴承，可沿固定在机架中台板上的导向杆上下移动，但不能转动。这就使当滚珠丝杠旋转时，拉管只能上下移动，而不发生转动。

在测力传感器下端装有一个万向节，用以消除上下拉杆同轴度偏差的影响。万向节下端装着上夹头，下夹头装在下拉管上。

② 夹头　本试验机的上下夹头是一种斜块式夹具，按夹头标牌夹紧方向拧动夹具的夹紧手柄可以使夹头体下降，由于斜面作用使夹块向中心移动将试样夹紧。如按松开方向拧动手柄，夹头体上升，夹块松开，卸下试样。

③ 引伸计　引伸计由上下夹持架、导向杆等构成。夹持架包括一个固定框架和一个可移动框架，在这两个框架上均装着一个可沿固定框架导槽移动的压块和可使压块移动的丝杆和手柄，在压块上固定着刀口。拧动手柄可使压块前移将试样夹紧。下夹持架两端还装着可让导向杆上下移动的直线轴承和固定差动变压器的夹口和拧紧螺钉。导向杆上端装在上夹持架上，下端穿过下夹持架上的直线轴承。上夹持架两端还各有一个可以调节差动变压器零点

的调节螺钉。在下夹持架上还有一个固定套，导向杆从中穿过，固定套上有一个紧定螺钉，在装引伸计之前移动下夹持架到所需要的标距（用尺量）后将紧定螺钉拧紧。将引伸计装在试样上后，应将此紧定螺钉松开。

(2) 测量控制系统　本试验机的测量控制系统是采用德国DOLL公司生产的DEC-60数字控制器和日本松下公司生产的MSDA交流伺服驱动器。DEC-60控制器具有力、位移的测量及控制功能，力测量采用高精度测力传感器，变形测量采用差动变压器。其使用详见DEC-60数字控制器使用说明书。该控制器与MSDA交流伺服驱动器组合在一起对主机加载机构的交流伺服电机进行控制。

(3) 计算机系统　计算机系统的功能，主要是发出控制指令和信号给DEC-60，对试样按一定的加载速率加载，达到设定的载荷或变形时，长期保护恒定，进行蠕变或松弛试验。计算机系统另一项功能就是按一定的采样程序，采集作用到试样上的力或变形值，并按试验方法规定进行处理。试验结束后，打印出试验报告。试验过程中，可以即时在显示器上显示试验曲线。

2. 试样：PP、PE、PVC板材或薄膜等高分子材料。

五、实验步骤

1. 按下主机机座上的电源按钮，将DEC-60电源开关接通。

2. 按DEC-60使用说明进入手动状态，移动下夹头到合适位置，试样插到上下夹头中，搬动上下夹头的夹紧手柄将试样夹紧。

3. 将调好标距的引伸计装在试样上。

4. 打开计算机电源，按计算机使用说明设定试验机的试验参数。然后将EDC-60设定到PC-Control状态，再将计算机进入到试验界面。手动控制下夹头移动，使试样加一定的预载荷，再通过调节引伸计下端的调零螺钉使两个差动变压器示值接近零，再用计算机鼠标和键盘清零。

5. 点击计算机屏幕上的启动键，开始试验。

6. 停止试验时，点击显示屏上试验停止键，并退出试验状态。然后手动将试样上的载荷卸掉，再将计算机退回到初始状态。进入数据处理界面，将试验报告打印出。

7. 卸下试样。

8. 关掉DEC-60电源、计算机电源。

六、数据记录及处理

1. 实验记录

仪器型号：＿＿＿＿＿＿＿＿；

样品名称：＿＿＿＿＿＿＿＿；

试样面积：＿＿＿＿＿＿＿＿；试样标距：＿＿＿＿＿＿＿＿；

试样形状：＿＿＿＿＿＿＿＿；试样属性：＿＿＿＿＿＿＿＿；

试验时间：＿＿＿＿＿＿＿＿；

试验应力：＿＿＿＿＿＿＿＿；

预加负荷：＿＿＿＿＿＿＿＿。

2. 数据处理

实验数据可在仪器自带分析软件中进行分析和处理。

（1）打开文件　选择欲处理的数据文件名。注意：欲进入数据处理各状态，应首先选择数据文件名。该文件必须已经存在。

（2）数据浏览　查看、打印所选数据文件的内容。

（3）曲线分析　用于对数据曲线进行分析处理。曲线分析的界面如下所示：

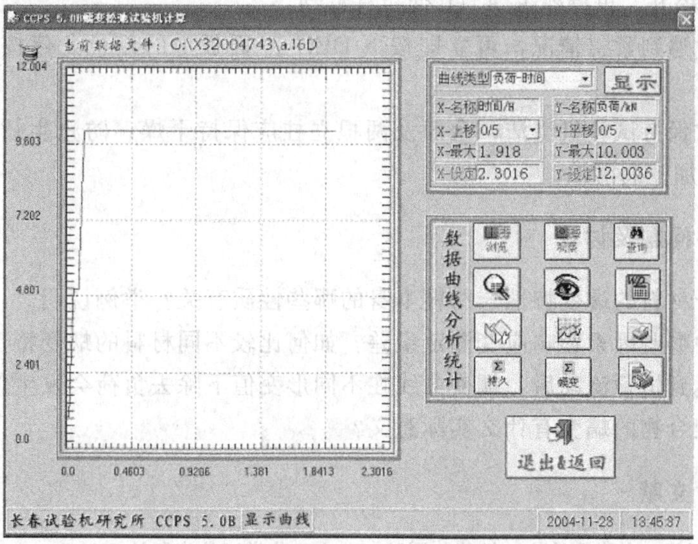

进入该模块，首先自动加载负荷-时间曲线。根据该组数据的最大值，重新设定 X、Y 轴坐标范围。显示曲线时根据该设定值确定坐标范围。若 X、Y 向的数据出现负值，可通过移动坐标轴显示负方向数据曲线。选择欲处理的曲线类型。根据欲处理的曲线类型，设定的坐标值，绘制数据曲线。根据软件界面指令进行数据曲线分析。最后，选择相应的打印项，准备打印报告。

（4）试验报告　显示及打印所选数据文件的试验报告。蠕变试验出现界面如下所示：

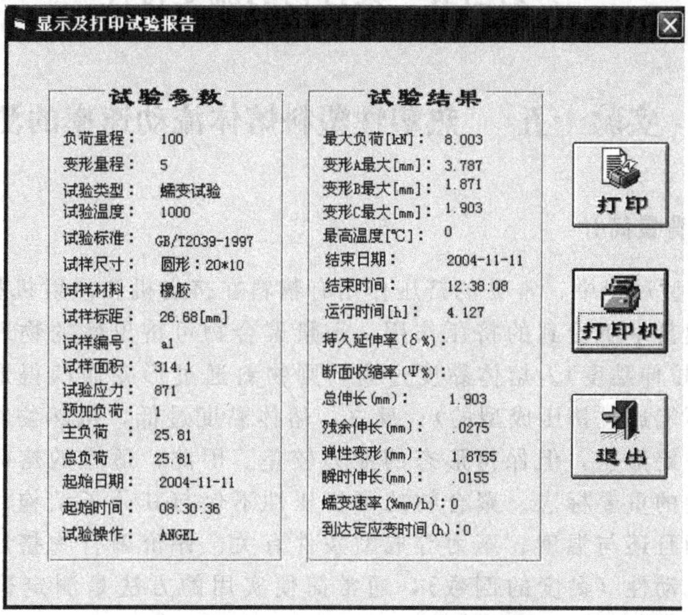

七、实验注意事项

1. 控制拉杆上、下限位置的限位开关，出厂时已调到上下极限位置。当拉杆移动碰到限位开关时，电机停止运转，此时要想脱离此状态，需用手搬动电机皮带轮让拉管向反向移动使限位开关松开，再操作 EDC-60 使拉杆移动。

2. 试验时遇到紧急情况，可立即按下 DEC-60 面板上的红色急停按键，使拉杆立即停止运动。

3. 应经常保持试验机清洁，台面及两根立柱应保持干燥，防止生锈，下拉管与铜套处应定期用油壶加注润滑油。

八、回答问题及讨论

1. 高分子材料的蠕变特性与材料本身的哪些性质有关？举例说明。
2. 实验中哪些因素影响应变测定误差？如何比较不同材料的蠕变特性？
3. 形变达到恒稳流动后，蠕变曲线在不同形变值下除去负荷会发生怎样的变化？
4. 研究聚合物的蠕变有什么实际意义？

九、参考文献

[1] 焦剑，雷渭媛．高聚物结构、性能与测试．北京：化学工业出版社，2003.
[2] 金日光，华幼卿．高分子物理．北京：化学工业出版社，2004.
[3] 冯开才，李谷，符若文等．高分子物理实验．北京：化学工业出版社，2004.
[4] 吴智华．高分子材料加工工程实验教程．北京：化学工业出版社，2004.
[5] 长春试验机研究所．CSS-3910 电子蠕变仪说明书．2005.
[6] 张兴英，李齐方．高分子科学实验．北京：化学工业出版社，2007.

第四节 聚合物的流变特性

实验十五 热塑性塑料熔体流动速率的测定

一、实验背景简介

在塑料成型过程中，常见的挤压作用有物料在挤出机和注射机料筒中、压延机辊筒间以及在模具中所受到的挤压作用。衡量聚合物可挤出性的物理量是熔体的黏度（剪切黏度和拉伸黏度）。熔体黏度过高，则物料通过形变而获得形态的能力差（固态聚合物是不能通过挤压成型的）；反之，熔体黏度过低，虽然物料具有良好的流动性，易获得一定形状，但保持形态的能力较差。因此，适宜的熔体黏度，是衡量聚合物可挤压性的重要标志。聚合物的可挤压性不仅与其分子结构、相对分子质量和组成有关，而且还与温度、压力等成型条件有关。评价聚合物挤压性的方法，是测定聚合物的流动性（黏度的倒数），通常简便实用的方法是测定聚合物的熔体流动速率。

二、实验目的

1. 测定聚乙烯、聚苯乙烯等热塑性聚合物的熔融指数。
2. 了解热塑性塑料在熔融状态（即黏液态）时流动黏性的特性及其重要性。
3. 了解热塑性塑料熔体流动速率与加工性能之间的关系。
4. 掌握热塑性塑料熔体流动速率的测定方法，学习使用 ZRZ1402 型熔融指数仪。

三、实验原理

在塑料成型加工中，衡量高聚物流动性难易程度的指标有熔体流动速率、表观黏度、流动长度、可塑度、门尼黏度等多种方式。大多数热塑性塑料都可以用它的熔体流动速率来表示它的流动性。而热敏性聚氯乙烯树脂通常是测定其二氯乙烷溶液的绝对黏度来表示其流动性能。热固性树脂多数是含有反应活性官能团的低聚物，通常采用落球黏度或滴落温度来衡量其流动性。热固性塑料的流动性通常是用拉西格流程法测量流动长度来表示其流动性。橡胶的加工流动性常用威廉可塑度和门尼黏度等表示。

熔体流动速率（MFR）是指热塑性高聚物在规定的温度、压力条件下，熔体在 10min 内通过标准毛细管的质量值，其单位是 g/10min，习惯用熔融指数（MI）表示，又称为熔融流动指数（MFI）。

对于同一种聚合物，在相同的条件下，流出的量越大，MI 越大，说明其流动性越好。但对不同的聚合物来说，由于测定时所规定的条件不同，因此，不能用熔融指数的大小来比较它们的流动性。同时，对于同一种高聚物来说还可用 MI 来比较其相对分子质量的大小。MI 越小，其相对分子质量越高；反之 MI 越大，其相对分子质量越小，说明它的流动性越好。因此，一般来说，分子量越大、分子链越长，支链越多，熔融指数越小，加工性越差，但生产出来的聚合物产品应用性能如断裂强度、硬度、韧性、缺口冲击、耐老化稳定性等就越好。反之，分子量越小、分子链越短，支链越少，熔融指数越大，加工性越好，但是生产出来的产品应用性能就相应较差。在塑料加工成型中，对塑料的流动性常有一定的要求。如压制大型或形状复杂的制品时，需要塑料有较大的流动性。如果塑料的流动性太小，常会使塑料在模腔内填塞不紧或树脂与填料分头聚集（树脂流动性比填料大），从而使制品质量下降，甚至成为废品。而流动性太大时，会使塑料溢出模外，造成上下模面发生不必要的黏合或使导合部件发生阻塞，给脱模和整理工作造成困难，同时还会影响制品尺寸的精度。所以聚合物生产要在加工性能和应用性能间找到平衡，根据产品的特点，发现最佳参数。用 MI 表征高聚物熔体的黏度，作为流动物性指标已在国内外广泛采用。由此可见，高聚物流动的好坏，与加工性能关系非常密切，是成型加工时必须考虑的一个很重要的因素，不同用途、不同加工方法对高聚物 MI 值有不同的要求，对选择加工工艺参数如加工温度、螺杆转速、加工时间等都有实际的指导意义。

以高密度聚乙烯为例，在 190℃、2160g 荷重条件下测得的熔融指数可表示为 $MI_{190/2160}$。不同的加工条件条件对聚合物的熔融指数有不同的要求。通常，注射成型要求树脂的熔融指数较高，即流动性较好；挤出成型用树脂，其熔融指数较低为宜；吹塑成型用的树脂，其熔融指数介于以上二者之间。表 2-15-1 列出了不同 MI 的高密度聚乙烯（0.94～0.96g/cm^3）的应用范围。

使用熔体流动速率仪测定的熔体流动速率简便易行，对材料的选择和成型工艺条件的确定有其重要的实用价值，工业生产上得到广泛采用。但此法测定的熔体流动速率指标，是在低剪切速率下获得的，不存在广泛的应力-应变速率关系，因而不能用来研究塑料熔体黏度与温度、黏度与剪切速率的依赖关系，仅能比较相同结构聚合物分子量或熔体黏度的相对值。

表 2-15-1　不同 MI 的 HDPE 的加工应用范围

熔融指数	加工主要范围	熔融指数	加工主要范围
0.3～1.0	挤出电缆	2.5～9.0	吹塑薄膜及制板
＜0.2	挤出管材	0.2～8.0	注射成型
0.2～2.0	吹塑制瓶	4～7	涂层

用熔体流动速率仪测定高聚物的流动性，是在给定的剪切速率下测定其黏度参数的一种简易方法。ASTMD1238 规定了常用高聚物的测试方法，测试条件包括：温度范围为 125～300℃，负荷范围为 0.325～21.6kg（相应的压力范围为 0.046～3.04MPa）。在这样的测定范围内，MFR 值在 0.15～25 之间的测量是可信的。深圳某公司生产的 ZRZ1452 型熔融指数仪是根据 ISO1133：1997（E）、ASTM D1238—95、JIS-K72A 以及国家标准 GB 3682—2000、JB/5456—91、JJG 878—94 和其他相应标准制定其相应的技术指标。该仪器具有测定熔体质量流动速率 MFR、测定熔体体积流动速率 MVR、测定熔体密度ρ、测定熔体流动速率比 FRR 等功能。

测定不同结构的树脂熔体流动速率所选择的测试温度、负荷压强、试样的用量以及实验时取样的时间等都有所不同。

推荐试验的温度、口模内径与负荷关系的标准试验条件见表 2-15-2（参照国标与 ISO 标准）。常用塑料可按表 2-15-2 序号选用，共聚、共混和改性等类型的塑料，也可参照此分类试验条件选用。

表 2-15-2　标准试验条件

序号	标准口模内径/mm	试验温度/℃	负荷/kg	序号	标准口模内径/mm	试验温度/℃	负荷/kg
1①	2.095	150	2.160	11	2.095	230	2.160
2	2.095	190	0.325	12	2.095	230	3.800
3	2.095	190	2.160	13	2.095	230	5.000
4	2.095	190	5.000	14	2.095	265	12.500
5	2.095	190	10.000	15	2.095	275	0.325
6	2.095	190	21.600	16	2.095	280	21.600
7	2.095	200	5.000	17	2.095	190	5.000
8	2.095	200	10.000	18	2.095	220	10.000
9	2.095	230	0.325	19	2.095	230	5.000
10	2.095	230	1.200	20②	2.095	300	1.200

① 仅参照 ISO 标准；②仅参照国标。

不同塑料测定熔体流动速率时应选择不同的试验条件，其有关塑料试验条件按表 2-15-3 选用。

根据试样不同，预计熔体流动速率、试样用量以及试验时取样的时间等有所不同，可按表 2-15-4 称取试样。试样加入量与切取时间间隔见表 2-15-4。

但需要注意的有，当材料的密度大于 1.0g/cm³ 时，需增加样品的用量。根据标准或约定，当 MI＞25g/10min 时，可采用较小内径的标准口模。若按 JIS 标准或 ASTM 方法取样，则见表 2-15-5。

表 2-15-3　塑料试验条件选用表

塑料名称	条件序号	塑料名称	条件序号
聚乙烯	1、3、4、5、7	聚碳酸酯	21
聚甲醛	4	聚酰胺	10、16
聚苯乙烯	6、8、11、13	丙烯酸酯	9、11、13
ABS	8、9	纤维素酯	3、4
聚丙烯	12、14		

表 2-15-4　试样加入量与切样时间间隔

熔体流动速率/(g/10min)	试样加入量/g		切样时间间隔/s	
	ISO 标准	GB 标准	ISO 标准	GB 标准
0.1～0.5	4～5	3～4	240	120～240
0.5～1	4～5	3～4	120	60～120
1～3.5	4～5	4～5	60	30～60
3.5～10	6～8	6～8	30	10～30
>10	6～8	6～8	5～15	5～10

表 2-15-5　ASTM 标准和 JIS 标准条件下试样加入量与切样时间间隔

ASTM 标准			JIS 标准		
熔体流动速率/(g/10min)	试样加入量/g	切割时间间隔/s	熔体流动速率/(g/10min)	试样加入量/g	切割时间间隔/s
0.15～1.0	2.5～3	360	0.1～0.5	3～5	240
1.0～3.5	3～5	180	0.5～1.0	3～5	120
3.5～10	5～8	60	1.0～3.5	3～5	60
10～25	4～8	30	3.5～10	5～8	30
>25	4～8	15	10～25	5～8	5～15

深圳某公司生产的 ZRZ1452 型熔融指数仪可以测定熔融体积流动速率，也可以测定熔融质量流动速率。

熔融体积流动速率的计算公式为：

$$MVR(\theta,m_{\text{nom}})=\frac{A\times t_{\text{ref}}\times L}{t}=\frac{427\times L}{t} \tag{2-15-1}$$

式中　θ——试验温度,℃；

m_{nom}——标称负荷，kg；

A——活塞和料筒的截面积平均值；

t_{ref}——参比时间，10min 或 600s；

t——预定测量时间或各个测量时间的平均值，s；

L——活塞移动预见测量距离或各个测量距离的平均值，cm。

熔融质量流动速率的计算公式为：

$$MFR(\theta,m_{\text{nom}})=\frac{A\times t_{\text{ref}}\times L\times\rho}{t}=\frac{427\times L\times\rho}{t} \tag{2-15-2}$$

式中　θ——试验温度,℃；

m_{nom}—标称负荷，kg；

A——活塞和料筒的截面积平均值；

t_{ref}——参比时间，10min 或 600s；

t——预定测量时间或各个测量时间的平均值，s；

L——活塞移动预见测量距离或各个测量距离的平均值，cm；

ρ——熔体在测量温度下的密度，单位为 g/cm^3；$\rho=m/(0.711\times L)$，m 为称量测得的活塞移动 Lcm 时挤出的试样质量。

由于样品质量 $W=A\times L\times\rho$，所以公式也可以转变为：

$$MFR(\theta,m_{nom})=\frac{A\times t_{ref}\times L\times\rho}{t}=\frac{600\times W}{t} \tag{2-15-3}$$

式中 θ——试验温度，℃；

m_{nom}——标称负荷，kg；

W——样条段的质量（算术平均值），g；

t——预定测量时间或各个测量时间的平均值，s。

同时，该仪器也可以测定热塑性塑料熔融状态下物料的密度。具体的做法是利用体积法测定熔融体积流动速率做完试验后，将有效样条称重，然后根据下式计算样品熔融状态下的密度：

$$\rho=\frac{14m}{L} \tag{2-15-4}$$

式中 m——样条质量，g；

L——各个测量距离的平均值，cm。

四、实验仪器和试剂

1. 仪器：本实验使用的是深圳某公司生产的 ZRZ1452 型熔融指数仪，主要由料筒、料杆、口模、控温系统、负荷、自动测试机构及自动切割等部分组成。图 2-15-1 为 ZRZ1452 型熔融指数仪的外观图。

图 2-15-1 ZRZ1452 型熔融指数仪的外观图

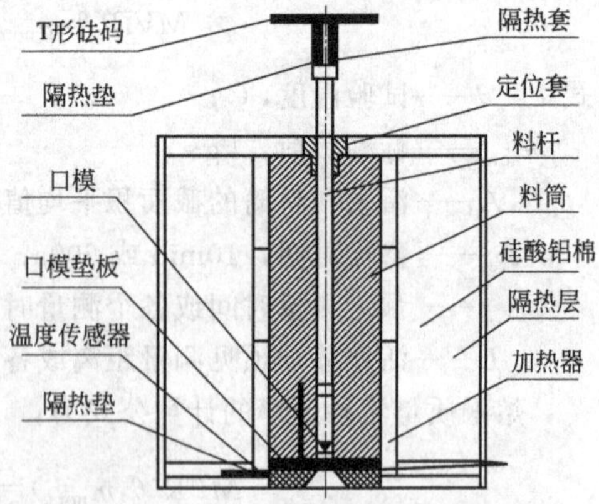

图 2-15-2 熔融指数仪料筒结构

(1) 料筒 料筒结构如图 2-15-2 所示。采用氮化钢材料，并经氮化处理制作，维氏硬度 HV≥700。

由主体（结构见图 2-15-2）和加热控制系统（电子控温仪）两部分组成。

（2）料杆（活塞杆）　采用氮化钢材料，并经氮化处理制作，维氏硬度 HV≥600，头部比料筒内径均匀地小（0.075±0.015)mm，顶部装有一隔热套，使料杆与负荷隔热。在料杆上有两道相距 30mm 的刻线作为参考标记，它们的位置是当料杆头下边缘与口模顶部相距 20mm，上标记线正好与料筒口持平。

（3）口模　口模 ϕ(2.095±0.005)mm，维氏硬度 HV≥700。

（4）控温系统　本系统采用铂电阻作温度传感器，E5AZ-Q3 控制仪表作为温度控制器，它采用 PID 调节，能自动补偿电源电压波动及环境温度对温度控制的影响。

（5）负荷　负荷是砝码与料杆组件的质量之和。砝码的质量和试验负荷的配用如表 2-15-6 所示。

表 2-15-6　砝码的质量和试验负荷的配用表

负荷	砝码组合/g
325	T 形砝码＋料杆组件①
1200	325＋875
2160	325＋875＋960
3800	325＋875＋960＋1640
5000	325＋875＋960＋1640＋1200
10000②	325＋875＋960＋1640＋1200＋2500＋2500
12500②	325＋875＋960＋1640＋1200＋2500＋2500＋2500
21600②	325＋875＋960＋1640＋1200＋2500＋2500＋2500＋2500＋2500＋2500＋1600

① 料杆组件的质量中，不包括定位套的质量；

② 该负荷需另外配砝码。

（6）自动测试机构　ZRZ1402 型熔融指数仪的自动测试机构采用 ZRZ 微电脑控制器，可自动计时，控制试验过程。

（7）自动切割装置　自动切割装置由驱动电路、电动机、刀片组成。安装在料筒底部，体积小巧，动作灵活。

2. 样品：聚乙烯、聚苯乙烯、聚丙烯等热塑性塑料，可以是粉料、粒料、薄片等。

五、实验步骤

1. 熟悉仪器，并检查仪器是否水平，料筒、压料杆、毛细管是否清洁。

2. 备好样品

试样形状可以是粒状、片状、薄膜、碎片等，也可以是粉状。在测试前根据塑料种类要求，进行去湿烘干处理。当测试数据出现严重的无规则的离散现象时，应考虑试样性质的不稳定因素而需掺入稳定剂（特别是粉料）。

（1）称料　根据试样，预计熔体流动速率，按表 2-15-4 称取试样。

（2）试验条件的选择　根据表 2-15-2、表 2-15-3 选择好试验条件。

3. 开始试验

开启电源，E5AZ-Q3 控制器自动按上次关机时设置的温度加热料膛，根据试验要求设置温度。

程序设置：在初始状态下按【SET】键，进入设置状态。设置过程中，按【ENTER】

键，进入下一参数的设置，按【ESC】返回上一个试验参数的设置，如果正设置试验方法，则退回初始状态。其具体设置过程如表 2-15-7 所述。

表 2-15-7 程序设置

上排数码管显示				下排数码管显示	操作
2		0	1	试验方法	初始状态下按【ESC】键，进入试验方法设置状态。按【▲】【▼】改变数值，按【ENTER】键进入下一参数设置，按【ESC】退回初始状态。方法设置为 1，则进入质量法的切割间隔时间设置；方法设置为 2，则进入体积法的行程设置
2		1	1	切割间隔时间/(min,s)	方法设置为 1，按【▲】【▼】【◀】【▶】改变数值，按【ENTER】键返回初始状态，按【ESC】返回试验方法的设置
2		2	1	行程/mm	方法设置为 2，按【▲】【▼】改变数值，按【ENTER】键进入砝码质量设置，按【ESC】返回试验方法的设置
2		2	2	砝码质量/kg	按【▲】【▼】【◀】【▶】改变数值，按【ENTER】键进入试验温度设置，按【ESC】返回行程的设置。
2		2	3	试验温度/℃	按【▲】【▼】【◀】【▶】改变数值，按【ENTER】键试样密度设置，按【ESC】返回砝码质量的设置
2		2	4	试样密度/(g/cm^3)	按【▲】【▼】【◀】【▶】改变数值，按【ENTER】键返回初始状态，按【ESC】返回试验温度的设置

实验前应保证炉膛、口模上次已经清洗干净，否则需重新清洗。将口模、料杆放入炉膛，等温度稳定后即可开始试验。

(1) 质量法　温度稳定后，迅速用漏斗将备好的物料装入，随即再装上压料杆，轻轻将料压紧，加料完毕后按【START】键开始试验。过程如表 2-15-8 所示。

表 2-15-8 试验程序

上排数码管显示				下排数码管显示	操作
1		1	1	时钟	预热 4min，结束前 10s 报警，时间进入压料过程。如果试验温度稳定后，可按【ESC】键进入压料过程
1		1	2	时钟	压料 1min，结束前 10s 报警，时间到自动进入切料过程。如果试样流出的量可以保证取到有效的起始点，可按【ESC】键进入切料过程。
1		1	3	时钟	切料 10 次，结束后返回初始状态。如果第一根有效样条长度不合适，可按【SET】键重新设置切料间隔时间，然后按【ENTER】键返回，系统则重新开始本过程

(2) 体积法　设置完毕后，加料，用压料杆将料压实，再插入料杆，第一刻线高于定位套上边缘。将测试杠杆翘起，按【ENTER】键。然后在砝码托盘上加所需负荷。料杆下移(如 MFR 较大，下移过快，负荷可在料杆自由下移至第一刻线时加上；如 MFR 过小，下移过慢，负荷加上后还可以借助人工压力，使料杆快速下移，注意加压时不要使料杆弯曲)。当达到预定位置时，在 ZRZ400 控制器开始重新计时，并切料一次。当达到预定行程时，计时停止，再一次切料，并自动显示 MVR 值。按一下【PRINT】键，可由打印机自动将一系列参数及测试结果打印。如不需打印，则按其他任意键返回初始状态。

体积法试验完成后可根据实际需要切换到质量法继续试验，体积法试验完成后控制器返回初始状态，按下【SET】键选择 1，按【ENTER】键进入切料间隔时间设置按【▲】【▼】【◀】【▶】改变数值，按【ENTER】键设置完成，按下【START】开始试验。其中预热 4min 和压料 1min 两个过程可按【ESC】跳过。

4. 实验完毕，在砝码上方加压，将余料快速挤出后，抽出料杆，用清洁纱布趁热擦洗干净。然后，在料筒上部加料口铺上干净纱布（50mm×50mm，二层左右），将清洗杆压住纱布插入料筒内，反复旋转抽拉多次，然后用口模顶杆将口模自下而上顶出料筒，用口模清洗杆及纱布清洗口模内外。

对于不易清洗干净的物料可趁热在需要清洗的地方（料筒内壁、口模，内外、料杆）涂一些润滑物，如硅油、十氢萘、石蜡等，必要时，也可以使用矿烛，再清洗就很容易了。

5. 清理后切断加热电源。

6. 称重，计算。

六、数据记录及处理

1. 实验记录

仪器型号：＿＿＿＿＿＿＿＿＿；

样品名称及牌号：＿＿＿＿＿＿；

样品干燥温度：＿＿＿＿＿＿＿＿＿；样品干燥时间：＿＿＿＿＿＿；

样品质量：＿＿＿＿＿＿＿＿＿；

取样时间间隔：＿＿＿＿＿＿＿；

数据记录表

表 2-15-9　数据记录表

项　目	第一次					第二次				
	1	2	3	4	5	1	2	3	4	5
时间/s										
质量/g										

【注意】：每个样品一次可以切割 10 个样条，应选取 5 个无气泡、离散度小的数据进行数据处理，计算熔体流动速率 MFR。

2. 数据处理

将每次测试所取得的 5 个无气泡、离散度小的切割样条分别在精密电子天平上称重，精确到 0.0001g，取算术平均值，按式(2-15-2) 或式(2-15-3) 计算熔体流动速率。

表 2-15-10　数据处理表

项　目	第一次					第二次				
	1	2	3	4	5	1	2	3	4	5
时间/s										
质量/g										
MFR/(g/10min)										
MFR 平均值/(g/10min)										

七、实验注意事项

1. 切勿用料杆压紧物料，以免损坏料杆与料筒。

2. 由于料斗与料筒壁接触后，高温传向料斗，使料斗下端温度升高以至黏住样料。因此，使用时应尽量避免料斗与料筒壁接触。

3. 加料前取出料杆，置于耐高温物体上，避免料杆头部碰撞。把加料用漏斗插入料筒内（尽量不与料筒相碰，以免发烫），边加料边振动漏斗使料快速漏下，加料完毕，用压料杆压实（以减少气泡），再插入料杆，套上砝码托盘。插入料杆时，料杆上的定位套要放好，其外缘嵌入料筒，上述操作应在 1min 内一次性完成。

4. 在试验过程中，如需要更换口模，现将口模从料筒中取出，再用口模清洗杆将口模放入料筒中，操作过程中，需小心谨慎，以免烫伤。

5. 更换或加载砝码时必须戴上手套。

6. 在操作和清洗时，应戴好手套，防止烫伤。

八、回答问题及讨论

1. 测量高聚物熔体流动速率的实际意义是什么？

2. 讨论影响熔体流动速率的因素？

3. 聚合物的熔体流动速率与分子量有什么关系？熔体流动速率值在结构不同的聚合物之间能否进行比较？

4. 即使测试条件相同，对不同的高聚物其 MFR 的大小也不能预测实际加工过程中的流动性，为什么？假设对 PE 和 PS 在相同的测试条件下测得相同的 MFR 值，如在与测试时相同的温度下进行较高速率的注射加工，则其表观黏度哪个更高，为什么？

九、参考文献

[1] 王小妹，阮文红．高分子加工原理与技术．北京：化学工业出版社，2006.
[2] 金日光，华幼卿．高分子物理．北京：化学工业出版社，2004.
[3] 冯开才，李谷，符若文等．高分子物理实验．北京：化学工业出版社，2004.
[4] 韩哲文．高分子科学实验．上海：华东理工大学出版社，2005.
[5] 深圳新三思材料检测有限公司．ZRZ 系列熔体流动速率试验机使用说明书．2005.

实验十六　聚合物加工流变性能测定

一、实验背景简介

高分子材料的成型过程，如塑料的压制、压延、挤出、注射等工艺，化纤抽丝，橡胶加工过程都是在高分子材料处于熔体状态进行的。熔体受力的作用，表现出流动和变形，这种流动变形行为强烈地依赖于材料结构和外在条件，高分子材料的这种性质称为流变行为即流变性。

聚合物流变学是研究聚合物的流动和变形与造成聚合物流变的各种因素间关系的一门科学。了解聚合物的流变性能，可以指导聚合物的加工，选择合理的成型方法，应用流变数据，确定聚合物加工的最佳工艺条件（温度、压力、时间等工艺参数），合理设计成型加工设备各种模具，根据制品的使用条件，选择原料及进行配方设计，总之利用流变性能数据可以指导高聚物的科研和生产，因此，测定聚合物的流变性能有非常重要的现实意义。

聚合物的流变性不仅与其分子结构、相对分子质量和组成有关，而且还与温度、压力、时间等成型条件有关。测定高分子材料熔体流变行为的仪器称为流变仪，有时又叫蒙古度计。

二、实验目的

1. 了解高分子材料熔体流体的流动特性，以及随温度、应力、材料性质的变化规律。

2. 掌握在挤出机上测定聚合物剪切速率、剪切应力、表观黏度等物理量的实验方法和数据处理方法。

3. 掌握 HAAKE 转矩流变仪的使用方法和数据评估。

三、实验原理

聚合物熔体流变性能的测定有多种方法，测量流变性能的仪器按施力状况的不同主要有毛细管流变仪、旋转流变仪、落球流变仪和转矩流变仪等。不同类型的流变仪适用于不同黏度流体在不同剪切速率范围的测定。见表 2-16-1。

表 2-16-1 不同流变仪的适用范围

流变仪	黏度范围/Pa·s	剪切速率/s^{-1}
毛细管挤出式	$10^{-1}\sim10^{7}$	$10^{-1}\sim10^{6}$
旋转圆筒式	$10^{-1}\sim10^{11}$	$10^{-3}\sim10^{1}$
旋转锥板式	$10^{2}\sim10^{11}$	$10^{-3}\sim10^{1}$
平行平板式	$10^{2}\sim10^{3}$	极低
落球式	$10^{-3}\sim10^{3}$	极低

毛细管流变仪是研究聚合物流变性能最常用的仪器之一，具有较宽的剪切速率范围。毛细管流变仪还具有多种功能，既可以测定聚合物熔体的剪切应力和剪切速率的关系，又可根据毛细管挤出物的直径和外观及在恒应力下通过改变毛细管的长径比来研究聚合物熔体的弹性和不稳定流动现象。这些研究为选择聚合物及进行配方设计，预测聚合物加工行为，确定聚合物加工的最佳工艺条件（温度、压力和时间等），设计成型加工设备和模具提供基本数据。

聚合物的流变行为多属非牛顿流体，即聚合物熔体的剪切应力与剪切速率之间呈非线性关系。用毛细管流变仪测试聚合物流变性能的基本原理是：在一个无限长的圆形毛细管中，聚合物熔体在管中的流动是一种不可压缩的黏性流体的稳定层流流动，毛细管两端分压力差为 Δp。由于流体具有黏性，它必然受到自管体与流动方向相反的作用力，根据黏滞阻力与推动力相平衡等流体力学原理进行推导，可得到毛细管管壁处的剪切应力 σ 和剪切速率 D 与压力、熔体流率的关系。

不同类型的流变曲线如图 2-16-1 所示，并可用式(2-16-1) 表示它们之间的关系。

$$D=\frac{(\sigma-\sigma_v)^n}{\eta} \tag{2-16-1}$$

式中，D 为切变速率，也可用 dv/dt 表示；v 为应变；σ 为切应力；σ_v 为屈服切应力；n 为非牛顿指数；η为黏度。

当 $n=1$，$\sigma_v=0$ 时，式(2-16-1) 就变成牛顿黏性流动定律：$D=\sigma/\eta$。用毛细管流变仪

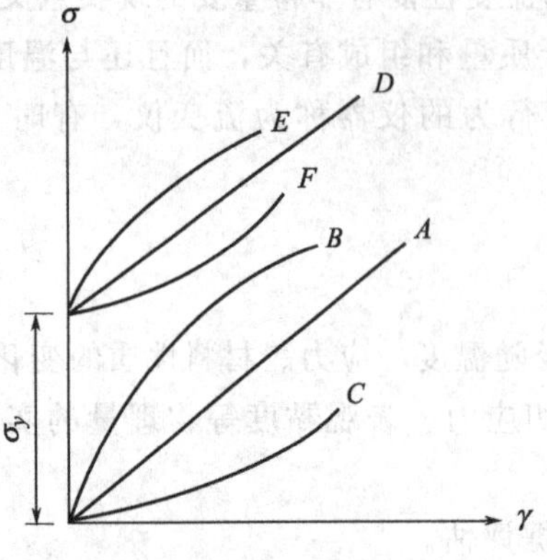

图 2-16-1 不同类型流变曲线

A—牛顿流体；*B*—假塑性流体；
C—胀塑性流体；*D*—宾汉塑性流体；
E—屈服-假塑性流体；*F*—屈服-胀塑性流体

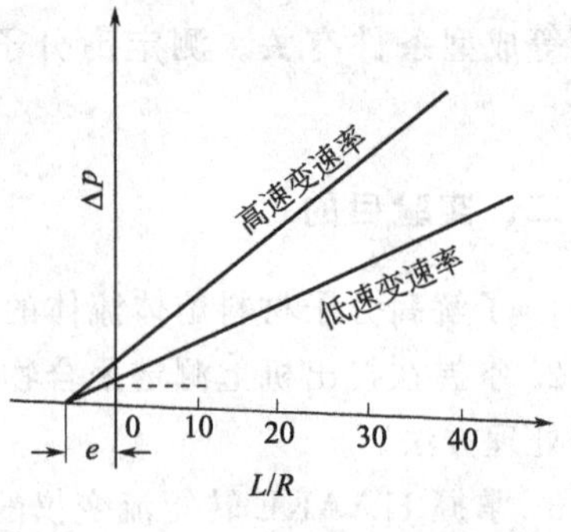

图 2-16-2 毛细管黏度计 Balgey 修正

可以方便地测定高聚物熔体的流动曲线。图 2-16-2 为毛细管黏度计 Balgey 修正。

高聚物熔体在一个无限长的圆管中稳流时，可以认为流体某一体积单元（其半径为 r，长为 L）上承受的液柱压力与流体的黏滞阻力相平衡，即：

$$\Delta\pi(\pi\rho^2)=\sigma(2\pi\rho\lambda) \tag{2-16-2}$$

式中，$\Delta\pi$ 为此体积单元流体所受压力差；σ 为切应力：

$$\sigma=\frac{1}{2}\times\frac{\Delta pr}{I} \tag{2-16-3}$$

$$\sigma_\omega=\frac{\Delta pR}{2L} \tag{2-16-4}$$

式中，R 和 L 为毛细管的半径和长；Δp 为流体流过毛细管长度 L 时所引起的压力降。

转矩流变仪的原理：物料被加到混炼室中，受到转速不同、转向相反的两个转子所施加的作用力，使物料在转子与室壁间进行混炼剪切，物料对转子凸棱施加反作用力，这个力由测力传感器测量，在经过机械分级的杠杆力臂转换成转矩值的单位克·米（g·m）读数。其转矩值的大小反映了物料黏度的大小。通过热电偶对转子温度的控制，可以得到不同温度下物料的黏度。作图得到转矩流变曲线，如图 2-16-3 所示。图 2-16-3 为一般物料的转矩流变曲线，但有些样品没有 AB 段，各段意义如下。

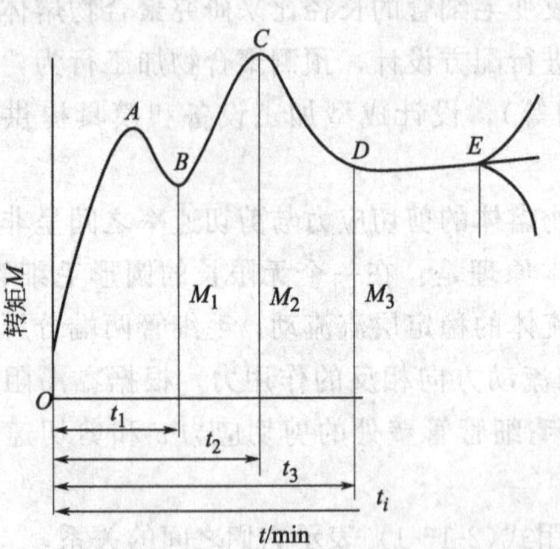

图 2-16-3 转矩与时间的关系曲线

OA：在给定温度和转速下，物料开始粘连，转矩上升到 A 点。

AB：受转子旋转作用，物料很快被压实（赶气），转矩下降到 B 点（有的样品没有 AB 段）。

BC：物料在热和剪切力的作用下开始塑化（软化或熔融），物料即由粘连转向塑化，转矩上升到 C 点。

CD：物料在混合器中塑化，逐渐均匀。达到平衡，转矩下降到 D。

DE：维持恒定转矩，物料平衡阶段（至少 90s 以上）。

E 以后：继续延长塑化时间，将导致物料发生分解、交联、固化，使转矩上升或下降。

由转矩流变曲线获得的信息如下。

1. 判断可加工性。由于转矩值的大小直接反映了物料的黏度和消耗的功率，由此可以看出此配方是否具有加工的可能性。若转矩太大，则在加工中需要消耗许多电力，或在更高的温度下，才能降低转矩，也需耗电，成本提高，这时应考虑改变配方，下调转矩。

2. 加工时间（物料在成型之前的时间）

热塑性材料：要求 t_4 不能太短，否则还未成型就已分解、交联。

热固性材料：若 t_4 太长，效率低，需等待很多时间才能固化、脱模，周期长；若 t_4 太短，来不及出料就已固化在螺杆或模具中。

3. 加工温度。可以测定不同温度下的转矩流变曲线，得到 M-T 关系。

4. 材料的热稳定性。研究分解时间的长短。

5. 可将转矩换算成剪切应力、剪切速率或黏度，得到流变曲线。

四、实验仪器和试剂

1. 仪器：德国热电公司（Thormo Electron）HAAKE 转矩流变仪 PolyDrie R600 转矩流变仪，如图 2-16-4 所示。

转矩流变仪的设计目的是在高剪切效果下使聚合物熔体的多相组分得以良好混合，在此工艺条件下，被高度剪切的物料反抗混合的阻力与其黏度成正比。转矩流变仪通过扭矩传感器测量这种阻力，得到扭矩随时间变化曲线称之为“流变曲线”，用来分析高分子材料的加工和流变性能，同时制备各种预混试样用于物理和化学性能的测试。转矩流变仪在共聚物性能研究方面应用最为广泛。转矩流变仪可以用来研究热塑性材料的热稳定性、剪切稳定性、流动和固化行为，其最大特点是能在类似实际加工过程的条件下连续、准确可靠地对体系的流变性能进行测定。

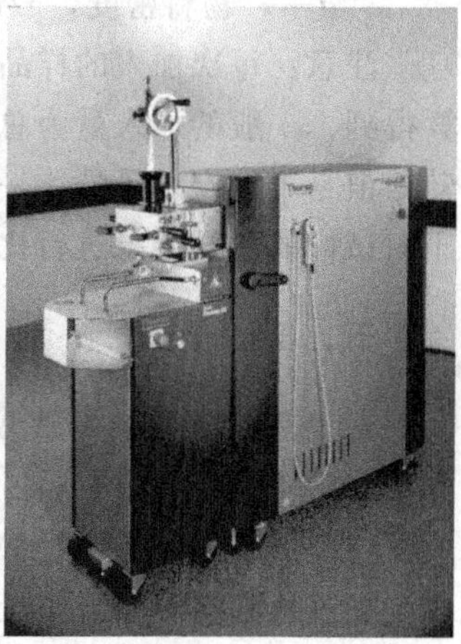

图 2-16-4　HAAKE 转矩流变仪

主机是控制中心，具有驱动和控制测量单元的功能。受控辅机（如混合单元和挤出单元）是智能化的针对特定应用的测量单元，可通过总线系统将测量数据传输到主机。配备有专利的流变测量系统，可测量高分子材料熔体的流变特性，即剪切黏度对剪切速率变化曲线。转矩流变仪以及配套测量附件是将生产设备按照比例关系缩小（密炼机、挤出机、成型口模、后牵引机等）。

转矩流变仪转子。其转子如图 2-16-5 所示，转矩流变仪的结构为一个由热电偶控温的混合室及混合室内的转子，这两个转子平行对齐并相隔一段距离。转子的作用圈刚好相互切合。两个转子逆向转动，转速比为 3∶2。橡胶工业使用的一些特殊混合器速度比为 8∶7。通常左侧转子顺时针转动，右侧转子逆时针转动。为了使不同的物料都能取得最佳的混合效果，设计了多种转子的形状。可以随时更换。

常见的转子有以下几种。

(1) 凸棱转子：中剪切，用于弹性体，塑料。

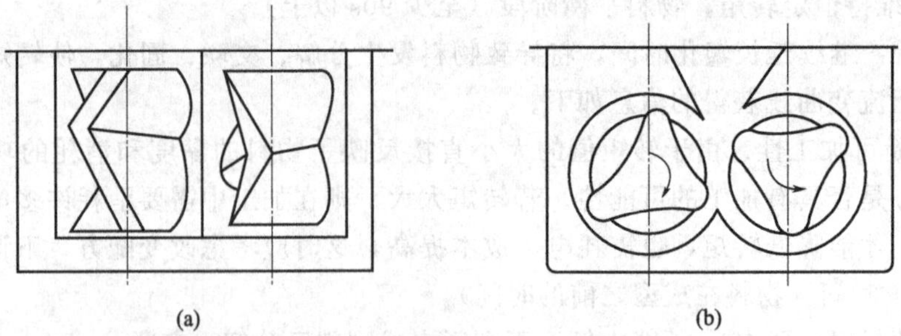

图 2-16-5 转矩流变仪中转子的类型

(2) 西格玛（Σ）转子：低剪切，用于粉末、液体。

(3) 轧辗转子：高剪切，用于特殊性能材料。

(4) Banbury 转子：用于橡胶。

2. 试样：聚乙烯、聚苯乙烯、聚丙烯等热塑性塑料，可以是粉料、粒料、薄片等。

样品质量可按照式(2-16-5) 计算：

$$样品量\ m=[(V-V_D)\times 65\%]\times d \tag{2-16-5}$$

式中 V——没有转子时混炼器的容积，110mL；

V_D——转子的体积，65mL；

d——物料密度，g/mL。

注意：每次加入的样品质量要相同和适当。装入量是根据混炼器的容积和物料的密度计算得到，一般的加入量为总容量的 65%～85%。原因是有部分空间存在便于物料混炼均匀，转矩值易于稳定。另外，一般来讲，随着物料加入量的增多，其黏流阻力会增加。所以为便于对试样的测试结果进行比较，每次应称取相同质量的样品。

五、实验步骤

1. 熟悉仪器，并检查仪器是否水平，料筒是否清洁。

2. 备好样品

试样形状可以是粒状、片状、薄膜、碎片等，也可以是粉状。在测试前根据塑料种类要求，先进行真空干燥 2h 以上的去湿烘干处理，以除去水分及其他挥发性杂质。当测试数据出现严重的无规则的离散现象时，应考虑试样性质的不稳定因素而需掺入稳定剂（特别是粉料）。

3. 流变速率曲线的测定

(1) 安装密炼腔转子和操作板。

(2) 打开动力箱总电源。

(3) 打开流变仪的主机电源。

(4) 调节显示屏，按“Menu”键，再按“2”进入设置实验条件菜单。

(5) 设置实验温度（本实验依试样不同可选择 190℃、230℃、260℃、320℃、330℃)、转子转速和加工时间等相关参数后，按“Set”键，数据设置成功；对于流变过程设置温度、螺杆转速范围（如 10～120，分 10 步完成即采集 10 个转速下，物料的黏度随应力变化)；选择模式为循环。

(6) 按“Menu”键，再按“6”键，观测实验温度。

(7) 待达到设置温度并稳定后，安装加料斗。

(8) 将实验原料加入后，拉下加料口推杆，插上安全栓，按“Start (Motor)”键，开始密炼加工；同时按“Start (Time)”键，开始加工计时，打开流变速率曲线。

(9) 以上所有控制过程都可在软件上完成（有相应的监控模块）；利用分析软件可对测试中保存的数据进行分析和拟合并导出数据。

(10) 完成后，按“Stop”键和“End”键结束。

(11) 拔开安全栓，拉开加料口推杆，取下加料斗。

(12) 将流变仪密炼腔的两块操作板分别取下，趁热用铜刷、铜刀进行清洗。

(13) 将流变仪密炼腔的两根转子分别取下，趁热用铜刷、铜刀进行清洗。

(14) 清洗干净后，将流变仪密炼腔的转子安装好。

(15) 关闭流变仪的主机电源。

(16) 关闭动力箱总电源。

六、数据记录及处理

1. 实验记录

仪器型号：____________________；

样品名称：____________________；

样品形状：____________________；样品质量：____________________；

室温：____________________；湿度：____________________。

2. 数据处理

(1) 数据分析：利用分析软件可对测试中保存的数据进行分析和拟合并导出数据。

(2) 剪切速率的估算：

密炼机腔体半径 $R_a = D_a/2 = 19.65\text{mm}$

转子最大半径：$r_1 = 18.2\text{mm}$

转子最小半径：$r_2 = 11.0\text{mm}$

最宽间隙尺寸：$y_2 = 8.6\text{mm}$

最窄间隙尺寸：$y_1 = 1.4\text{mm}$

最大剪切速率：$\gamma_1 = v_1/(y_1 \cdot y)$

最小剪切速率：$\gamma_2 = v_2/y_2$

假定转子速度：$n_{11} = 90\text{r/min}$

将转速单位转换成 r/s：$n_{12} = n_{11}/60 = 1.5\text{r/s}$.

左侧腔体内的剪切速率为：

$$\dot{\gamma}_1 = 2r_1\pi n_{12}/y_1 = 2\times18.2\times3.14\times1.5/1.4 = 122.5\text{r/s}$$

$$\dot{\gamma}_2 = 2r_2\pi n_{12}/y_2 = 2\times11.0\times3.14\times1.5/8.6 = 12.05\text{r/s}$$

右侧腔体内的剪切速率为：

$$\dot{\gamma}_3 = 81.6\text{r/s 和 } \dot{\gamma}_4 = 8.03\text{r/s}$$

于是左转子的剪切速率比为：

$$\dot{\gamma}_1/\dot{\gamma}_2 = 122.5/12.05 \approx 10$$

右转子的剪切速率比为：

$$\dot{\gamma}_3/\dot{\gamma}_4 = 81.6/8.03 \approx 10$$

左、右转子的最大剪切速率比为：

$$\dot{\gamma}_1/\dot{\gamma}_4=122.5/8.03\approx15$$

图 2-16-6 为流变仪密炼机转子的横截面。

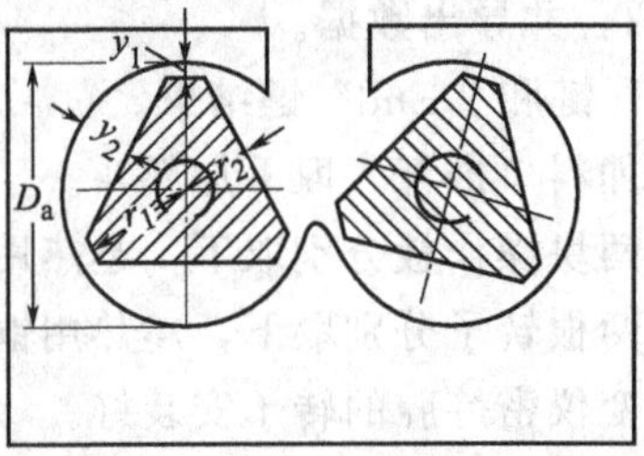

图 2-16-6 流变仪密炼机转子的横截面

（3）流变图谱 见图 2-16-7。

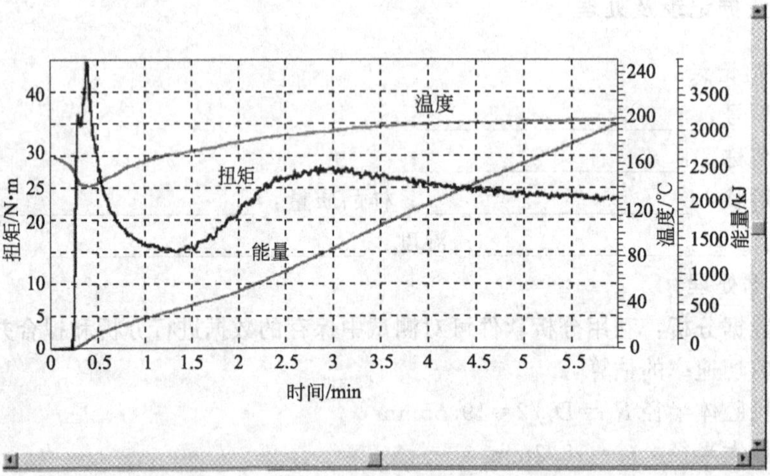

图 2-16-7 流变图谱

（4）完整的流变特性曲线 见图 2-16-8。

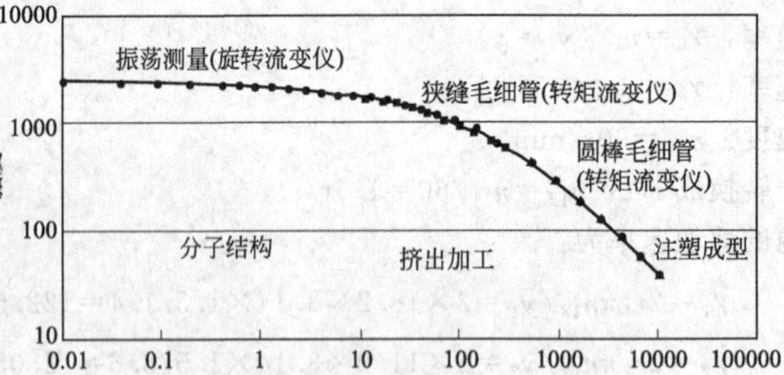

图 2-16-8 流动曲线 LLDPE（220℃）

从曲线的形状讨论高聚物试样的流动类型。

七、实验注意事项

1. 流变试验时，若出现数据点显示不正确，必须重做。
2. 流变仪各段温度未达到工艺要求时，不得进行实验。

3. 实验过程中，注意观察扭矩、温度、压力等工艺参数的变化，并进行记录。

4. 实验原料进入流变仪前，应检查，严禁铁屑、铁钉之类金属零件混入物料，以免在螺杆旋转时损坏仪器；

5. 应严格按照仪器的操作流程进行操作，以免损坏仪器；

6. 实验结束，应挤出余料。

八、回答问题及讨论

1. 转矩流变仪能进行哪些方面的测试？

2. 加料量、加料速率、转速、测试温度对实验结果有哪些影响？

3. 从流变曲线上可得到哪些信息？如何从流动曲线上求出零剪切黏度？并讨论与聚合物分子参数的关系。

4. 聚合物流变曲线对拟定成型加工工艺有何指导作用？

5. 影响聚合物流变性能测定的因素有哪些（不考虑仪器因素）？

九、参考文献

[1] 北京大学化学系高分子化学教研室编．高分子物理实验．北京：北京大学出版社，1983.

[2] 金日光．聚合物流变学及其加工应用．北京：化学工业出版社，1986.

[3] 刘振兴等．高分子物理实验．广州：中山大学出版社，1991.

[4] 韩哲文等．高分子科学实验．上海：华东理工大学出版社，2005.

[5] 德国热电公司（Thormo Electron）．HAAKE 转矩流变仪 PolyDrie R600 使用说明书．2008.

第五节 聚合物的热性能和电学性能

实验十七 聚合物的热重分析

一、实验背景简介

热重分析（Thermogravimetric Analysis，TGA）是以恒定升温速率或等温条件下加热样品，同时连续地测定试样失重的一种动态方法。应用 TGA 可以研究各种气氛下高聚物的热稳定性和热分解作用，测定水分、挥发物和残渣，增塑剂的挥发性，水解和吸湿性，吸附和解吸，汽化速率和汽化热，升华速率和升华热，氯化降解，缩聚高聚物的固化程度，有填料的高聚物或掺合物的组成，还可以研究反应动力学。热重分析具有速度快、样品用量少的特点，特别是计算机的应用，将热重分析技术的水平提高到了一个更新的高度，大大提高了实验数据的测定精度和准确度。目前热重分析已成为研究高分子材料耐热性能不可缺少的手段，在高分子材料领域有着非常广泛的应用。

二、实验目的

1. 了解 TGA 的基本原理，通过 TGA 测定聚合物的热重谱图。

2. 了解 TGA 法在聚合物研究领域中的应用。

3. 掌握 TGA 的基本操作步骤和相关注意事项，掌握热重分析的实验技术。

4. 观察聚合物的 TGA 谱图，并学会使用仪器分析软件对谱图进行分析，求取聚合物相应的分解温度 T_d，分析聚合物的分解过程及利用热重谱图进行动力学研究；

三、实验原理

1. TG 仪器简介

热重分析法为使样品处于一定的温度程序（升温/降温/恒温）控制下，观察样品的质量随温度或时间的变化过程。广泛应用于塑料、橡胶、涂料、药品、催化剂、无机材料、金属材料与复合材料等各领域的研究开发、工艺优化与质量监控。

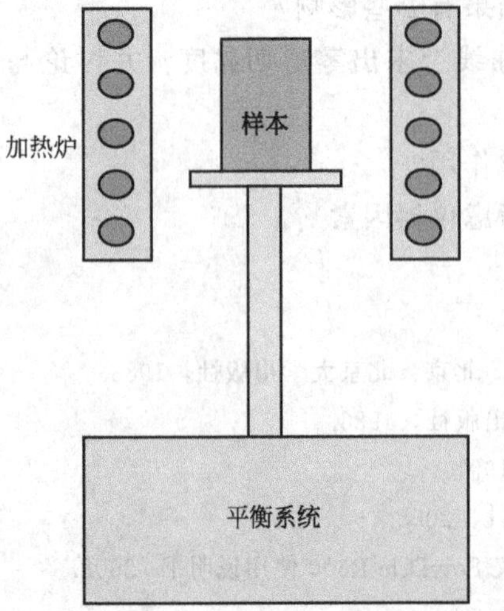

图 2-17-1　TGA 原理示意图

现代热重仪一般由电子天平、加热炉、程序控温系统及数据处理系统四部分组成，其中最核心的是加热炉和电子天平部分。在程序温度（升温/降温/恒温及其组合）过程中，由天平连续测量样品重量的变化并将数据传递到计算机中对时间/温度进行作图，即得到热重曲线。

图 2-17-1 为热重分析法原理示意图。炉体（Furnace）为加热体，在由微机控制的一定的温度程序下运作，炉内可通以不同的动态气氛（如 N_2、Ar、He 等保护性气氛，O_2、空气等氧化性气氛及其他特殊气氛等），或在真空或静态气氛下进行测试。在测试进程中样品支架下部连接的高精度天平随时感知到样品当前的质量，并将数据传送到计算机，由计算机画出样品质量对温度/时间的曲线（TG 曲线）。当样品质量发生变化（其原因包括分解、氧化、还原、吸附与解吸附等）时，会在 TG 曲线上体现为失重（或增重）台阶，由此可以得知该失重/增重过程所发生的温度区域，并定量计算失重/增重比例。若对 TG 曲线进行一次微分计算，得到热重微分曲线（DTG 曲线），可以进一步得到质量变化速率等更多信息。

2. TG 及 TGA 曲线

TGA 原始记录得到的谱图是以样品的质量 m 对温度 T（或时间）作的曲线，称为 TG 曲线，即 m-T（或 t）曲线，如图 2-17-2 所示。图中实线为热重（TG）曲线，表征了样品在程序温度过程中质量随温度/时间变化的情况，其纵坐标为质量百分比，表示样品在当前温度/时间下的质量与初始质量的比值。

为了更好地分析热重数据，得到热重速率曲线，可以通过仪器的质量微商处理系统得到微商热重曲线，称为 DTG 曲线。DTG 曲线是 TG 曲线对温度或时间的一阶导数。TG 和 DTG 曲线比较，DTG 曲线在分析时有更重要的作用，它能精确反映出样品的起始反应温度，达到最大反应速率的温度（峰值）以及反应终止的温度，而 TG 曲线很难做到；而且 DTG 曲线的峰面积与样品对应的质量变化成正比，可精确地进行定量分析；又能够消除 TG 曲线存在整个变化过程各阶段变化互相衔接而不易分开的不足，以 DTG 峰的最大值为界把热重阶段分成两部分，区分各个反应阶段，这是 DTG 的最大可取之处。图 2-17-2 中虚线即为热重微分（DTG）曲线（即 dm/dt 曲线，TG 曲线上各点对时间坐标取一次微分作出

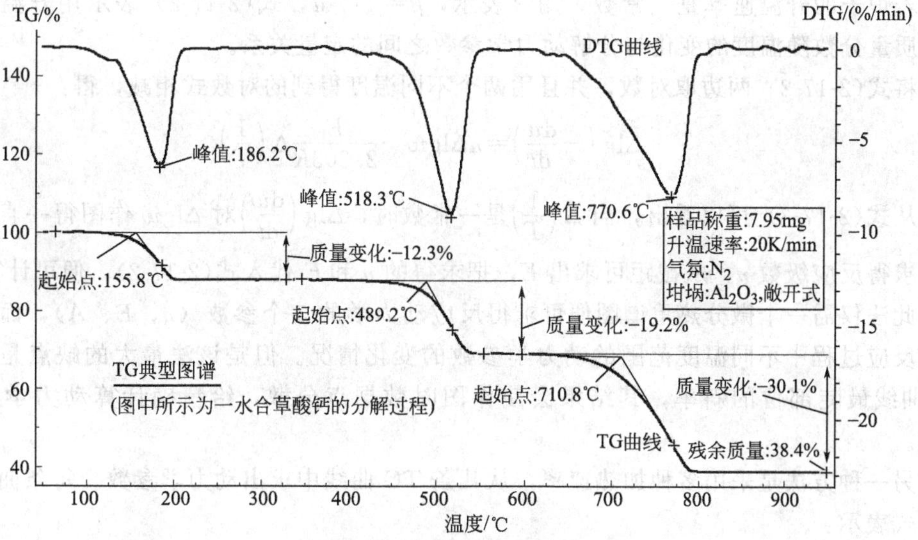

图 2-17-2　典型的热重曲线

的曲线)，表征质量变化的速率随温度/时间的变化，其峰值点表征了各失重/增重台阶的质量变化速率最快的温度/时间点。

对于一个失重/增重步骤，较常用的可对以下特征点进行分析。

(1) TG 曲线外推起始点　TG 台阶前水平处作切线与曲线拐点处作切线的相交点，可作为材料起始发生质量变化的参考温度点，多用于表征材料的热稳定性。

(2) DTG 曲线峰值　质量变化速率最大的温度/时间点，对应于 TG 曲线上的拐点。

(3) 质量变化　分析 TG 曲线上任意两点间的质量差，用来表示一个失重（或增重）步骤所导致的样品的质量变化。

(4) 残余质量　测量结束时样品所残余的质量。

另外，在软件中还可对 TG 曲线的拐点、终止点等特征参数进行标示。

TGA 曲线形状与样品分解反应的动力学有关，例如，反应级数 n、活化能 E、Arrhenius 公式中的速率常数 K 和频率因子 A 等动力学参数都可以从 TGA 曲线中求得，而这些参数在说明高聚物的降解机理、评价高聚物的热稳定性都是很有用的。根据 TGA 曲线计算动力学参数的方法很多，下面只介绍其中的两种。

一种方法是采用一种升温速率。

聚合物热解过程可概括为两种情况，如下式所示。

(a) $A_{固} \longrightarrow B_{固} + C_{气}$

(b) $A_{固}$ 或 $A_{液} \rightarrow\rightarrow A_{气} + B_{气}$

质量为 m_0 的样品在程序升温（一般为恒速）下发生裂解反应，在某一时间 t，质量变为 m，质量分数为 w（$w=\frac{m}{m_0}\times 100\%$），则（a）或（b）的分解速率为：

$$-\frac{\mathrm{d}w}{\mathrm{d}t}=Kw^n \tag{2-17-1}$$

式中，$K=Ae^{-E/RT}$

$$-\frac{\mathrm{d}w}{\mathrm{d}t}=\frac{A}{\beta}e^{-E/RT}w^n \tag{2-17-2}$$

若炉子的升温速率是一常数，用β表示，$\beta=\mathrm{d}T/\mathrm{d}t$，式(2-17-2)表示用升温法测得样品的质量分数随温度的变化与分解动力学参数之间的定量关系。

将式(2-17-2)两边取对数，并且用两个不同温度得到的对数式相减，得：

$$\Delta\lg\left(-\frac{\mathrm{d}w}{\mathrm{d}t}\right)=n\Delta\lg w-\frac{E}{2.303R}\Delta\left(\frac{1}{T}\right) \tag{2-17-3}$$

从式(2-17-3)可以看出，当$\Delta\left(\frac{1}{T}\right)$是一常数时，$\Delta\lg\left(\frac{\mathrm{d}w}{\mathrm{d}t}\right)$对$\Delta\lg w$作图得一直线，从斜率可求得反应级数$n$，从截距可求出$E$，把求得的$n$和$E$代入式(2-17-2)，便可计算$A$值。

此法仅需一个微分热重谱图便可求得反应动力学的3个参数（n、E、A），而且可以反映出反应过程中不同温度范围的动力学参数的变化情况。但是该法最大的缺点是必须求出TG曲线最陡部位的斜率，其结果会使作图时数据点分散，给精确计算动力学参数带来困难。

另一种方法是采用多种加热速率，从几条TG曲线中求出动力学参数。每条曲线都可以用下式表示：

$$\ln\frac{\mathrm{d}w}{\mathrm{d}T}=n\ln w+\ln A-\frac{E}{RT} \tag{2-17-4}$$

根据式(2-17-4)，当w为常数时（不同的升温速率TG曲线取相同的质量分数），应用不同的TG曲线中的$\mathrm{d}w/\mathrm{d}t$和T的数值作$\ln(\mathrm{d}w/\mathrm{d}t)$对$1/T$的图，从直线的斜率中可求出$E$，截距中可求$A$，各种不同的$w$值就可作出一系列的直线。在一定的转化范围内，可以得到E和A的平均值。

这种方法虽然需要多做几条TG曲线，然而计算结果比较可靠，即使动力学机理有点改变，此法也能鉴别出来。图2-17-3列出了两种聚合物的TG谱图比较。

3. 影响实验结果的因素及高分子材料的制样方式

正如其他分析方法一样，热失重分析法的实验结果也受到一些因素的影响，加之温度的动态特性和天平的平衡特性，使影响TG曲线的因素更加复杂。影响TG曲线的因素主要包括仪器因素和实验条件因素两类。

仪器因素主要包括浮力因素和挥发物再凝聚因素。浮力因素是因为在样品测试过程中由于试样周围的气体随温度不断升高而发生膨胀，从而使密度减小，产生不同的浮力。其结果造成表观增重，引起TG基线上漂。一般的解决办法就是在相同条件下预先做一条基线，数据处理系统自动将基线和检测线进行比较，并扣除浮力效应的影响。挥发物再凝聚是指在TG试验过程中由试样受热分解或升华而逸出的挥发物，有可能在热天平的低温区再冷凝。它不仅会污染仪器，也会使测得的样品失重偏低，待温度进一步上升后，这些冷凝物会再次挥发从而还可能产生假失重，使TG曲线出现混乱，造成结果不准确。尽量减小试样用量并选择合适的吹扫气体流量以及使用较浅的试样皿都是减少再凝聚的方法。

实验条件因素主要包括样品状况、升温速率、气氛种类及流速、坩埚等。样品状况包括样品量、粒度和装填到样品皿中的紧密程度等。样品量越大，信号越强，但传热滞后也越大。样品用量增大，聚合物分解的挥发物不易逸出也会影响曲线变化的清晰度。试样用量应在热天平的测试灵敏度范围之内尽量减少。由于聚合物样品的热导率比无机物和金属小，因此常用量应相对更小，一般为5～10mg。在做TG试验时，还应注意样品粒度均匀，批次间尽量一致，并在样品皿中铺平而且接触面越大越好。一般来说，当测试T_m时，样品量应尽量小，否则由于温度梯度大导致熔程长，而当测试T_g时，应适当加大样品量，以提高灵敏

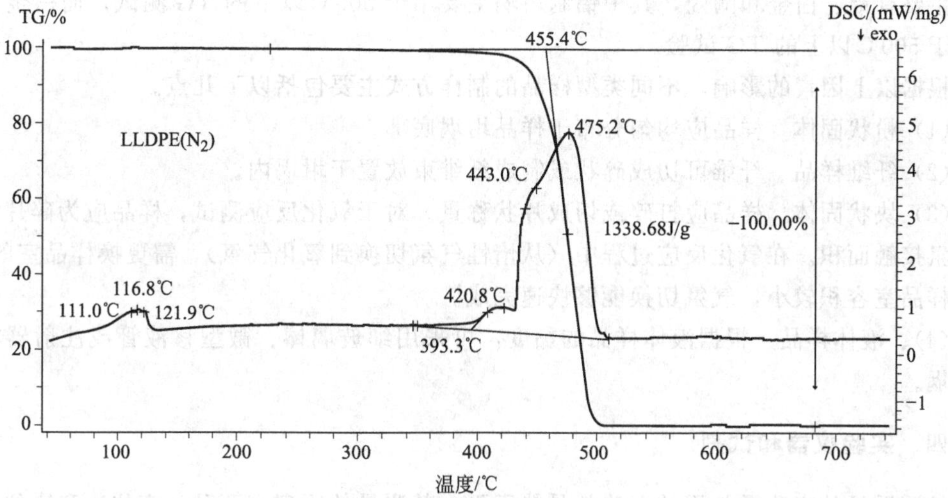

(a) LLDPE

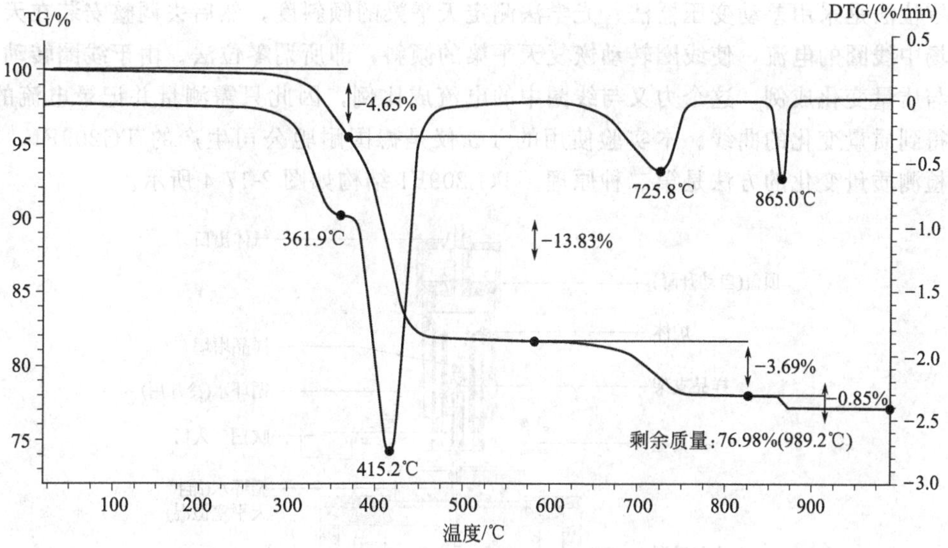

(b) 环氧树脂

图 2-17-3　两种聚合物的 TG 谱图

度。升温速率的变化对 TG 结果也有明显的影响。升温速率越快，所显示的温度滞后越大，做出的结果与实际情况相差也越大。有时升温速率太快还会掩盖相邻的失重反应，甚至把本来应出现平台的曲线变成折线。这是由电加热丝与样品之间的温度差和样品内部存在温度梯度所至。升温速率越低，分辨率越高，但太慢又会降低实验效率。考虑到高分子的传热性不及无机物和金属，因此做 TG 时的升温速率一般定在 5～10℃/min。样品所处的气氛对 TG 试验结果有显著影响。常用于聚合物 TG 试验的主要有 N_2、O_2 和空气三种。气氛处于静态还是动态对试验结果也有很大影响。TG 试验一般在动态下使用，以便及时带走分解物。现在有的仪器分保护气和吹扫气。保护气专用于保护天平，气流量一般在 20mL/min；吹扫气专为带走由热重试验样品产生的气体，气流量稍大于保护气，一般在 60mL/min。保护气用惰性气体，而吹扫气可根据目的不同而改变。两种气氛在一般情况下相同。用于聚合物热分析的主要有铝、白金和陶瓷，其中铝制坩埚主要用于500℃以下的TG测试，而白金和陶瓷则用于500℃以上的TG试验。

根据以上因素的影响，不同类型样品的制样方式主要包括以下几点。

(1) 粉状固体　样品应均匀分布于样品坩埚底部。

(2) 纤维样品　纤维可切成碎状或制成纤维束放置于坩埚内。

(3) 块状固体　样品应打碎或切成片状称量。对于氧化反应测试，样品应为碎片，以增大气氛接触面积。在氧化反应过程中（从惰性气氛切换到氧化气氛），需更换样品室的气氛。由于样品室容积较小，气氛切换能够快速完成。

(4)、液体样品　根据液体样品的黏度，可采用细玻璃棒、微型移液管或注射器将其滴入坩埚。

四、实验仪器和试剂

检测质量的变化最常用的办法就是热天平。其测量的原理有两种，变位法和零位法。变位法是根据天平梁倾斜度与质量变化成比例的关系，用差动变压器等检测倾斜度，并自动记录。零位法是采用差动变压器法、光学法测定天平梁的倾斜度，然后去调整安装在天平系统和磁场中线圈的电流，使线圈转动恢复天平梁的倾斜，即所谓零位法。由于线圈转动所施加的力与质量变化成例，这个力又与线圈中的电流成比例，因此只需测量并记录电流的变化，便可得到质量变化的曲线。本实验使用的TG仪是德国耐驰公司生产的TG209F1，该仪器测试检测质量变化的方法是第二种原理。TG 209F1结构如图2-17-4所示。

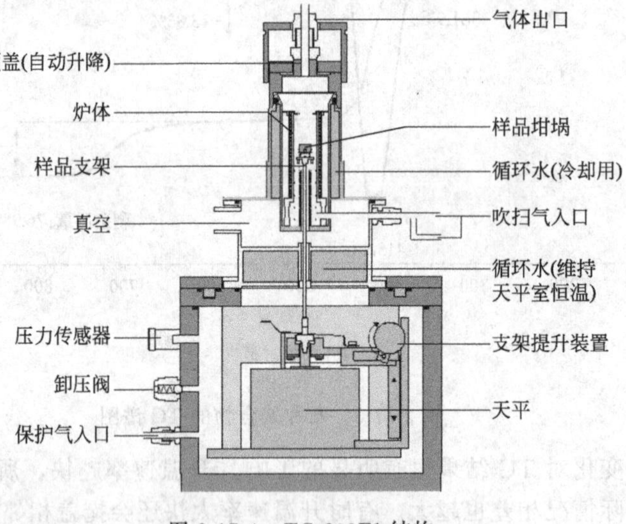

图 2-17-4　TG 209F1 结构

试剂：聚乙烯、聚苯乙烯、聚氯乙烯等热塑性塑料或聚酰亚胺、环氧树脂、氰酸酯树脂等热固性树脂。

仪器：TG 209F1（德国耐驰），如图2-17-5所示。

五、实验步骤

1. 准备工作

(1) 开机　打开计算机与TG209F1主机电源。打开恒温水浴。一般在水浴与热天平打

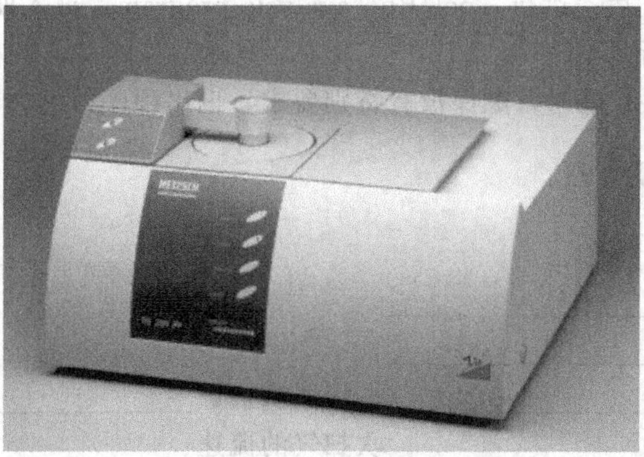

图 2-17-5 TG 209F1 型热重分析仪

开 2～3h 后，可以开始测试。打开 Proteus 软件。

（2）确定使用气体并打开气体开关 确认测量所使用的吹扫气情况（对于 TG 通常使用 N_2 作为保护气与吹扫气，其他常用吹扫气体有空气、氧气），气体流速在测试软件中设定即可自动控制。

（3）制样 根据不同类型的样品选择适合的制样方法。准备一个干净的空坩埚，取适量样品并称量，将称好的样品用镊子放入坩埚中。一般称取 5～15mg 左右的样品放在 Al_2O_3 的坩埚中，再将 Al_2O_3 坩埚放入 TG 仪中，合上仪器。除气体外，固体、液体和黏稠状的样品均可用于测定。装样时尽可能使样品均匀，密实地分布在坩埚底部，以提高传热效率，降低热阻。坩埚加盖与否视后面样品测试的需要而定，对于一般的 TG 测试，如果不存在样品污染因素的话，一般不需加盖。随后将坩埚放到样品支架上，关闭炉体。

（4）打开测试软件，建立新的测试窗口和测试文件 如果需要扣除基线漂移的影响，应事先进行基线测定，生成基线校正文件。测量类型应选择"样品＋校正"。

基线校正就是在所测的温度范围内，对空坩埚进行温度扫描，得到曲线接近一条直线的谱图，这就是基线谱图。在测试之前应先打开基线文件，再点击"样品＋校正"，这样所测得 TGA 曲线就得到了基线校正，用以消除天平仪测量质量变化所带来的误差。

（5）设定测量参数、测量类型、样品编号：×××；样品名称：×××；样品质量：×××；坩埚质量：×××；操作者：×××；材料：×××。

（6）打开温度校正文件 如是第一次测试，需要先进行温度的校正，生成温度校正文件。

温度校正就是作一系列标准物的 TG 曲线，进行 DTA 分析，然后与理论值进行比较，并进行曲线拟合，以消除仪器温度控制误差。

（7）设定程序温度 进入温度控制编程程序，设定程序温度。

（8）定义测试文件名。

（9）初始化工作条件 当温度高于室温时需要等到温度降至设置初始温度才能开始测试。

2. 实验步骤

（1）在计算机中选择"开始"测试，仪器自动开始运行，运行结束后可以打印所得到的谱图。

(2) 待测试完成后，运行 Tool/Run analysis program，进入曲线分析界面，然后对所测得的曲线进行分析。

(3) 测试完毕关仪器时，顺序没有特别要求，退出程序即可。

六、数据记录及处理

1. 实验记录

仪器型号：________________；

样品名称：________________；

样品质量：________________；坩埚质量：________________；

保护气的流速：___________；吹扫气的流速：______________；

聚合物样品实验数据

起始温度：________________；终止温度：________________；

升温速率：________________；

起始分解温度：________________；

分解峰值温度 (1)：_____________；阶段质量损失率 (1)：___________；

分解峰值温度 (2)：_____________；阶段质量损失率 (2)：___________；

分解峰值温度 (3)：_____________；阶段质量损失率 (3)：___________；

800℃条件下的残炭量：___________。

2. 数据处理

利用 TG 和 TGA 曲线通过仪器分析软件确定样品的起始分解温度、分解峰值温度、每阶段质量损失率、800℃条件下的残炭量等数据。

如测试两种以上聚合物的 TG 曲线，应比较聚合物 TG 曲线的不同。

七、实验注意事项

1. 注意试样的颗粒大小适中，样品量不能太大，如果挥发分（特别是低挥发分）不是检测对象，试样在实验前最好真空干燥。

2. 根据测试内容准确设定升温程序，注意升温速率要适中，否则将影响测定结果。

3. 根据测试样品种类和测试内容精确控制保护气和吹扫气的流速及吹扫气的种类。

4. 试验完成后，必须等炉温在室温到 100℃以内才能打开炉盖。

5. 应严格按照仪器的操作流程进行操作，以免损坏仪器。

6. 保持样品坩埚的清洁，应使用镊子夹取，避免用手触摸。

八、回答问题及讨论

1. 从 TGA 曲线上可得到哪些信息？

2. 影响聚合物 TG 实验结果的因素有哪些（不考虑仪器因素）？

3. 如何从 TGA 曲线上求热分解温度 T_d？

4. 研究聚合物的 TG 曲线有什么实际意义，如何才具有可比性？

九、参考文献

[1] 刘振海，徐国华，张洪林. 热分析仪器. 北京：化学工业出版社，2006.

［2］ 朱诚身．聚合物结构分析．北京：科学出版社，2004．
［3］ 冯开才，李谷，符若文等．高分子物理实验．北京：化学工业出版社，2004．
［4］ 张兴英，李齐方．高分子科学实验．北京：化学工业出版社，2007．
［5］ 德国耐驰仪器制造有限公司．TG 209 F1 型热重分析仪使用说明书．2005．

实验十八 聚合物的维卡软化点的测定

一、实验背景简介

无定形高聚物在较低温度时，整个分子链和链段只能在平衡位置上振动，此时，聚合物很硬，像玻璃一样，加上外力只能产生较小的变形，除掉外力，又恢复原状。这时聚合物是处于玻璃态，当温度升高到某一温度，整个分子链相对其他分子来说仍然不能运动，但分子内各个链段可以运动，通过链段运动，分子可以改变形状。这时在外力作用下，高聚物可以发生很大变形，这时高聚物处于高弹态，再继续升温，高聚物整个分子链都可以发生位移，高聚物成为可以流动的黏稠态，称为黏流态。各种塑料在高温作用下，所发生的变化是不同的，温度在很大的程度上影响着塑料各方面的性质，为了测量塑料随着温度上升而发生的变形，确定塑料的使用温度范围，设计了各种各样的仪器，规定了许多实验方法。最常用的是“马丁耐热实验方法”、“维卡软化实验方法”、“热变形温度实验方法”。这些方法所测定的温度，仅仅是该方法规定的载荷大小、施力方式、升温速率下到达规定的变形值的温度，而不是这种材料的使用温度上限。

二、实验目的

1. 了解热塑性塑料的维卡软化点的测试方法。
2. 测定热塑材料的维卡软化点温度，并掌握其实验方法。
3. 正确使用热变形、维卡软化点测定仪。

三、实验原理

聚合物的耐热性能，通常是指它在温度升高时保持其物理力学性质的能力。聚合物材料的耐热温度是指在一定负荷下，其到达某一规定形变值时的温度。发生形变时的温度通常称为塑料的软化点 T_s。因为使用不同测试方法各有其规定选择的参数，所以软化点的物理意义不像玻璃化温度那样明确。常用维卡（Vicat）耐热和马丁（Martens）耐热以及热变形温度测试方法测试塑料耐热性能。不同方法的测试结果相互之间无定量关系，它们可用来对不同塑料作相对比较。

维卡软化点是测定热塑性塑料于特定液体传热介质中，在一定的负荷和一定的等速升温条件下，试样被横截面积 $1mm^2$ 平头针头压入塑料试样中 1mm 时的温度。本方法仅适用于大多数热塑性塑料，可用于鉴别比较热塑性材料软化的性质。实验测得的维卡软化点适用于控制质量和作为鉴定新品种热性能的一个指标，但不代表材料的使用温度。现行维卡软化点的国家标准为 GB/T 1633—2000。

四、实验仪器和试剂

1. 仪器：ZWK 系列微机控制热变形维卡软化点温度试验机。如图 2-18-1 所示。本机为机电一体化结构，主要由测量控制系统与主机两部分组成。主机装有自动提升、保温浴槽、位移传感器及温度传感器，实现了电控测量、数字显示、计算机数据处理。

扭动位移传感器固定锁紧钮可以将位移传感器取出或锁紧，调节位移传感器的预压力，温度传感器固定在支撑板上，试验过程中应使温度传感器测头与试样在同一水平面。

压头有两种：压针式和压头式。用于维卡试验时选用压针；用于热变形试验时选用压头。夹具手柄主要功能是抬起或放下砝码托盘。

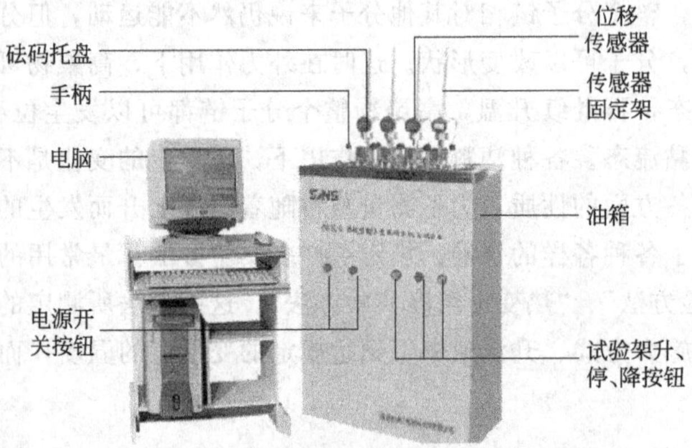

图 2-18-1　热变形维卡软化点试验机立体外形图

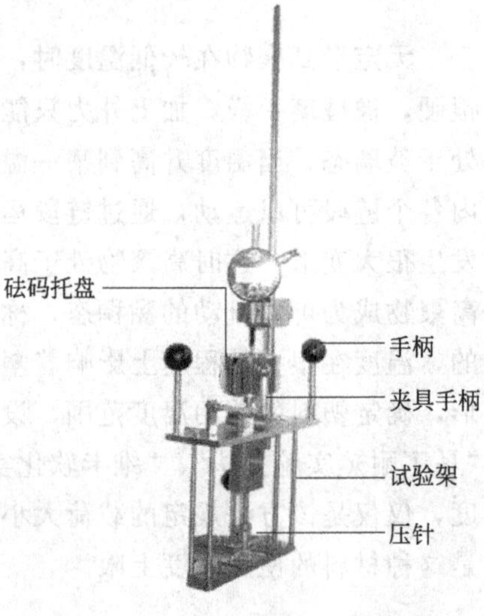

图 2-18-2　维卡软化点温度测试装置原理

维卡软化点温度测试装置原理如图 2-18-2 所示。负载杆压针头长 3～5mm，横截面积为 $(1.000+0.015)\mathrm{mm}^2$，压针头平端与负载杆成直角，不允许带毛刺等缺陷。加热浴槽选择对试样无影响的传热介质，如硅油、变压器油、液体石蜡、乙二醇等，室温时黏度较低。本实验选用甲基硅油为传热介质，它的绝缘性能好，室温下黏度较低，并使试样在升温时不受影响。可调等速升温速率为 (5±0.5)℃/6min 或 (12±1.0)℃/6min。试样承受的静负荷 $G=W+R+T$ [W 为砝码质量；R 为压针及负载杆的质量（本实验装置负载杆和压头为 95g，位移传感器测量杆质量 10g）；T 为变形测量装置附加力]，负载有两种选择：$G_A=1\mathrm{kg}$；$G_B=5\mathrm{kg}$。装置测量形变的精度为 0.01mm。

2. 试剂：维卡实验中，试样厚度应为 3～6.5mm，宽和长至少为 10mm×10mm，或直径大于 10mm。试样的两面应平行，表面平整光滑、无气泡、无锯齿痕迹、凹痕或裂痕等缺陷。每组试样为两个。

模塑试样厚度为 3～4mm。

板材试样厚度取板材厚度，但厚度超过 6mm 时，应在试样一面加工成 3～4mm。如厚度不足 3mm 时，可由不超过 3 块板材叠合成厚度大于 3mm。

本试验机也可用于热变形温度测试，热变形试验选择斧刀式压头，长条形试样，试样长度约为 120mm，宽度为 3～15mm，高度为 10～20mm。

五、实验步骤

1. 按照“工控机”→“电脑”→“主机”的开机顺序打开设备的电源开关，让系统启动并预热 10min。

2. 开启 PowerTest-W 电脑软件，检查电脑软件显示的位移传感器值、温度传感器值是否正常（正常情况下，位移传感器值显示值应该在－1.9～＋1.9 之内随传感器头的上下移动而变化）。

3. 维卡试验　依据 GB/T 1633—2000。在主界面中点击“试验运行”下拉菜单中的“维卡试验”按钮。此时软件会自动打开维卡试验的参数设置界面。可以在该界面中设置好所有的维卡试验的条件，包括实验通道选择和数据库文件名，如图 2-18-3 所示。

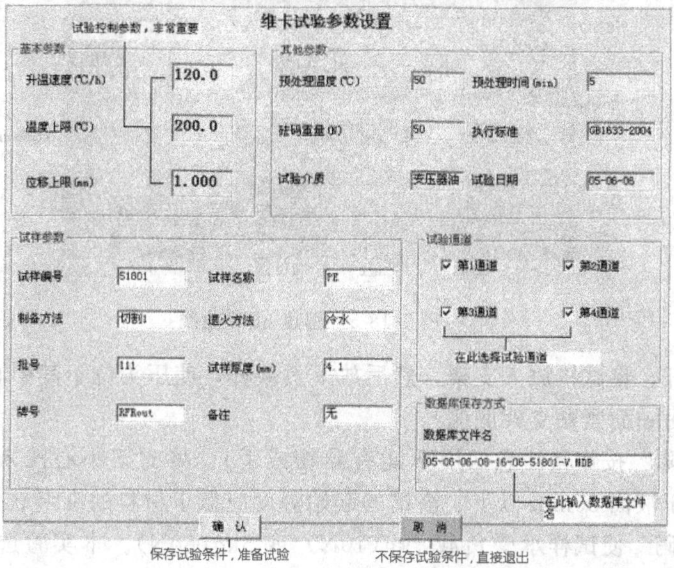

图 2-18-3　“维卡实验参数设置”界面

本次实验的油箱加热速率在这里设置。这三个参数对试验很重要，须谨慎设置。选择试验结束方式。

填好后，按“确定”。微机显示“实验曲线图”界面，点击实验曲线图中的“实验参数”及“用户参数”，检查参数设置是否正确。

在控制参数的设置区右边为其他参数，例如试样预处理温度、预处理时间等。试样参数栏中是试样的一些基本参数，可以将测量得到的试样尺寸等输入进去。右下方是试样数据库文件名，可以自定义数据库文件名，方法是在下面的数据库文件名栏中输入。所有条件设置好之后，点击“确认”按钮，此时软件会弹出一个提示框，提示马上开始试验还是只保存设置的试验条件，如果只保存试验条件，点击“否”按钮，如图 2-18-4 所示。

试验条件设置好并点击“确定”按钮之后，程序会回到主界面，开始试验。

此时控制区的信息栏会变成绿色背景，同时温度值和位移值变成红色。曲线区域会自动开始绘制曲线。同时，在软件状态栏中会以红色显示总的试验时间，如图 2-18-5 所示。

4. 主机上操作　按一下面板的“上升”按钮，将支架升起→将试样平放，选择维卡测试所需的针式压头装在负载杆底端，安装时压头上标有的编号印迹应与负载杆的印迹一一对

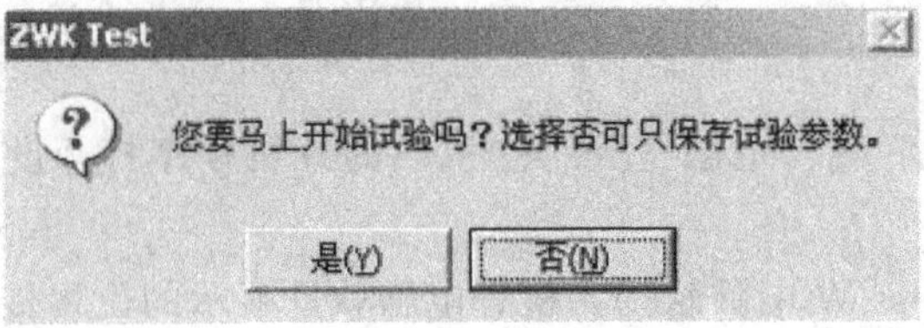

图 2-18-4　提示

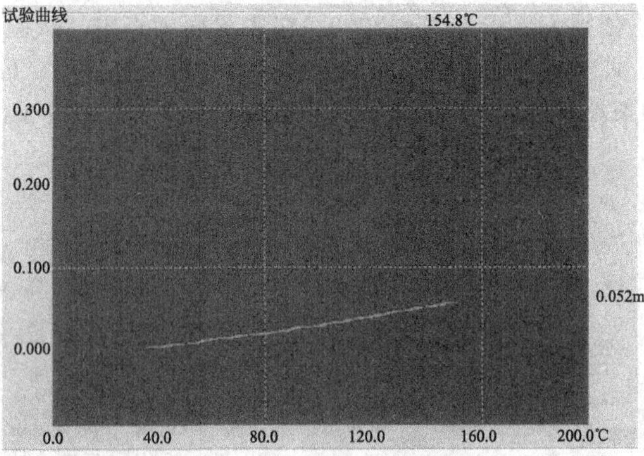

图 2-18-5　温度-位移曲线

应。抬起负载杆，将试样放入支架，然后放下负载杆，使压头位于其中心位置，并与试样垂直接触，试样另一面紧贴支架底座。

5. 按“下降”按钮（注意四周不能有异物或手），将支架小心浸入油浴槽热载体硅油中，使试样位于液面 35mm 以下。浴槽的起始温度应低于材料的维卡软化点 50℃。

6. 放置砝码　使试样承受负载 1kg(10N) 或 5kg(50N)。本实验选择 50N 砝码，小心将砝码凹槽向上平放在托盘上，并在其上面中心处放置一小磁钢针。

7. 千分表清零　下降 5min 后，上下移动位移传感器托架，使传感器触点与砝码上的小钢磁针直接垂直接触，下降接触到试样后下移 3～5mm。

8. 按“清零”→返回电脑界面　对主界面窗口中各通道形变清零。

9. 可一个通道一个通道地“测”；按“确认”键进行实验。装置按照设定速率等速升温。电脑显示屏显示各通道的形变情况。当压针头压入试样 1mm 时，实验自行结束，此时的温度即为该试样的维卡软化点。实验结果以“年-月-日-时-分试样编号”作为文件名，自动保存在“DATA”子目录中。材料的维卡软化点以两个试样的算术平均值表示，同组试样测定结果之差应小于 2℃。

10. 当达到预设的变形量或温度，软件会根据所设定的温度上限、位移上限值自动结束维卡实验。在维卡试验过程中，有两种方式可以手动结束当前实验。

第一种：点击“ALL”页签中的“停止”按钮。如图 2-18-6，可以根据需要停止某次实验。

第二种：点击每一通道页签中的“停止”按钮。此时只停止这一通道的实验，并不影响其他通道。无论是手动结束试验还是自动停止实验，位移和温度的示值都会由红色变为黑色。同时，在单通道的控制区会移出一个试样异常情况描述框，如图 2-18-7 所示。

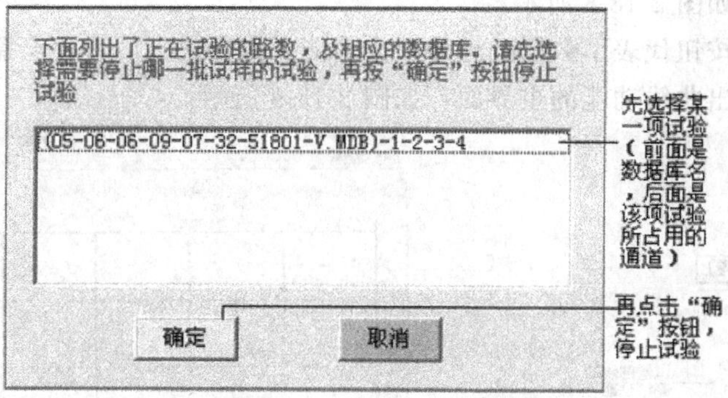

图 2-18-6　停止实验选择窗体

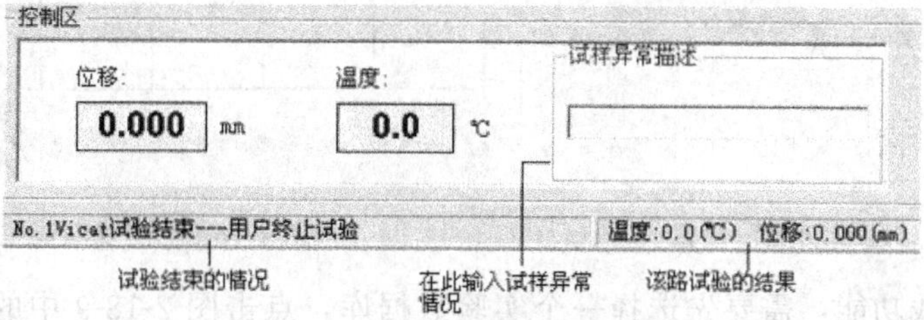

图 2-18-7　试样异常情况描述框

在图 2-18-7 中可以输入试样的异常情况，然后直接按回车即可。如果试样没有异常，就不用输入，在此所输入的内容会体现在实验报告上，该通道的实验结束方式、实验结果均显示在控制区下面的状态栏中。

11. 实验自动停止后，打开冷却水源（仪器背面水龙头，待降至室温时，务必关紧水龙头！）进行冷却。当设备内的温度<100℃时，可按“上升”向上移动位移传感器托架，将砝码移开，将试样取出。一般待冷却至室温，方可再次测试。（当设备温度≥220℃时，切记不可用水冷却！）

12. 实验完毕后，依次关闭主机、工控机、打印机、电脑电源。

六、数据记录及处理

1. 实验记录

将实验数据记录在表 2-18-1 中。

表 2-18-1　实验记录表

试样编号	试样尺寸/mm			标准升温速度(5℃/min)	备注
	a	*b*	*c*		
1					
2					
3					

注：*a*、*b*、*c* 分别表示试件的长、宽、高。

2. 数据处理

第一步：点击主界面菜单栏中的数据处理图标，进入“数据处理”窗口，然后点击“曲线功能”按钮，如图 2-18-8 所示。

图中的两个按钮代表了数据处理的两大功能。点击之后，程序会隐藏掉软件的试样图形界面。同时，弹出曲线功能的主界面，如图 2-18-9 所示。

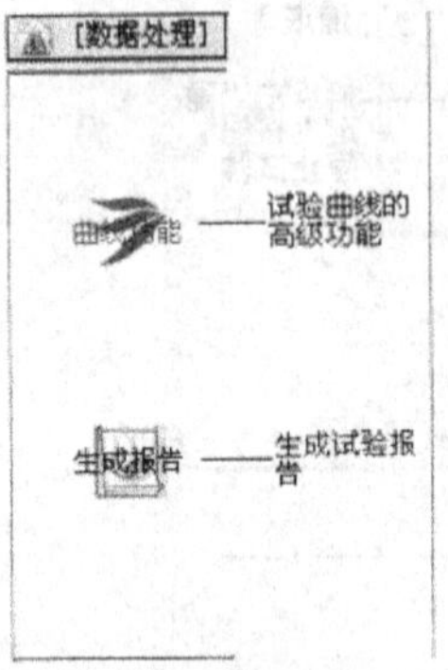

图 2-18-8 “曲线功能”按钮

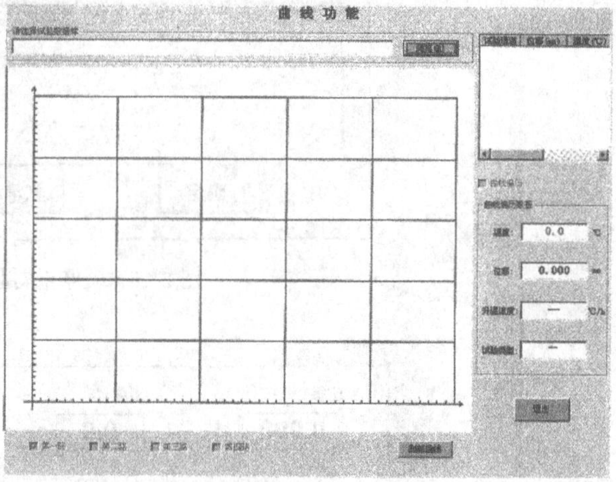

图 2-18-9 曲线功能主界面

要使用曲线功能，需要先选择一个实验数据库，点击图 2-18-9 中的“浏览”按钮即可选择。选择完毕之后，软件会自动绘出所选数据库中，第一个有效通道的温度-位移曲线(注意：不一定是第一通道。例如，做实验时使用的是三、四通道，则默认显示的就会是第三通道的曲线)，如图 2-18-10 所示。

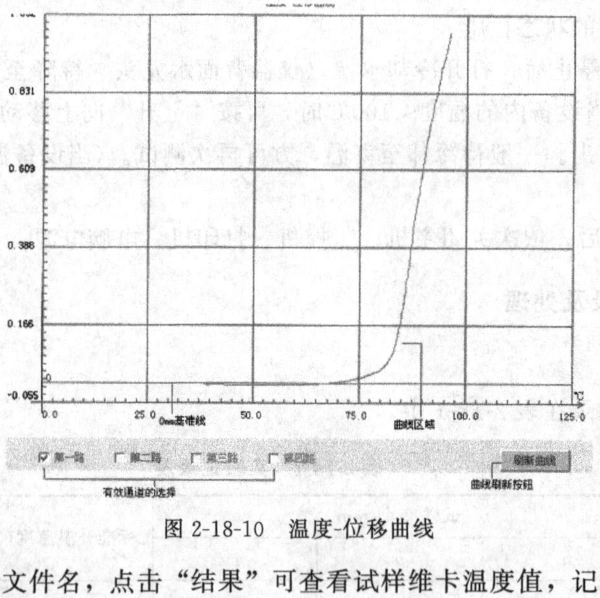

图 2-18-10 温度-位移曲线

双击所需的实验文件名，点击“结果”可查看试样维卡温度值，记录试样在不同通道的维卡温度，计算平均值。

第二步：点击主界面中“数据处理”菜单中的“生成报告”按钮，如图 2-18-8 所示。点击该按钮后，软件会隐藏实验主界面，显示出实验报告生成界面。如图 2-18-11 所示。

在该窗体的上部是实验数据库选择栏，也是在生成报告之前首先需要选择的内容。

根据需要选择实验数据库，软件会自动在下面绘出该实验的温度-位移曲线，如图 2-18-12 所示。

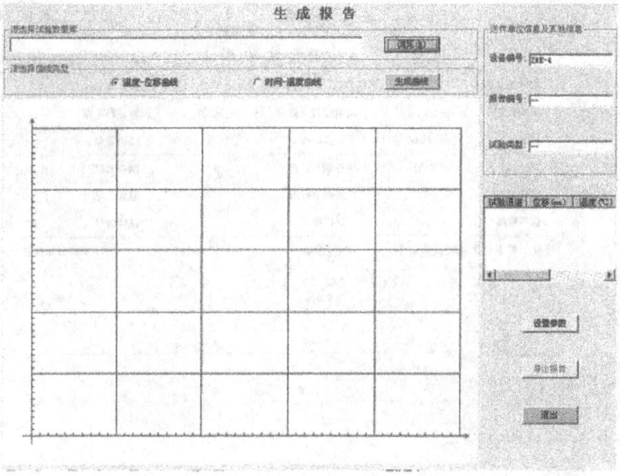

图 2-18-11 “生成报告”界面

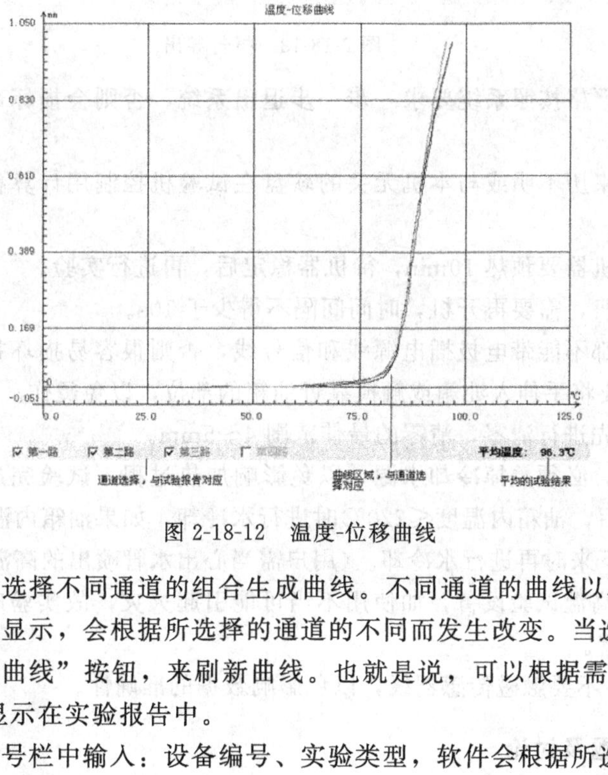

图 2-18-12 温度-位移曲线

在该区域中可以选择不同通道的组合生成曲线。不同通道的曲线以不同的颜色来区分。其中“平均温度”的显示，会根据所选择的通道的不同而发生改变。当选择完通道后，再点击界面上方的“生成曲线”按钮，来刷新曲线。也就是说，可以根据需要选择温度-位移曲线或时间-温度曲线显示在实验报告中。

在右上方报告编号栏中输入：设备编号、实验类型，软件会根据所选择的实验数据库和本设备的基本信息自动填写。

第三步：当选择了一个有效的实验数据库后，点击“导出报告”按钮，程序会自动导出 EXCEL 表格并且完成实验数据和实验图形填充。如图 2-18-13 所示。

本报告是根据国家标准所要求的报告内容编制的，报告导出完成之后，程序会自动退出生成报告模块，回到软件主实验界面。

七、实验注意事项

1. 请勿在计算机内安装其他应用软件，以免试验机应用软件不能正常运行。

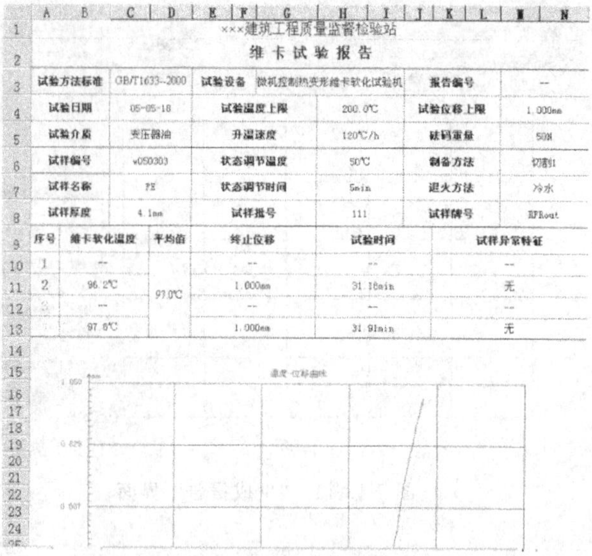

×××建筑工程质量监督检验站

维卡试验报告

试验方法标准	GB/T1633—2000	试验设备	微机控制热变形维卡软化试验机	报告编号	--
试验日期	05-05-18	试验温度上限	200.0℃	试验位移上限	1.000mm
试验介质	变压器油	升温速度	120℃/h	砝码重量	50N
试样编号	w050303	状态调节温度	50℃	制备方法	切割1
试样名称	PE	状态调节时间	5min	退火方法	冷水
试样厚度	4.1mm	试样批号	111	试样牌号	HFRout

序号	维卡软化温度	平均值	终止位移	试验时间	试样异常特征
1	--	97.0℃	--	--	--
2	96.2℃		1.000mm	31.18min	无
3	--		--	--	--
	97.8℃		1.000mm	31.91min	无

图 2-18-13 报告导出

2. 计算机要严格按照系统要求一步一步退出系统，否则会损坏部分程序，导致软件无法正常使用。

3. 不要使用来历不明或与本机无关的软盘在试验机控制用计算机上写盘或读盘，以免病毒感染。

4. 开机后，机器要预热 10min，待机器稳定后，再进行实验。

5. 若刚刚关机，需要再开机，时间间隔不得少于 10s。

6. 任何时候都不能带电拔插电源线和信号线，否则很容易损坏控制元件。除在室温下安放试样外，不要将手伸入油箱或触摸靠近油箱的部位，以免烫伤。

7. 实验前应先进行清零，清零的最佳范围 4～5mm。

8. 做实验时，必须关掉冷却水源，以免影响加热过程，试验完成后打开冷却水源进行冷却。实验结束后，油箱内温度≤220℃时进行水冷却，如果油箱内温度≥220℃，先进行自然冷却，待冷却下来时再进行水冷却。(用户需当心出水管喷出的高温水蒸气烫伤。)

9. 该设备为高温试验设备，如使用不当可能引起火灾，故实验时不得远离设备，人员离开时要关闭机器。

10. 实验时，不要触碰传感器线，以免影响数据的准确性。

八、回答问题及讨论

1. 影响维卡软化点温度测试结果的因素有哪些？
2. 材料的不同热性能测定数据是否具有可比性？
3. 升温速率过快或过慢对实验结果有何影响，为什么？

九、参考文献

[1] [美] 麦卡弗里 EL 著. 高分子化学实验室制备. 蒋硕健等译. 北京：科学出版社，1981.
[2] 李允明. 高分子物理实验. 杭州：浙江大学出版社，1996.
[3] 何曼君等. 高分子物理. 上海：复旦大学出版社，2000.

[4] 复旦大学高分子科学系. 高分子实验技术：修订版. 上海：复旦大学出版社，1996.
[5] 化学工业标准汇编. 塑料与塑料制品（上）. 北京：中国标准出版社，1996.
[6] [德] 布劳恩 D 等. 聚合物合成及表征技术. 黄葆同等译. 北京：科学出版社，1981.
[7] 邵毓芳等. 高分子物理实验. 南京：南京大学出版社，1998.
[8] 刘建平，郑玉斌. 高分子科学与材料工程实验. 北京：化学工业出版社，2005.
[9] 冯开才，李谷，符若文等. 高分子物理实验. 北京：化学工业出版社，2004.
[10] 深圳市新三思材料检测有限公司. ZWK 系列微机控制热变形维卡试验机说明书. 2005.

实验十九 聚合物温度-形变曲线的测定（热机械分析仪测定）

一、实验背景简介

温度-形变曲线（又称为热机械曲线），它是在程序控制温度下测量试样在恒定载荷下所产生的形变随温度变化的关系曲线。

物质的力学性质是由其内部结构通过分子运动所决定的。高分子运动单元具有多重性，它可以是整个高分子链、链段、链节、侧基等。在不同的温度下，对应于不同的运动单元的运动，可表现不同的力学状态。这些力学状态特点及各力学状态的转变可以在温度-形变曲线上得到体现。因此，通过测定聚合物的温度-形变曲线可以了解聚合物分子运动与力学性质的关系，并可分析聚合物的结构形态，如结晶、交联、增塑、分子量等，同时还可以得到聚合物的特征转变温度，如玻璃化温度、黏流温度、熔点等，对于评价聚合物的耐热性、使用温度范围及加工温度等，具有一定的实用性。

二、实验目的

1. 掌握聚合物温度-形变曲线的测定方法。
2. 测定聚甲基丙烯酸甲酯（PMMA）的玻璃化温度 T_g 和黏流温度 T_f，并加深对非晶高聚物三种力学状态的感性认识。
3. 测定聚乙烯（PE）的熔点 T_m。

三、实验原理

高分子各种运动单元运动所需克服的位垒不同，所以在不同温度下各种运动单元有不同的运动方式，在恒定外力作用下就表现出不同的力学状态。

对非晶线型高分子有三种力学状态：玻璃态、高弹态、黏流态。当温度足够低时，高分子的运动能量不足以克服整个分子链和链段运动所需克服的位垒，整个分子链和链段运动被冻结，外力作用只能引起高分子键长和键角的变化，此时试样的力学状态特点为：弹性模量大，形变与应力的关系服从虎克定律，为普弹形变，其力学性能与玻璃相似，此时的力学状态称为玻璃态。在温度-形变曲线上是一段斜率很小的直线（见图 2-19-1）。随着温度上升，达到 T_g 时，分子运动能量已经能克服链段运动所需克服的位垒。此时，虽然整个高分子链还不能运动，但链段开始运动，此时试样的力学状态特点是：弹性模量急剧下降，形变骤增，即试样受外力发生大形变，当外力去除后，形变可回复，此时的力学状态称为高弹态。在温度-形变曲线上表现为急剧向上弯曲，随后基本上保持一平台。如温度再进一步上升至 T_f，高分子运动能量足以克服整个分子链运动所需克服的位垒，整个分子链在外力作用下发生滑移运动。此时试样的力学状态特点是：发生黏性流动，产生不可逆的永久形变，此力学状态即称为高分子的黏流态，在温度-形变曲线上表现为形变急剧增加，曲线向上弯曲。

温度-形变曲线上的 T_g 是高聚物玻璃态与高弹态间的转变温度，称为玻璃化温度，T_f 是高弹态与黏流态之间的转变温度，称为黏流温度。而 T_g、T_f 是高分子材料两个重要特征温度，其中，T_g 是塑料的最高使用温度，是橡胶的最低使用温度，T_f 是高分子材料成型加工的最低温度。

非晶高聚物具有三种力学状态，但并不是所有非晶高聚物都一定具有三种力学状态。若聚合物的分解温度低于黏流温度，就不存在黏流态，如聚丙烯腈、纤维素就属此类高聚物。

聚合物的力学状态及其转变，除了与温度有关外，还与聚合物的结构有关，对结晶、交联、添加增塑剂的高聚物，它们的温度-形变曲线形状及 T_g、T_f 都将发生相应的变化，如图 2-19-2 所示。

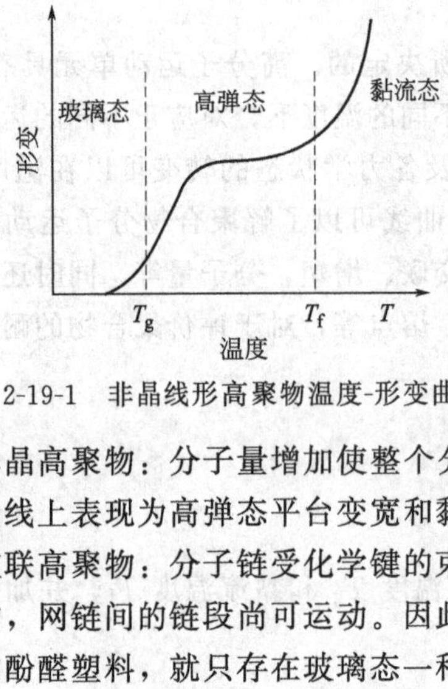

图 2-19-1 非晶线形高聚物温度-形变曲线

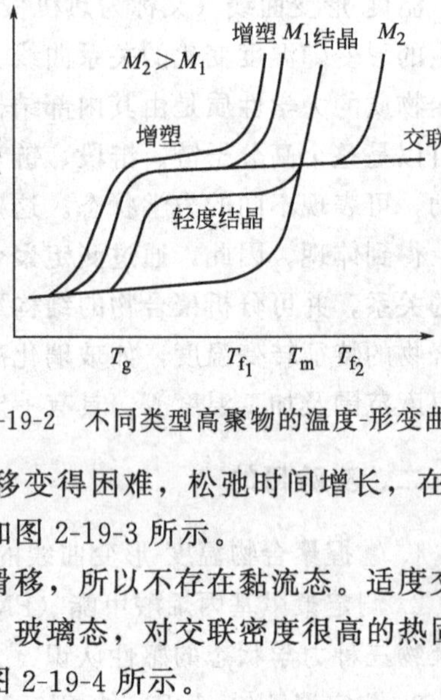

图 2-19-2 不同类型高聚物的温度-形变曲线

非晶高聚物：分子量增加使整个分子链的相互滑移变得困难，松弛时间增长，在温度-形变曲线上表现为高弹态平台变宽和黏流温度增高。如图 2-19-3 所示。

交联高聚物：分子链受化学键的束缚，不能相互滑移，所以不存在黏流态。适度交联的高聚物，网链间的链段尚可运动。因此仍存在高弹态、玻璃态，对交联密度很高的热固性塑料，如酚醛塑料，就只存在玻璃态一种力学状态。如图 2-19-4 所示。

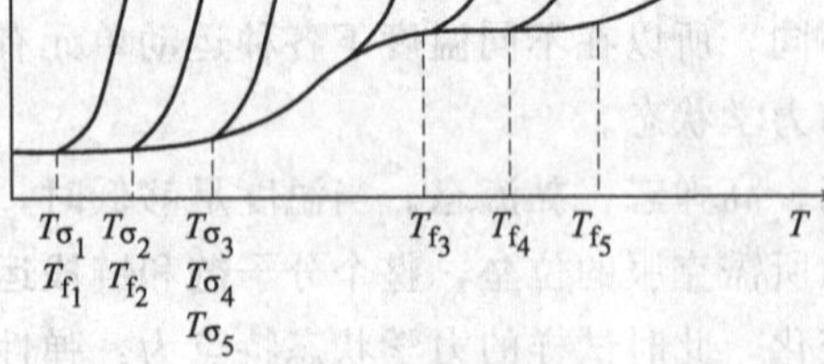

图 2-19-3 不同分子量非晶高聚物的温度-形变曲线

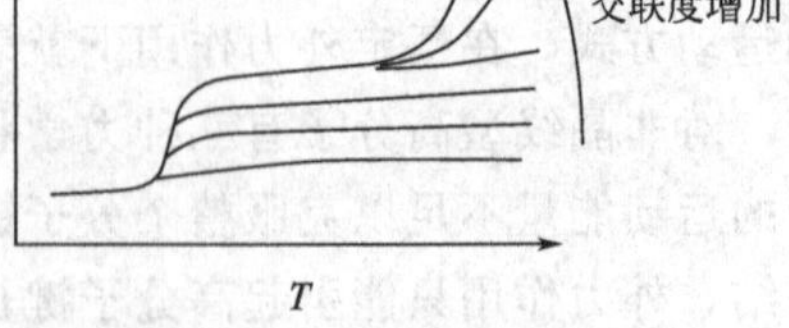

图 2-19-4 交联高聚物的温度-形变曲线

结晶高聚物：存在晶区和非晶区，非晶部分在不同温度下仍存在三种力学状态，但不同结晶度的高聚物具有不同的宏观表现。在较大结晶度的高聚物中，微晶体起到类似物理交联点的作用，随着温度上升，非晶部分的链段运动仍能发生，此高聚物出现明显的玻璃化转变，非晶部分从玻璃态转变到高弹态。由于晶区交联作用的存在，产生的高弹形变较小，试样呈柔软的皮革状。随着结晶度的增加，高弹形变减小，试样硬度增加。如图 2-19-5(a) 所示，当结晶度大于 40%后，结晶相成为连续相，应力主要由结晶相承受，试样变得坚硬，宏观上观察不到明显的玻璃化转变，其温度-形变曲线在熔点前不出现明显转折。结晶性高聚物发生黏性流动的温度由该聚合物的分子量而定，如果试样分子量不太高，非晶区聚合物的黏流温度 T_{f_1} 低于晶区聚合物的熔点 T_m，则聚合物晶区熔融后，试样进入黏流态。如果分子量足够大时，非晶区聚合物的黏流温度 T_{f_2} 高于晶区聚合物的熔点 T_m，则聚合物晶区熔融后，试样进入高弹态，当温度继续升到 T_{f_2} 后，试样才进入黏流态。黏流温度高于熔点的结晶高聚物对其成型加工不利。这样会使加工温度提高，产生不利的因素。因此，在满足材料力学强度的前提下，为便于加工，提高制品质量，总希望结晶性高聚物的分子量适当低一些。

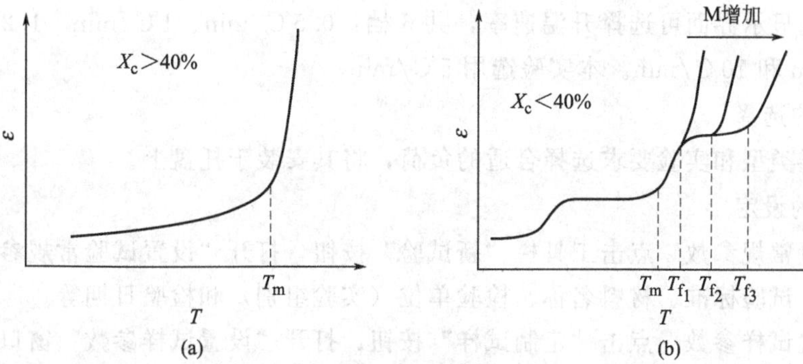

图 2-19-5　结晶高聚物的温度-形变曲线

增塑高聚物：增塑剂的加入，使高聚物分子间的作用力减小，分子间运动空间增大，这样使得链段和整个分子链的运动变得容易，试样的玻璃化温度 T_g 和黏流温度 T_f 都下降。如图 2-19-6 所示。

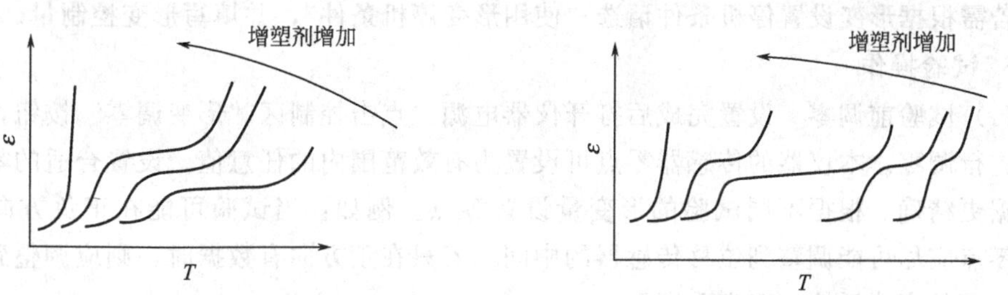

(a) 对柔性链(T_g降低不多, T_f却降低较多)　(b) 对刚性链(T_g和T_f都显著降低)

图 2-19-6　增塑高聚物的温度-形变曲线

四、实验仪器和试剂

1. 仪器：XWR-500A 型热机械分析仪，承德金健测试设备有限公司生产。
2. 试剂：聚苯乙烯（PS)、聚乙烯（PE)。

五、实验步骤

本实验采用压缩式测量方法，也可根据试样采用针入式测量方法。

(一) 试样准备

制备高5mm左右的PS和PE圆柱体为试样，试样两端面要平行，用游标卡尺测量试样高度。

(二) 测试操作

1. 试样的安装

将压缩炉芯从炉体中取出，将试样放入压缩试样座中，采用压缩或针入压头，将上压杆轻轻压在压头上，然后将压缩炉芯放入炉体中，插入测温传感器，将实验所需负荷加载在砝码天平托盘上。

2. 位移测量装置的安装

将位移传感器移至砝码上固定好，然后调节微动旋钮，启动PC机，进入调零界面，调节零点位置。

3. 升温速度的选择

通过液晶显示界面可选择升温速率，共6档：0.5℃/min、1℃/min、1.2℃/min、2℃/min、5℃/min和10℃/min。本实验选用5℃/min。

4. 载荷的选择

根据试样类型和实验要求选择合适的负荷，将其安装于托盘上。

5. 参数的设定

(1) 设置常规参数　点击工具栏“新试验”按钮，打开“设置试验常规参数”窗口，填写试验编号、试验标准、材料名称、检验单位（实验组别）和检验日期等。

(2) 设置试样参数　点击“定制试样”按钮，打开“设置试样参数”窗口，填入试验类型、试样类型、试样数量和试样尺寸。

(3) 设置试验参数　点击“试验设置”按钮，打开“设置试验控制参数”窗口，填入加载压强、试验速度和温度上限。加载压强可用计算器按钮进行压强值与砝码质量的互换。本试验的温度上限设为200℃。

若需根据形变设置停机条件请选“使用形变停机条件”，并填写形变控制量。

6. 试验操作

(1) 试验前调零　设置完成后打开仪器电源，点击控制区“形变调零”按钮，对位移传感器进行调零。本仪器的传感器零点可设置为有效范围内的任意值。设置合适的零点可使试验数据更精确。根据不同试验的形变量设置零点。例如：当试验可能在正负方向都有数据时，零点应尽可能调整到位移传感器的中间，若只在正方向有数据时，则应调整到传感器的下部。调整完毕后按“确定”即可。

(2) 开始试验　点击“开始试验”按钮，试验启动后“当前信息”显示了实时温度和形变信息。

(3) 停止试验　当试验达到设定的停止条件时（温度或形变条件），试验自动停止；也可以手动点击“停止试验”按钮来终止试验。

7. 分析试验结果

对于试验结果的分析，本仪器的软件提供了两种方法可供选择。

(1) 转变点自动分析法　选择“自动分析”选项，由程序自动对试验数据进行统计和分析来确定转变温度 T_g、T_f 或 T_m，分析结果会自动显示在坐标中。

(2) 辅助线分析法　将控制区的“自动分析”选项去掉，按下 T_g 或 T_f 按钮，此时光标变为“十”字形状，即可手动或自动绘制辅助线段，以两条辅助线段的交点作为转变点，来获得试样的各转变温度 T_g、T_f 或 T_m。

可将两种方法的结果进行比较。

8. 完成试验

所有试样测试完毕后，自动保存并结束本组试验。

六、数据记录及处理

1. 数据处理

（1）打开试验记录　点击文件菜单中“打开记录”按钮，打开试验记录窗口，在记录列表中选择一条试验记录后点击“打开”或双击即可打开该试验记录。

（2）设置报告形式　从“文件”菜单中的“报告设置”可打开“报告设置”窗口，按照需要选择输出报告中的项目内容，若不需要某些参数，只要去掉前面的“√”即可。

（3）预览和打印试验报告　点击“文件”菜单中的“打印预览”可预览试验报告效果，点击预览窗口的“打印”或点击文件菜单的“打印报告”按钮即可打印输出试验报告。

2. 实验结果列表

实验温度________；　　样品名称________；

实验方法________；　　设备名称________。

样品名称	压缩应力/MPa	升温速率/(℃/min)	T_g/℃	T_f/℃	T_m/℃

七、实验注意事项

1. 试样的形状对转变温度的测定结构影响比较大，因此必须注明试样的形状、规格。
2. 与压头接触的试样表面必须光滑、平整，以免影响测试结构。

八、回答问题及讨论

1. 哪些实验条件会影响 T_g 和 T_f 的数值？它们各产生何种影响？
2. 非晶聚合物和结晶聚合物随温度变化的力学状态有何不同，为什么？
3. 为什么本实验 PS 试样测定的是玻璃态、高弹态、黏流态之间的转变，而不是相变？

九、参考文献

[1]　朱平平，杨海洋，何平笙．从高分子运动的温度依赖关系看高分子运动特点．高分子通报，2005，(5)：147-150.

[2]　李树新，王佩璋．高分子科学实验．北京：中国石化出版社，2008.

实验二十　Q 表法测定聚合物的介电常数和介电损耗

一、实验背景简介

高聚物的电性能是高分子对外电场作出的响应，可分为介电性能和本体电导性能。绝大多数高聚物电绝缘体具有卓越的电绝缘性能，加上其他优良的物理-化学性能和加工性能，使高聚物在电气工业中成为不可缺少的绝缘材料和介电材料，并被广泛地应用。随着科学技术的发展，对高聚物的电性能提出了各种各样的要求，进而推动了对高聚物电性能的深入研究。高聚物的介电性能是指高聚物在外电场作用下出现的对电能的储存和损耗的性质。表征介电性能的参数是介电常数和介电损耗。

高聚物的介电性能是工业上选用绝缘材料的重要依据。通常高聚物绝缘材料是在 T_g（非晶态高聚物）和 T_m（晶态聚合物）温度以下使用的，α 介电损耗峰是不出现的。在航空、航天等某些条件下使用的高聚物往往不须兼备极低的介电常数（$\varepsilon<2$）和极低的介电损耗（$\tan\delta\leqslant1\times10^{-4}$），而与电气和电子工程的要求相反，在介质高频加热的应用中却需要高介电性能的高聚物。由此可见，测量高聚物的介电性能在实际工业中有重要的应用意义。

二、实验目的

1. 了解聚合物介电常数及介电损耗与结构的关系。
2. 了解高频 Q 表的工作原理。
3. 掌握用 Q 表测定聚合物介电常数和介电损耗的方法。

三、实验原理

如果在一真空平行板电容器中加上直流电压 V，在两个极板上将产生一定量的电荷 Q_0，则电容器的电容（C_0）为：

$$C_0=\frac{Q_0}{V} \tag{2-20-1}$$

当电容器两极板之间充满电介质时，由于电介质分子的极化，在两极板上将产生感应电荷 Q'，这是由于在电场作用下，电介质中的电荷发生了再分布，靠近极板的电介质表面上将产生表面束缚电荷，使介质出现宏观的偶极，这一现象称为电介质的极化。由束缚电荷 Q'产生的电场的方向与外加电场方向相反，使电介质内部的电场强度减弱，但平行板电容器的电场强度（E）只与板间距离 d 和外加电压 V 有关：

$$E=\frac{V}{d} \tag{2-20-2}$$

这时，电源需给平板上补充和极化电量 Q'相等的电量来抵消极化反电场，以维持原来的平行板电容器的电场强度，从而使电容器的电荷量从 Q_0 增加到 Q_0+Q'（见图 2-20-1），电容器的电容也相应增加到 C：

$$Q=Q_0+Q' \tag{2-20-3}$$

$$C=\frac{Q}{V} \tag{2-20-4}$$

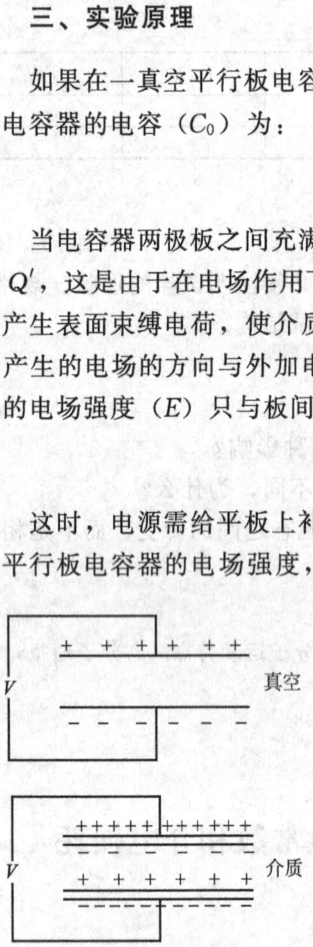

图 2-20-1　介质感应电荷示意图

电介质的介电常数（ε）是指含有电介质的电容器的电容（C）与该真空电容器的电容（C_0）之比，即：

$$\varepsilon=\frac{C}{C_0} \tag{2-20-5}$$

介电常数是一个表征电介质储存电能能力的物理量，因而是介电材料的一个重要的性能指标。由上可知，电介质的极化程度越大，则极板上感应产生的电荷量 Q'越大，介电常数也就越大。因此，介电常数在宏观上反映了电介质的极化程度。聚合物的品种繁多，偶极矩大小不同，介电常数在1.8～8.4之间，大多数为2～4。

介电损耗是指在交变电场中电介质会损耗部分能量而发热。产生介电损耗的原因有两个：一是电介质所含的微量导电载流子在电场作用下流动时，由于克服内摩擦力需要消耗部分电能，这种损耗称为电导损耗。绝缘材料电阻大，常温下电导损耗较小，只有高温下才明显增大，如图2-20-2所示。对非极性高聚物来说，电导损耗可能是主要的；另一原因是偶极取向极化的松弛过程引起的。这种损耗是极性高聚物介电损耗的主要部分。非极性聚合物应无介电损耗，但实际上均因存在杂质而不可避免地有一定的介电损耗。

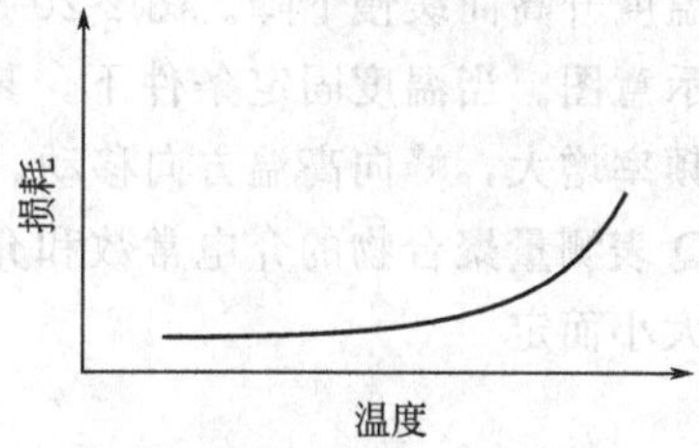

图2-20-2　绝缘电导的损耗

聚合物的介电损耗常以它做成的电容器的电压与电流相位差余角 δ 的正切值 $\tan\delta$ 来表示，称为介电损耗角正切。$\tan\delta$ 值等于在每个交变周期内聚合物损耗的能量（电能）和其储存能量的比值。

图2-20-3(a) 是一个有损耗的电容器的等效电路。其电压和电流的关系如图2-20-3(b) 所示。用复数形式表示电介质的电流时：

$$I_{介}=iI_C+I_R \tag{2-20-6}$$

式中，I_C 为电容电流；I_R 为电阻电流。I_R 代表能量以热能形式消耗的部分，其损耗角正切为：

$$\tan\delta=\frac{I_R}{I_C}=\frac{\varepsilon''}{\varepsilon'} \tag{2-20-7}$$

式中，ε' 为复数介电常数的实数部分，即实验测得的介电常数；ε'' 为复数介电常数的虚数部分，也称损耗因子。

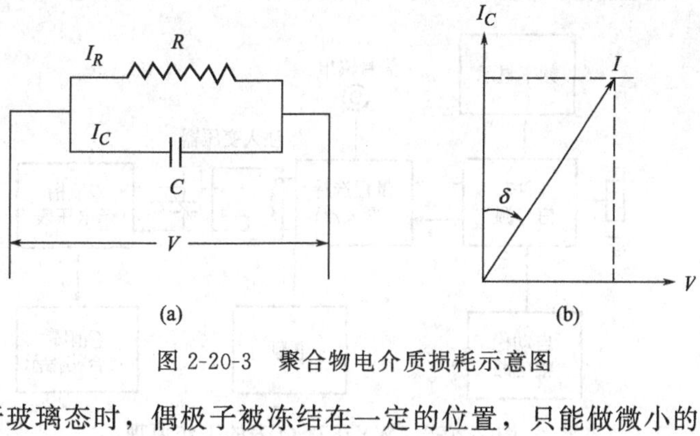

图2-20-3　聚合物电介质损耗示意图

当聚合物处于玻璃态时，偶极子被冻结在一定的位置，只能做微小的取向摆动。在高弹态下，通过链段运动使更多偶极子在电场中取向，损耗增大，并出现峰值。聚合物的损耗因子 ε'' 与温度的关系如图2-20-4所示。

作为绝缘材料或电容器材料的高聚物，一般要求它的介电损耗越小越好。否则，不仅会消耗较多的电能，还会引起材料本身发热，加速材料老化。反之，如果需要对聚合物高频加热进行干燥、模塑或对塑料薄膜进行高频焊接，则要求高聚物具有较高的介电损耗。

聚合物的介电常数和介电损耗还与温度和频率有关。当固定频率条件下，测定试样的介电常数和介电损耗随温度的变化：当温度很低时，聚合物的黏度过大，极化过程太慢，甚至于偶极取向完全跟不上电场的变化，故ε′和ε″都很小；随着温度升高，聚合物的黏度减小，偶极可以跟随电场变化而取向，但又不能完全跟上，ε″迅速上升，ε″出现峰值；当温度升到足够高之后，偶极取向已完全跟得上电场的变化，故ε′增至最大，而ε″则又降低。但当温度很高时，分子热运动加剧，促使偶极子解取向，且这种解取向作用占优势，故介电常数将随温度升高而缓慢下降。图 2-20-5 为各频率下，聚合物的介电常数和介电损耗与温度的关系示意图。当温度固定条件下，聚合物的介电常数和介电损耗也会随频率 f 的不同而不同。频率增大，峰向高温方向移动，因而在测定过程中，必须保持 f 恒定。本试验采用 WY3253 Q 表测量聚合物的介电常数和介电损耗。在使用 Q 表测量时，f 的选择可根据线圈的电感大小而定。

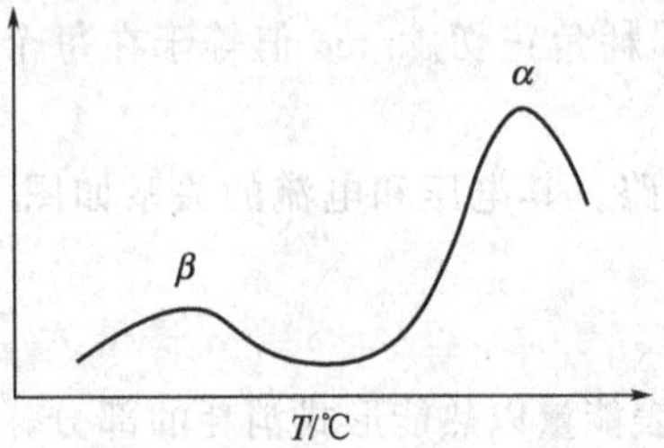

图 2-20-4 普通聚合物的损耗因子与温度的关系

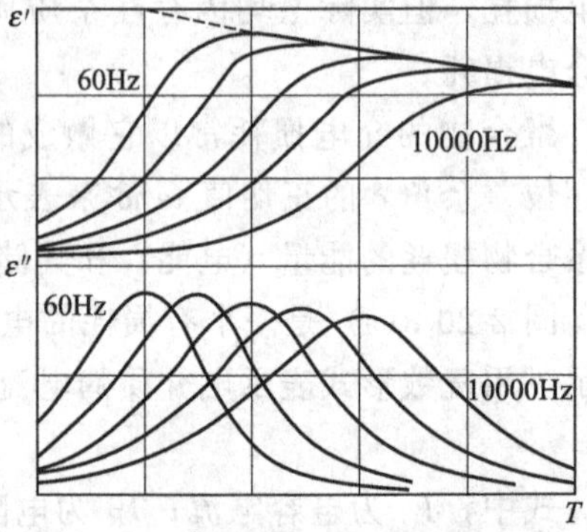

图 2-20-5 聚合物的介电常数、介电损耗与温度的关系

本实验使用的是上海无仪电子设备有限公司生产的 WY2853 Q 表。WY2853 Q 表的工作原理如图 2-20-6 所示，是由高频振荡器、谐振回路、电子管电压表组成。它是根据串联谐振原理，以电压比值刻度 Q 值表示的，特别适合于对微小电感量的高频有效测量。

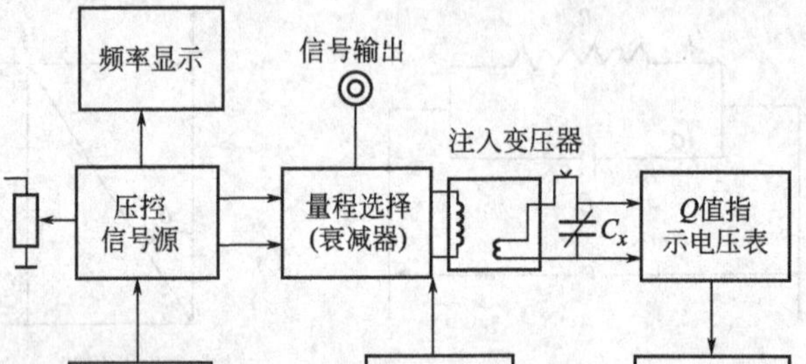

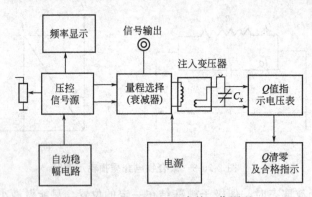

图 2-20-6 WY2853 Q 表的工作原理

当谐振回路电压增加 e 时，调节电容 C 使电路谐振，即 $\omega L=1/(\omega c)$，则回路电流 I 达到最大值 I_r。I_r 与 e 和 R 有下列关系：

$$I_r=\frac{e}{R} \tag{2-20-8}$$

此时，电容 C 两端的电压 E 为：

$$E=I_r\frac{1}{\omega C}=\frac{e}{R\omega C} \tag{2-20-9}$$

而
$$\frac{E}{e}=\frac{1}{R\omega C}=Q \tag{2-20-10}$$
或
$$E=eQ \tag{2-20-11}$$

由此可见，根据串联谐振理论，当达到谐振时，电容器两端的电压为所加高频信号电压的 Q 倍。图 2-20-7 为 Q 表测定聚合物介电性能的电路示意图。

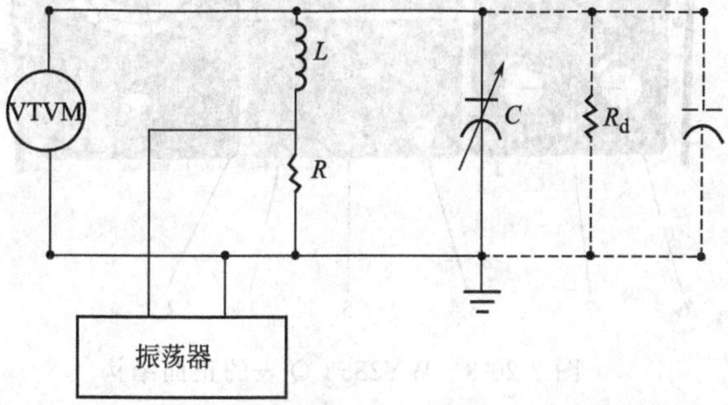

图 2-20-7　Q 表测定聚合物介电性能的电路示意图

在恒定条件下，可把电压表直接标度为 Q 值，此即为 Q 表。Q 表表明一个元件或一个系统的质量，它等于每振荡一周间储藏能量对损耗比值的 2π 倍，按数值计算它是在测试频率的电抗对电阻的比率，即：

$$Q=2\pi\,\frac{\text{回路内储藏的能量}}{\text{每周内消耗的能量}}=\frac{2\pi fL}{R}=\frac{\omega_0 L}{R}=\frac{1}{\omega_0 CR}=\frac{1}{\tan\delta} \tag{2-20-12}$$

式中，f 为高频信号的频率；L 为元件的感应磁通量；R 为元件的电阻；ω_0 为高频信号的角频率；C 为整个回路的电容。

利用 Q 表可测定聚合物的损耗角正切 $\tan\delta$ 和相对介电常数 ε。测定时调整可变电容 C，使电压表读数达最大，将 Q 与 C 值记作 Q_1 和 C_1。然后将介质试样放于平板电容器间，重新调节可变电容器使回路达到谐振，记下 Q_2 和 C_2 值。利用所测数据，根据平板电容器各量的基本关系即可求出各参数。

介电常数为：

$$\varepsilon=\frac{C_d d}{\varepsilon_0 A} \tag{2-20-13}$$

式中　C_d——电容器电容，$C_d=C_1-C_2$；

A——电容器平板面积；

d——平板间距离。

损耗角正切 $\tan\delta$ 为：

$$\tan\delta=\frac{1}{Q}=\frac{Q_1-Q_2}{Q_1Q_2}\times\frac{C_1}{C_1-C_2} \tag{2-20-14}$$

实验中利用聚合物作为电容器的介质，将电容并联接入谐振回路中，由于介质的损耗而使回路 Q 值下降，利用 Q 表测出回路 Q 值的变化，根据公式(2-20-13) 和式(2-20-14) 就可测出聚合物的介电常数和介质损耗。

四、实验仪器和试剂

1. 仪器：WY2853 Q 表是一种测试频率在 0.7～100MHz 范围内的阻抗测试仪器。Q 表能测量高频电感的电感量以及分布电容量、电容器的电容量和损耗角。

WY2853 Q表的正面结构如图2-20-8所示。

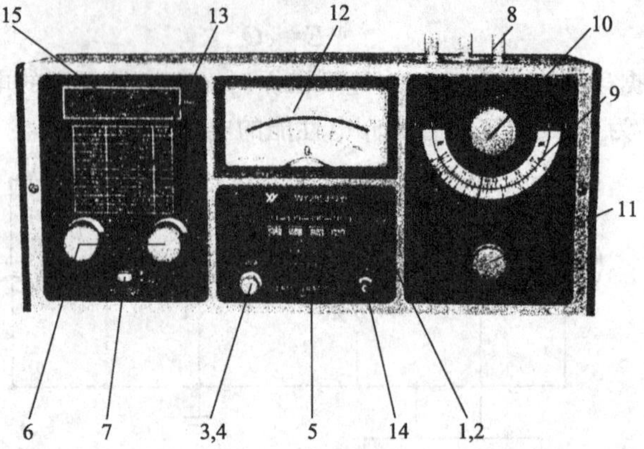

图2-20-8 WY2853 Q表的正面结构

1—电源开关按钮；2—电源指示LED（“ON”发亮，表示仪器通电）；3—Q预置设置；4—Q预置合格显示LED（“GO”发亮，表示被测件达到预置值）；5—Q量程选择（选择高量程时，低量程按钮同时按下，例如选择量程为300时，量程30及量程100要同时按下），同时也是信号输出幅值衰减器；6—频率调节（顺时针方向为增高频率，另一个是频率细调）；7—频率频段选择（按键未按为低频段，按下按键为高频段。刚开机时，由于VCO有一个热平衡过程，后两位LED会有下降趋势显示，预热后，指示就稳定了）；8—测试回路接线柱；9—调谐电容刻度（相应是电感刻度）；10—刻度指针座（不是调谐旋钮，请勿转动，以免损坏调节系统）；11—调谐旋钮；12—Q值指示电表；13—测电感时相应频率表格；14—信号输出座（从该端可输出0.7～100MHz信号）；15—频率显示

2. 厚度测量仪：用于测量试样的厚度。

3. 样品：酚醛树脂、环氧树脂等热固性树脂及复合材料，也可以是聚乙烯、聚苯乙烯、聚丙烯等热塑性塑料。

样品要求为圆形，直径为25.4～31.0mm，厚度可在1～5mm之间，若太薄或太厚则测试精度会下降。样品尽可能平直，表面平滑，无裂纹、气泡或机械杂质。试样数量不少于3个。

在测试前应对试样进行清洁处理：用蘸有溶剂（对试样不起腐蚀作用）的布擦洗试样。并调节试样放入环境状态：在温度为（20±5）℃和相对湿度为（65±5）%的条件下放置不少于6h，才能进行常态实验。

用厚度测量仪在试样测量电极面积下沿直径测量不少于5点，取其平均值作为试样厚度，测量误差为±0.01mm。

将接触电极贴于样品的上下平面上。将试样放于两电极之间，并保持三者同心，卡紧试样与电极。这样就组成了一个以试样为介质的电容器了。

五、实验步骤

1. 测试前准备工作

（1）检查仪器Q值指示电表的机械零点是否准确。

（2）将Q表主调谐电容器置于最小电容，即顺时针旋转到底。调谐电容及调节振荡频率时，当刻度已达最大或最小时，不要用力继续再调，以免损坏刻度和调节机构。

（3）选择适当的电感量的线圈，从Q表后部往前接在Q表“L_X”接线柱上。

(4) 将介电损耗测试装置插到 Q 表测试回路的“电容”即“C_X”两个端口上。

2. 接通电源，“ON”亮，仪器预热 30min，待频率读数稳定方可进行有效测试。注意测试时手不得靠近被测样品，以免人体感应影响。

3. 选择合适频率挡，分别用粗调和细调两个旋钮调节频率开关，使测量频率处于实验所需频率。

4. 选择 Q 量程：Q 值范围开关放在适当的挡级上。(注意：Q 值范围开关实际是一组衰减器，所以选择 30 挡以上要同时按下前几挡。例如：选择 300 时，30 和 100 要同时按下。)

5. 将适当的谐振电感接在“L_X”接线柱上。

6. 缓慢调主调电容器，直到 Q 表读数达最大值附近，令这个电容是 C_1，如未知电容是小数值的，C_1 应调到较小电容附近，以便得到尽可能高的分辨率。

7. 调信号源的频率，使测试回路谐振，令谐振时 Q 表的读数为 Q_1。

8. 将被测电容接在“C_X”两端，调主调电容器，使测试电路再谐振，令新的调谐电容值为 C_2 和指示 Q 值 Q_2。

9. 测试完毕，顺时针旋转调谐旋钮，使 Q 表主调谐电容器重新置于最小电容处，关闭仪器电源。

六、数据记录及处理

1. 实验记录

仪器型号：________________；

样品名称：________________；

样品半径：________________；样品厚度 d：________________；

室温：____________________；湿度：________________；

C_1：________________；Q_1：________________；

C_2：________________；Q_2：________________。

2. 数据处理

实验中利用聚合物作为电容器的介质，将电容并联接入谐振回路中，由于介质的损耗而使回路 Q 值下降，利用 Q 表测出回路 Q 值的变化，根据式(2-20-13) 和式(2-20-14) 就可测出聚合物的介电常数和介质损耗。

被测样品的介电常数：$\varepsilon=\dfrac{C_\mathrm{d}d}{\varepsilon_0 A}$

被测样品的介电损耗：$\tan\Delta=\dfrac{1}{Q}=\dfrac{Q_1-Q_2}{Q_1Q_2}\times\dfrac{C_1}{C_1-C_2}$

七、实验注意事项

1. 仪器应水平安放，校准 Q 值指示电表的机械零点。

2. 接通电源后，预热 10min 以上，才能进行测试。预热 30min，频率读数正确，方能进行保证精度的有效测试。

3. 调节振荡频率和调谐电容量时，当刻度已到最大或最小时，不要用力继续再调，以免损坏刻度和调节系统。

4. 被测件和测试电路接线柱间的接线应尽量短，足够粗，并应接触良好可靠，以减小因接线电阻和分布参数带来的测试误差。

5. 手不得靠近被测件，以免人体感应影响。有屏蔽罩的被测电感，应连接在低电位端接线柱上（即顶端三个中左边的接线柱）。

6. 测量样品厚度时，应测量几处的厚度并计算其平均值。

八、回答问题及讨论

1. 如果试样中含有杂质，其测试结果会怎样？

2. 改变测试环境的温度和湿度条件对测试结果有何影响？

3. 能否通过测定聚合物的介电损耗来测出聚合物的 T_g？

九、参考文献

[1] 焦剑，雷渭媛．高聚物结构、性能与测试．北京：化学工业出版社，2003.

[2] 金日光，华幼卿．高分子物理．北京：化学工业出版社，2004.

[3] 冯开才，李谷，符若文等．高分子物理实验．北京：化学工业出版社，2004.

[4] 吴智华．高分子材料加工工程试验．北京：化学工业出版社，2004.

[5] 上海无仪电子设备有限公司．WY2853 Q 表使用说明书，2005.

[6] 张兴英，李齐方．高分子科学实验．北京：化学工业出版社，2007.

第六节　综合设计实验

实验二十一　聚合物的定性鉴别

一、实验背景简介

随着人们生活和科学技术的发展，高分子材料在人类生活和工业中应用越来越广泛，同时高分子材料的品种也越来越丰富。因此，高分子材料是当前日常生活和高技术领域中使用材料中很重要的一部分。同时，随着人类环境保护的意识增强，越来越多的高分子材料需回收分类，再重新加工利用。在采用各种塑料再生方法对废旧塑料进行再利用前，大多需要将塑料分拣。由于塑料消费渠道多而复杂，有些消费后的塑料又难于通过外观简单将其区分，需要掌握鉴别不同塑料的知识和简易方法，因此，对聚合物的鉴别也显得越来越重要了。

高分子化合物的鉴别可以用红外光谱、核磁共振、质谱、X 射线衍射等方法。但这些方法需要精密仪器，尽管精确度高，但一般场合不易做到。因此采用一些简单的物理或化学方法，如水中的沉浮、燃烧法、溶解法、元素分析法以及特征实验（颜色反应）法来初步确定聚合物是有一定实际意义的。由于大多数高聚物都是分子量不等，或存有杂质、填料的混合物，为了正确判断试样本质起见，应尽量采用多种分析方法，以便对以不同方法所测得的结果进行比较。

二、实验目的

1. 了解聚合物种类与其制品外观的联系，学会利用外观初步区分聚合物的类别。

2. 掌握聚合物显色反应的原理，借以鉴别聚合物种类。

3. 了解聚合物的燃烧特性，并掌握以聚合物燃烧特性鉴别聚合物的种类。

4. 了解聚合物的溶解特性，掌握利用溶解特性鉴别聚合物种类的方法。

5. 掌握钠熔法元素分析定性鉴别聚合物的种类。

三、实验原理

1. 根据聚合物材料的外观鉴别

对一个未知的高分子试样进行剖析时，首先应该通过眼看手摸，从其外观上初步判断其是属于哪一类，另外还要了解其来源，并尽可能多地知道使用情况。这些信息对指引下一步的剖析方向是很重要的。

(1) 根据透明性和颜色鉴别　大部分塑料由于部分结晶或有填料等添加剂而呈半透明或不透明，大多数橡胶也因为含有填料而不透明，所以完全透明的橡塑制品较少。常见用于透明制品的高分子材料主要有丙烯酸酯和甲基丙烯酸酯类、聚碳酸酯、聚苯乙烯、聚氯乙烯等。

透明性一般与试样的厚度、结晶性、共聚组成和所加添加剂等有关。一些材料往往在厚度较大时呈半透明或不透明，而在厚度小的时候呈现透明状态。少量的有机颜料对制品的透明性影响不大，但无机颜料则会明显影响透明性。一些塑料材料在结晶度低的时候是透明的，但结晶度高时则成为不透明的。

大多数塑料制品和化纤可以自由着色，只有少数有相对固定的颜色。未加填料或颜料的树脂本色可分为无色透明或半透明、白色、其他颜色三类。固态树脂通常有粉末和颗粒两种形态。

(2) 根据塑料制品的外形鉴别

① 塑料薄膜　常见的品种有聚乙烯膜、聚氯乙烯膜、聚丙烯膜、聚苯乙烯膜、尼龙膜等。

② 塑料板材　主要有PVC硬板、塑料贴面板、酚醛层压纸板、酚醛玻璃布板等。

③ 塑料管材　用做管材的树脂有聚乙烯、聚氯乙烯、聚丙烯、尼龙、ABS、聚碳酸酯、聚四氟乙烯等。

④ 泡沫塑料　主要有聚苯乙烯泡沫、聚氨酯泡沫、聚氯乙烯、聚乙烯、EVA、聚丙烯、酚醛树脂、脲醛树脂、环氧树脂、丙烯腈和丙烯酸酯共聚物、ABS、聚酯、尼龙等。

(3) 根据聚合物的手感和力学性能鉴别　高密度聚乙烯、聚丙烯、尼龙6、尼龙610和尼龙1010等，表面光滑、较硬、强度较大，尤其尼龙的强度明显优于聚烯烃。

低密度聚乙烯、聚四氟乙烯、EVA、聚氟乙烯和尼龙1010等，表面较软、光滑、有蜡状感，拉伸时易断裂，弯曲时有一定韧性。

硬聚氯乙烯、聚甲基丙烯酸甲酯等，表面光滑、较硬、无蜡状感，弯曲时会断裂。

软聚氯乙烯、聚氨酯有类似橡胶的弹性。

聚苯乙烯质硬、有金属感，落地有清脆的金属声。

ABS、聚甲醛、聚碳酸酯、聚苯醚等质地硬，强韧，弯曲时有强弹性。

2. 根据聚合物的显色反应鉴别

显色试验是在微量或半微量范围内用点滴试验来定性鉴别高聚物的方法。一般添加剂通常不参与显色反应，所以可直接采用未经分离的高聚物材料，但为了提高显色反应的灵敏度，最好还是先将其分离后再测定。

(1) 塑料的显色试验

① 李柏曼-斯托希-莫洛夫斯基（Liebermann-Storch-Morawski）显色试验　取几毫克试样于试管中，令其溶于 2mL 热乙酐中，待冷却后加 3 滴质量分数为 50%的硫酸，立即观察颜色变化。10min 后以及用水浴加热至约 100℃（比沸点略低）后，再次观察记录颜色变化。该方法试剂的温度和浓度必须稳定，否则同一聚合物会出现不同的颜色。不同聚合物材料的 Liebermann-Storch-Morawski 的显色试验如表 2-21-1 所示。

表 2-21-1　聚合物材料的 Liebermann-Storch-Morawski 的显色试验

聚合物材料	立即观察	10min 后观察	加热到 100℃后观察
聚乙烯醇	无色或微黄色	无色或微黄色	绿至黑色
聚醋酸乙烯酯	无色或微黄色	无色或蓝灰色	海绿色,然后棕色
乙基纤维素	黄棕色	暗棕色	暗棕至暗红色
酚醛树脂	红紫、粉红或黄色	棕色	红黄至棕色
不饱和聚酯	无色、不溶部分为粉红色	无色、不溶部分为粉红色	无色
环氧树脂	无色至黄色	无色至黄色	无色至黄色
聚氨酯	柠檬色	柠檬色	棕色,带绿色荧光
聚丁二烯	亮黄色	亮黄色	亮黄色
氯化橡胶	黄棕色	黄棕色	红黄至棕色
聚乙烯醇缩甲醛	黄色	黄色	暗褐色
醇酸树脂	无色或黄棕色	无色或黄棕色	棕至黑色

② 对二甲氨基苯甲醛显色试验　在试管中小火加热 5mg 左右的试样令其裂解，冷却后加 1 滴浓盐酸，然后加 10 滴质量分数为 1%的对二甲氨基苯甲醛的甲醇溶液。放置片刻，再加 0.5mL 左右的浓盐酸，最后用蒸馏水稀释，观察整个过程中颜色的变化。不同的聚合物材料与对二甲氨基苯甲醛的显色试验如表 2-21-2 所示。

表 2-21-2　聚合物材料与对二甲氨基苯甲醛的显色试验

聚合物材料	加浓盐酸后	加对二甲氨基苯甲醛后	再加浓盐酸后	加蒸馏水后
聚乙烯	无色至淡黄色	无色至淡黄色	无色	无色
聚丙烯	淡黄色至黄褐色	鲜艳的红紫色	颜色变淡	颜色变淡
聚苯乙烯	无色	无色	无色	乳白色
聚甲基丙烯酸甲酯	黄棕色	蓝色	紫红色	变淡
聚对苯二甲酸乙二醇酯	无色	乳白色	乳白色	乳白色
聚碳酸酯	红至紫色	蓝色	紫红至红色	蓝色
尼龙 66	淡黄色	深紫红色	棕色	乳紫红色
聚甲醛	无色	淡黄色	淡黄色	更淡的黄色
聚氯丁二烯	不反应	不反应	不反应	不反应
酚醛树脂	无色	微浑浊	乳白至粉红色	乳白色
环氧树脂(未固化)	无色	微浑浊	乳白至乳粉红色	乳白色
环氧树脂(已固化)	无色	紫红色	淡紫红至乳粉红色	变淡
不饱和醇酸树脂(固化)	无色	淡黄色	微浑浊	乳白色

③ 吡啶显色试验鉴别含氯高聚物

a. 与冷吡啶的显色反应　取少许无增塑剂的聚合物试样，加入约 1mL 吡啶，放置几分钟后加入 2～3 滴质量分数约为 5%氢氧化钠的甲醇溶液，立即观察产生的颜色，过 5min 和 1h 后分别观察并记录颜色变化。聚氯乙烯粉末与冷吡啶的显色反应如表 2-21-3 所示。

表 2-21-3 冷吡啶处理含氯聚合物的显色反应

高分子材料	立即	5min 后	1h 后
聚氯乙烯粉末	无色至黄色	亮黄至红棕色	黄棕至暗红色
聚氯乙烯模塑材料	无色	溶液无色,不溶物黄色	溶液暗棕色至暗红棕色
聚偏二氯乙烯	黑棕色	暗棕色	黑色
氯化聚氯乙烯	暗血红色	暗血红色	暗血红色至红棕色
氯化橡胶	橄榄绿至橄榄棕色	暗红棕色	暗红棕色

b. 与沸腾的吡啶的显色反应 取少许无增塑剂的聚合物试样，加入约 1mL 吡啶煮沸，将溶液分成两份。第一部分重新煮沸，小心加入 2 滴质量分数为 5%氢氧化钠的甲醇溶液，分别记录立即观察和 5min 后观察到的颜色变化；第二部分在冷溶液中加入 2 滴同样的氢氧化钠的甲醇溶液，分别记录立即观察和 5min 后观察到的颜色变化。表 2-21-4 为用沸腾的吡啶处理不同的含氯高聚物显色反应试验。

表 2-21-4 沸腾吡啶处理含氯聚合物的显色反应

聚合物材料	在沸腾的溶液中		在冷溶液中	
	立即	5min	立即	5min
聚氯乙烯	橄榄绿	红棕色	无色或微黄色	橄榄绿
氯化聚氯乙烯	血红色至棕红色	血红色至棕红色	棕色	暗棕红色
聚偏二氯乙烯	棕黑色沉淀	棕黑色沉淀	棕黑色沉淀	棕黑色沉淀
氯醋树脂	黄色,棕色	棕色,棕红色	无色	亮黄色
聚氯丁二烯	无反应	无反应	无反应	无反应
氯化橡胶	暗红棕色	暗红棕色	橄榄绿	橄榄棕
氢氯化橡胶	一般无可观察到的反应			

(2) 橡胶的伯奇菲尔德 (Burchfield) 显色试验 在试管中裂解 0.5g 试样（必要的话，先用丙酮萃取），将裂解气通入 1.5mL 的反应试剂中。冷却后，观察在反应试剂中裂解产物的颜色。氯磺化聚乙烯的裂解产物会浮在液面上，丁基橡胶的裂解产物则悬浮在液体中，而其他橡胶的裂解产物或溶解或沉在底部。进一步将裂解产物用 5mL 甲醇稀释，并煮沸 3min，观察颜色。不同橡胶的伯奇菲尔德 (Burchfield) 显色反应如表 2-21-5 所示。

表 2-21-5 橡胶的伯奇菲尔德 (Burchfield) 显色反应

橡胶	裂解产物	加甲醇和煮沸后
空白	微黄	微黄
天然橡胶、异戊橡胶	红棕色	红至紫色
聚丁二烯橡胶	亮绿	蓝绿
丁苯橡胶	黄至绿色	绿色
丁腈橡胶	橙至红色	红至红棕色
丁基橡胶	黄色	蓝至紫色
硅橡胶	黄色	黄色
聚氨酯弹性体	黄色	黄色

反应试剂的制备：将 1g 对二甲氨基苯甲醛和 0.01g 对苯二酚在温热的条件下溶解于 100mL 甲醇中，加入 5mL 浓盐酸和 10mL 乙二醇，在 25℃下用甲醇或乙二醇调节溶液的相对密度到 0.851，该反应试剂在棕色瓶中可保存几个月。

3. 根据聚合物的燃烧特性鉴别

因为每一种聚合物材料几乎都能释放它独特的气味和燃烧现象，因此根据聚合物材料受热时行为的鉴别也成为初步定性分析最主要的一种，这也非常有利于有经验的人员加以鉴别。

燃烧特性鉴别是把聚合物通过加热、干馏或直接燃烧，通过观察试样火焰的颜色，加热时产生的蒸气气味，以及于干馏时分解产物的性质等，就可以得到被鉴定物质的某些信息。

在受热时，热固性塑料变脆、发焦，但并不软化；而热塑性塑料则发软，甚至熔融。这是系统鉴别的分界线。

含有 N、F、Si 的塑料都是不易着火的，或具有自熄性。相反含有 S、NO_2 等的塑料极易着火与燃烧。乙烯、丙烯、异丁烯等的塑料与烷类化合物的结构相似，燃烧特性相同。有苯环或不饱和双键的塑料在燃烧时会冒黑烟。

塑料在受热时，会分解成为单体或其他结构的小分子化合物，产生特殊的气味，例如聚甲基丙烯酸酯类、聚苯乙烯能分解成单体；聚乙烯、聚丙烯则裂解成碳数不等的碳氢化合物；聚氯乙烯、聚偏二氯乙烯则分解成大量氯化氢，这些现象都可以作为塑料分类及鉴别的依据。

燃烧实验可以使用火柴、酒精灯或煤气灯。图 2-21-1 是聚合物燃烧试验鉴定图。附录十六是一些常见聚合物的简易识别，这些实验在作出初步判断后最好用已知的样品进行对比实验，以减少感觉的误差。

4. 根据聚合物溶解性能鉴别

利用聚合物溶解性鉴别聚合物材料是经典方法之一，试验简单，易于操作，是一种很实用的鉴别方法。

聚合物的溶解可简单理解为由于聚合物分子与溶剂分子间的引力导致分子链间的距离增大。聚合物分子的溶解行为与低分子化合物相比有很多不同特点。除化学组成外，大分子的结构形态、链的长短、柔性、结晶性、交联程度等都对溶解性能有影响。

各种不同的聚合物由于它们的分子结构互不相同，它们在不同溶剂中的溶解性也各不相同。一般来说，线形聚合物，除聚四氟乙烯等个别情况外，都能溶于一定的溶剂中。有个别聚合物（如聚酰亚胺等）只能溶于浓的无机酸和无机盐溶液中。体形聚合物不溶于任何溶剂，但在某些溶剂中会出现溶胀现象。结晶性聚合物如聚甲醛、聚乙烯、聚丙烯等，以及分子间氢键缔合的聚合物如聚酰胺、聚丙烯腈等，只能溶于极有限的和很特殊的溶剂中。除了聚丙烯酸、聚丙烯酰胺、聚乙烯醇、聚乙二醇、聚甲基丙烯酸、聚乙烯基甲醚、甲基纤维素和聚乙烯丁内酰胺外，其他的聚合物均不溶于水。

实验所用的溶剂量通常为试样的 20 倍，最好在回流下溶解，以防止溶剂的挥发，并将前一次溶剂全部除去或用新样品。溶解性试验所用溶剂的选择依据选择溶剂的三原则。图 2-21-2 是我们利用聚合物溶解性能所设计的一个“流程表”。按照这个表我们就可以鉴别一般常见聚合物。

溶解试验进行时，必须充分认识聚合物在溶剂中的溶解特点。聚合物的分子量越大，聚合物在溶剂中的溶解速度就越慢，相对分子质量在十万至百万的需要 1～2 天才全部溶解。分子量越大需要的时间就越长。在溶解过程中，聚合物首先出现溶胀现象，然后才溶解。在溶解之前，先将样品剪切或研磨成小片、粉末或小颗粒，使它们与溶剂接触面增大，将有助于加速溶解。升高温度也会加速聚合物的溶胀和溶解。但必须密切注意加热的温度，区分由于聚合物熔融引起的假溶与聚合物真正的溶解。

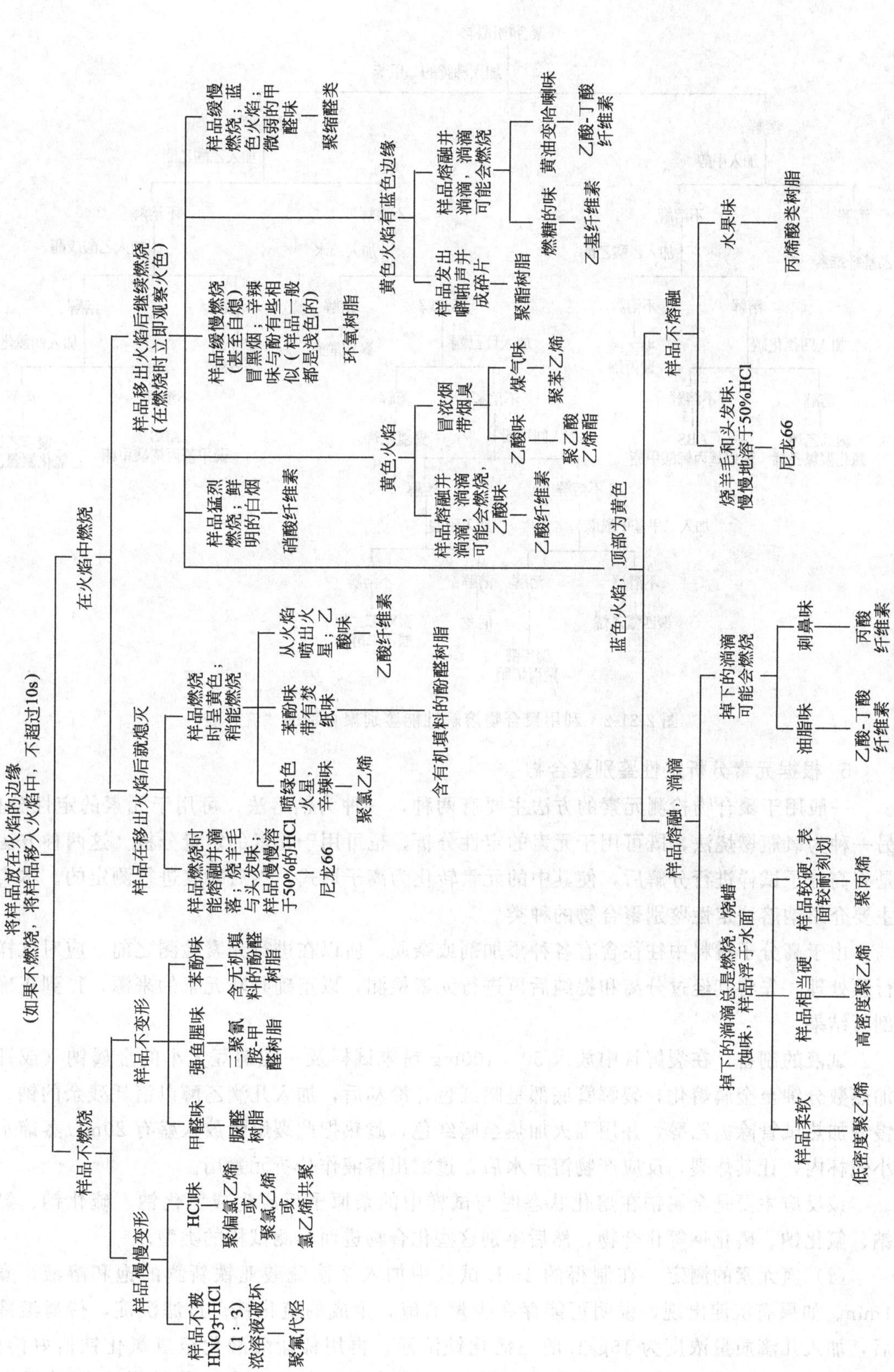

图 2-21-1 聚合物燃烧试验鉴定图

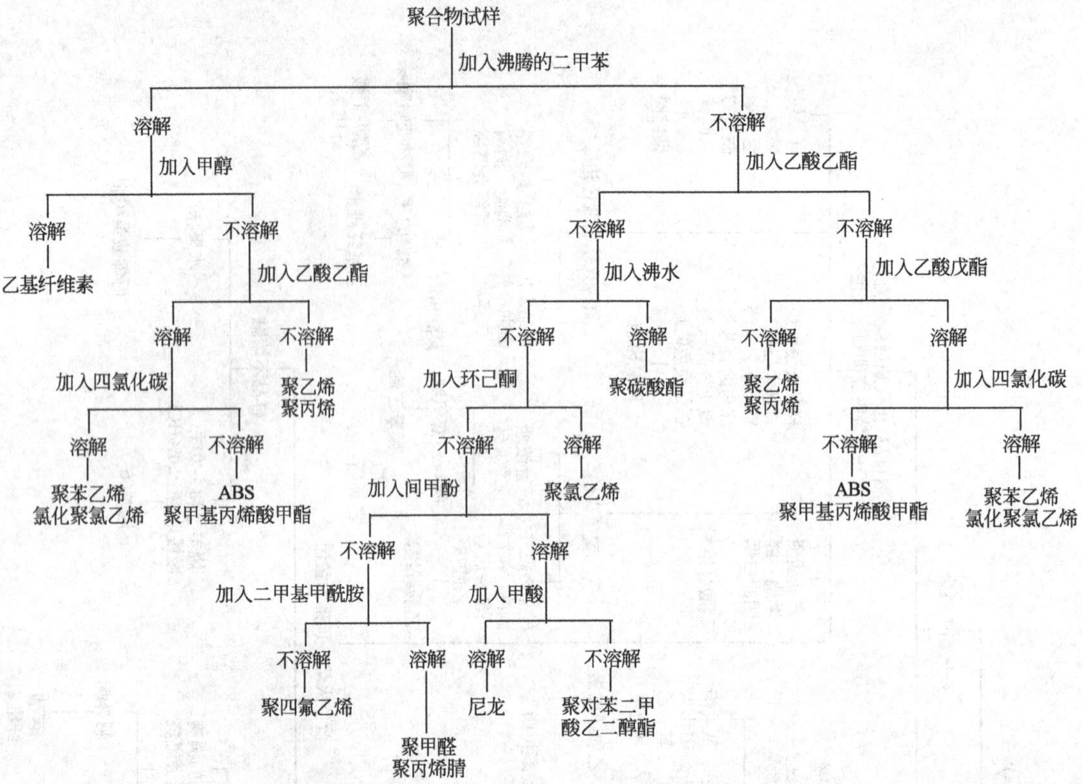

图 2-21-2 利用聚合物溶解性能鉴别聚合物的“流程表”

5. 根据元素分析定性鉴别聚合物

一般用于聚合物检测元素的方法主要有两种，一种为钠熔法，可用于元素的定性分析；另一种为氧瓶燃烧法，既可用于元素的定性分析，也可用于元素的定量分析。这两种方法都是将高分子试样进行分解后，使其中的元素转化为离子形式，然后对其进行测定的。本实验主要介绍钠熔法定性鉴别聚合物的种类。

由于高分子材料中往往含有各种添加剂或杂质，所以在进行元素检测之前，应对试样进行预处理，先将其经过分离和提纯后再进行元素检测，以正确判断元素的来源，得到正确的剖析结果。

试液的制备：在裂解管中放入 50～100mg 粉末试样及一粒豌豆大小的金属钠（或钾）。加热数分钟至金属熔化，裂解管底部呈暗红色。冷却后，加入几滴乙醇以消耗残余的钠。再慢慢加热试管除去乙醇，并用强火加热至暗红色，趁热把此裂解管放入盛有 20mL 蒸馏水的小烧杯内，让其炸裂，反应产物溶于水后，过滤出溶液作分析元素用。

该反应主要是金属钠在熔化状态时与试样中的杂原子反应生成氰化钠、硫化钠、氯化钠、氟化钠、磷化钠等化合物，然后鉴别这些化合物进而推测试样的类型。

(1) 氮元素的测定　在制得的 1mL 试液中加入 2 滴硫酸亚铁新鲜的饱和溶液，煮沸 1min。如果有沉淀出现，说明可能存在少量的硫，生成的硫化铁。过滤沉淀，待滤液冷却后，加入几滴质量浓度为 15g/L 的三氯化铁溶液，再用稀盐酸酸化至氢氧化铁恰好溶解。若溶液变成蓝绿色，并出现普鲁士蓝沉淀，则说明含有氮元素；若试样中氮元素含量少，则形成微绿色溶液，静置几小时后才有沉淀产生；若试样中无氮元素，则溶液仍为黄色。

(2) 磷元素的测定　把所得试液用浓硝酸酸化后，加入几滴钼酸铵溶液，加热沸腾1min，若有黄色沉淀，则试样中含有磷元素。

(3) 氯元素的测定　把所得试液用稀硝酸酸化并煮沸，以除去硫化氢、氢氰酸。加入质量浓度为20g/L的硝酸银溶液几滴。若有白色沉淀．再加入过量的氨水，若沉淀溶解，则试样中含有氯元素。若出现浅黄色沉淀，且难溶于过量的氨水中，则试样中含有溴元素；若产生黄色沉淀，不溶于氨水，则含有碘元素。

(4) 氟元素的测定　将1mL所得的试液用醋酸酸化，加热至沸腾，冷却后加入0.5mol/L的氯化钙溶液，若有凝胶状沉淀生成，则试样中含有氟元素。另一种检测氟的办法是采用锆-茜素试纸，红色试纸上出现黄色表明有氟。

(5) 溴的测定　取1mL的试液、1mL冰醋酸和几毫克二氧化铅，在小试管中进行混合。用一张质量含量为1%的荧光黄乙醇溶液浸湿的滤纸盖住试管口。若发现滤纸变为品红色，则说明存在溴元素；若变为棕色，则说明存在碘元素。氯和氰化物不会改变荧光黄颜色。

(6) 硫的测定　在制得的试液1～2mL中加入质量含量为10g/L的亚硝酸铁氰化钠溶液，若出现深紫色，则表示有S元素存在。

还可以在1～2mL试液中加几滴醋酸酸化之后，再加入2mol/L醋酸铅溶液几滴，有黑色沉淀生成，则表明试样中含有S元素。

(7) 硅的测定　将30～50mg的样品与100mg无水碳酸钠和10mg过氧化钠在铂或镍制的小坩埚中混合均匀，然后在火上加热使之溶化。冷却后，将坩埚中的物质溶于数滴水中，并迅速加热至沸腾，用稀硝酸中和，然后加入1滴钼酸铵并加热。待溶液冷却后，加入1滴联苯胺溶液（50mg联苯胺溶于10mL的5%乙酸中，再用水稀释至100mL）和1滴饱和乙酸钠水溶液。如果有蓝色出现，表明样品中含硅。

四、实验仪器和试剂

1. 仪器：酒精灯、铂或镍制的小坩埚、试管、烧杯、玻璃棒、药勺等。

2. 药品试剂：乙酐、硫酸、盐酸、对二甲氨基苯甲醛、甲醇、蒸馏水、吡啶、氢氧化钠、对苯二酚、乙二醇、金属钠、乙醇、硫酸亚铁、三氯化铁、浓硝酸酸、钼酸铵、硝酸银、氨水、醋酸、氯化钙、二氧化铅、荧光黄乙醇、亚硝酸铁、氰化钠、醋酸铅、无水碳酸钠、过氧化钠、联苯胺、乙酸钠及锆-茜素试纸等。

3. 试样：聚苯乙烯、聚甲基丙烯酸甲酯、乙基纤维素、聚乙烯、聚丙烯、聚异丁烯、聚醋酸乙烯酯、聚乙烯醇、醋酸纤维素、聚偏氯乙烯、聚碳酸酯、聚氯乙烯、尼龙6、聚甲醛、聚四氟乙烯、氯化聚丙烯、氯乙烯-醋酸乙烯共聚物、明胶以及若干未知粉末聚合物样品。

本实验由学生自选2～3种聚合物进行实验，或由教师准备好样品，让学生当作未知物进行实验，然后再拿已知物进行对比。

五、实验步骤

1. 选用已知聚合物材料作为分析对象，先对其进行外观观察，初步验证其是属于哪一类。

2. 利用已知聚合物材料进行燃烧试验和溶解性能试验，借此熟悉和验证鉴别聚合物试样的方法。

3. 分析鉴别给定未知聚合物材料。通过观察外观、燃烧性能及溶解性能进行初步判断聚合物材料的种类。再进一步采用聚合物的显色反应和元素分析对未知聚合物进行定性鉴别。

六、数据记录及处理

1. 实验记录

已知聚合物样品名称：________；

已知聚合物样品外观现象：________；

已知聚合物样品燃烧试验现象：________；

已知聚合物样品溶解试验现象：________；

未知聚合物样品外观现象：________；

未知聚合物样品燃烧试验现象：________；

未知聚合物样品溶解试验现象：________；

未知聚合物样品显色反应试验现象：________；

未知聚合物样品元素分析试验现象：________。

2. 数据处理

试样 1：________；

试样 2：________；

试样 3：________；

试样 4：________；

试样 5：________。

七、实验注意事项

1. 定性鉴别应按照一定顺序进行，如先进行外观观察和燃烧试验进行初步判断分类，再通过显色试验和溶解性能进一步验证和判断。

2. 由于在显色鉴别试验过程中用到许多强酸、强碱，应注意使用安全。

3. 严格按照实验操作程序进行操作，完整记录实验条件、现象、结果（包括保留实验样品）并填写实验记录表。

八、回答问题及讨论

1. 在聚合物材料进行定性鉴别时，燃烧试验和溶解性能试验是否需要同时做？为什么？

2. 为什么在李柏曼-斯托希-莫洛夫斯基（Liebermann-Storch-Morawski）显色试验中要求试剂的温度和浓度必须稳定？

3. 有一未知试样可能是聚乙烯或聚氯乙烯，是否能采用显色试验进行判断？其试验现象是什么？

4. 一未知热塑性塑料试样，外观不透明，燃烧时产生黑烟，无熔滴，密度大于水，请判断该未知试样可能是什么？

九、参考文献

[1]　董炎明．高分子分析手册．北京：中国石化出版社，2004.

[2]　潘文群．高分子材料分析与测试．北京：化学工业出版社，2005.
[3]　复旦大学高分子科学系高分子科学研究所．高分子实验技术．上海：复旦大学出版社，1996.
[4]　冯开才，李谷，符若文等．高分子物理实验．北京：化学工业出版社，2004.

实验二十二　聚合物的分离及剖析

一、实验背景简介

高分子材料是指以高聚物为主要组分，并加入各种有机添加剂和无机添加剂，配制成的或再经过加工成型制成的材料。高分子材料中的高聚物是决定该材料性能的主要组分。为大家所熟知的聚乙烯、聚苯乙烯、聚丙烯腈虽然在结构上只差一个基团，可是由它们制成的材料的性能是很不同的。在高聚物中再加入各种添加剂后，它们的性能更会发生很大的变化。即使是同一种高聚物，由于加入了不同的添加剂就能制成不同性能的材料，如聚氨酯就可以作为涂料、胶黏剂、橡胶与纤维。另外，很多高聚物在加工、储放和使用过程中容易受热、氧、臭氧和光的影响而使它们的性能变坏，所以必须加入一些稳定剂、抗氧剂、抗臭氧剂和紫外吸收剂等添加剂来延长其使用寿命。

正是由于这些原因，一般高分子材料的组分是比较复杂的，这也给高分子材料剖析带来了复杂因素。高分子材料中的添加剂可以是无机的或有机的，也可能两者都有，因而高分子材料剖析涉及高分子化合物、小分子有机化合物和无机化合物三方面的分析鉴定。这种情况是在其他材料，如金属材料、硅酸盐材料的分析中所没有的。

高分子材料中的各个组分在化学结构上有很大的不同，因而反映在它们的化学性质和物理性质上有很大的差别。在剖析时，我们就是利用这种化学性质和物理性质上的差别，选用不同的化学和物理方法来逐一将它们分离开，然后测定各个组分的某些化学性质和物理性质来加以鉴定。因此剖析高分子材料，除了需要熟悉和掌握剖析工作所常用的一些方法与手段以外，还需要对剖析的对象——高聚物和高分子材料，特别是对它们的结构和性能方面的基本知识有一定的了解，不然在工作时会遇到很大的困难或事倍功半的效果。

二、实验目的

1. 掌握聚合物燃烧试验和气味试验的特殊现象，借以初步辨认各种聚合物。
2. 掌握常用的高分子材料的分离纯化方法。
3. 掌握常用的聚合物与添加剂的分析鉴定方法。

三、实验原理

高分子材料剖析目前还没有一套系统的、普遍适用的步骤和方法可以遵循，但是也不是完全没有具有一般适用的步骤和方法可供参考。

在高分子材料剖析工作中，如果我们能仔细了解剖析样品的来源、用途、固有特性与使用特性，往往能大大缩小我们剖析的范围，省去一些不必要的工作。对样品的外观进行认真的观察与用一些简单的方法进行初步检验又可以进一步缩小剖析的范围，有不少样品的主要成分（即高聚物）往往就可以确定下来，但对一些复杂组分的高分子材料与特殊的样品，就必须采取不同的方法将样品中的各个组分分离开，再用各种仪器来鉴定才能得到可靠、完整的结果。

1. 样品的了解和调查

样品的来源、用途、固有特性与使用特性的了解对剖析者来说是非常重要的。凡是从实物上取下的样品要注意其是否有代表性与是否已受其他物品的污染，从一定的途径取得的半成品（而不是加工制成品）要注意是否有遗缺。储放与使用多年的高分子材料要考虑到老化、变质的可能，有些组分可能已改变甚至已消失。以上情况都会影响剖析结果的可靠性。

作为民用的高分子材料大都是一些价廉通用的高聚物，而用在军工上的，特别是新式武器上的有可能用一些比较特殊、有新发展的高聚物。仅用一次后不收回再用的新式武器，除了一些有特殊要求外，一般都用比较通用的高分子材料。不同的用途要求不同的材料，例如：要承受重力与压力的材料，大都是交联结构的树脂；要在很高温度下使用的，只能是含氟、含硅、含多苯环与杂环的高聚物；起黏合作用的需用含—OH、—NH—、$-\overset{O}{\overset{\|}{C}}-O-$、COOH、Cl 等基团的高聚物；用作高强度的高分子材料大都是纤维增强塑料。其他如具多种优良性能的高分子材料，只有为数有限的高聚物能满足这方面的要求。因此通过样品的了解往往能很快地排除不少可能性，也就缩小了剖析范围。此外，在剖析一些特殊的高分子材料时，最好查阅一下有关的资料和专刊。

2. 高聚物的初步检验

对样品的外观（物理状态、透明度、颜色、光泽等）的观察与脆韧性的简单试验，有利于进一步的鉴定。

如果样品本身是纤维或是橡胶或是薄膜，这样就大大缩小了鉴定的范围，只要在有关的品种中进行鉴定。

透明度很好的材料就不可能是结晶性很好的高聚物（如聚丙烯、聚乙烯、聚甲醛、聚酰胺、聚四氟乙烯等）。

借助显微镜有时可以看出高分子材料的非均匀性，甚至个别的填料就可以确定下来。

观察样品在隔火加热过程中与在火焰中燃烧时所反映出的各种特征，包括外形变化、燃烧的难易程度、火焰的特色以及释放出的气体等，能鉴定出不少高分子材料中的高聚物。

热塑性高聚物也就是结构为线形的，在金属片上隔火逐渐加热时，高分子链的运动增大，逐渐变软，出现了可塑性与黏流特性。结晶性的高聚物也由原来半透明或不透明状态渐变为无定形的透明状态。热固性高聚物，也就是体形或交联结构的，由于各大分子链间有分子链相联，所以在加热过程中，大分子链不能自由运动，因此不会出现可塑性与黏流性。在400℃以上，绝大多数的热塑性与热固性高聚物都将分解、炭化，而只有少数耐高温的高聚物，如聚四氟乙烯、聚酰亚胺、聚砜、聚亚苯基等仍能保持原形不变。在600℃以上几乎所有高聚物都分解成小分子化合物跑掉，如果此时仍留有残渣，说明高分子材料中含无机填料。经过这个隔火燃烧试验，如果确定高分子材料是由热塑性高聚物所制成，我们就能够将材料中的各个组分分离出来逐一进行鉴定。如果确定是热固性高聚物，这对于下一步的组分分离和组分鉴定带来了困难。

各种高聚物在火焰上直接燃烧时所表现出来的现象更有特征性。一般含碳氢为主的高聚物，如聚乙烯、聚丙烯、聚苯乙烯等，是比较容易点燃的，同时，在离开火焰后仍能燃烧。有不饱和双键的，如双烯类橡胶与苯环的高聚物在燃烧时冒黑烟。含硝基的硝酸纤维素一遇火就瞬时猛烈燃烧干净。含卤素的高聚物，如聚氯乙烯、氯化聚乙烯、氯丁橡胶、聚四氟乙烯、聚三氟氯乙烯等就不易着火，如果将含氯的高聚物放在一铜丝上燃烧（巴尔喜坦试验），火焰就出现非常鲜艳的绿色。有机硅高聚物在火焰中不易燃烧，但会冒很有特征的白烟。

不同高聚物在燃烧时所释放出的气体有不同的气味，很容易辨别，因为人的嗅觉是非常灵敏的。聚乙烯、聚丙烯在燃烧时的气味如石蜡，聚氯乙烯有 HCl 味，聚甲基丙烯酸甲酯、聚苯乙烯、聚甲醛产生各自的单体味，聚硫释放出非常难闻的臭鸡蛋味。

3. 组分的分离和纯化

要正确地肯定高分子材料中高聚物的类型与鉴定其中的各种添加剂，必须首先将各个组分逐一分离开，然后再用各种分析方法和手段来进行鉴定，不然任何巧妙的分析方法和精密的分析仪器都不可能获得正确的结果。分离和纯化效果的好坏往往是决定分析鉴定成败的关键。

分离和纯化主要是根据材料中各个组分在某一物理性质上的差异来实现的，一般都采用物理方法是为了使高聚物及其他组分的结构不被破坏。常用的分离纯化方法如下。

（1）蒸馏　可以分离和纯化高分子材料中的液体（如溶剂、增塑剂）和沸点不超过300℃的物质。

（2）过滤　可以分离出溶液中（或液体中）颗粒较大的固体（如：无机填料和无机色料）。

（3）离心　可以分离出溶液中颗粒较细的。

（4）溶剂萃取　不同的有机溶剂可以将各组分分离。

（5）色谱　各组分在有机溶剂中的溶解性差别不大时就需用各种色谱分离法。

① 柱色谱　根据各种化合物在某些固体表面上的吸附性的不同达到分离纯化的效果。它对大小分子的分离都适用。

② 薄层色谱　制备型。

③ 纸色谱　制备型。

④ 凝胶渗透色谱　根据各组分的分子大小在通过孔径大小不同的凝胶时达到分离纯化效果，特别适合于分离聚合物和有机小分子化合物。

⑤ 离子交换色谱：适用于分离酸性（含—COOH 和—SO_2、—SO_3H 基）和碱性（含—OH、—NH 基）化合物。

（6）凝聚　高聚物的乳液可以加入电介质使亲水层和亲油层分离开。

对一般高分子材料来说，大致的分离纯化步骤如图 2-22-1 所示。

分离纯化往往需要反复试验多次才能得到满意的结果。分离纯化的工作量往往占整个剖析工作量的 60%～70%以上。

4. 高分子材料的分析鉴定

（1）热塑性高聚物的分析鉴定　热塑性高聚物的分析鉴定可以用溶解度方法结合燃烧试验、元素分析与一些特征化学试验来完成，但是最理想的是用红外光谱法。各种结构不同的化合物都有它的特征红外吸收光谱图，犹如人的指纹一样，没有两个是完全相同的。同时，每一红外吸收带都代表化合物中某一原子或原子团的振动形式。它们的振动频率和原子或原子团的质量的大小和化学键的强度大小有关，因而仔细地分析一下未知物的红外光谱图中的各个吸收带，应用若干光谱与分子结构间关系的规律就能推测该化合物中存在哪些基团和结构单元，从而能估计出它的基本化学结构。如再与一些已知化合物的红外标准谱图相比较就

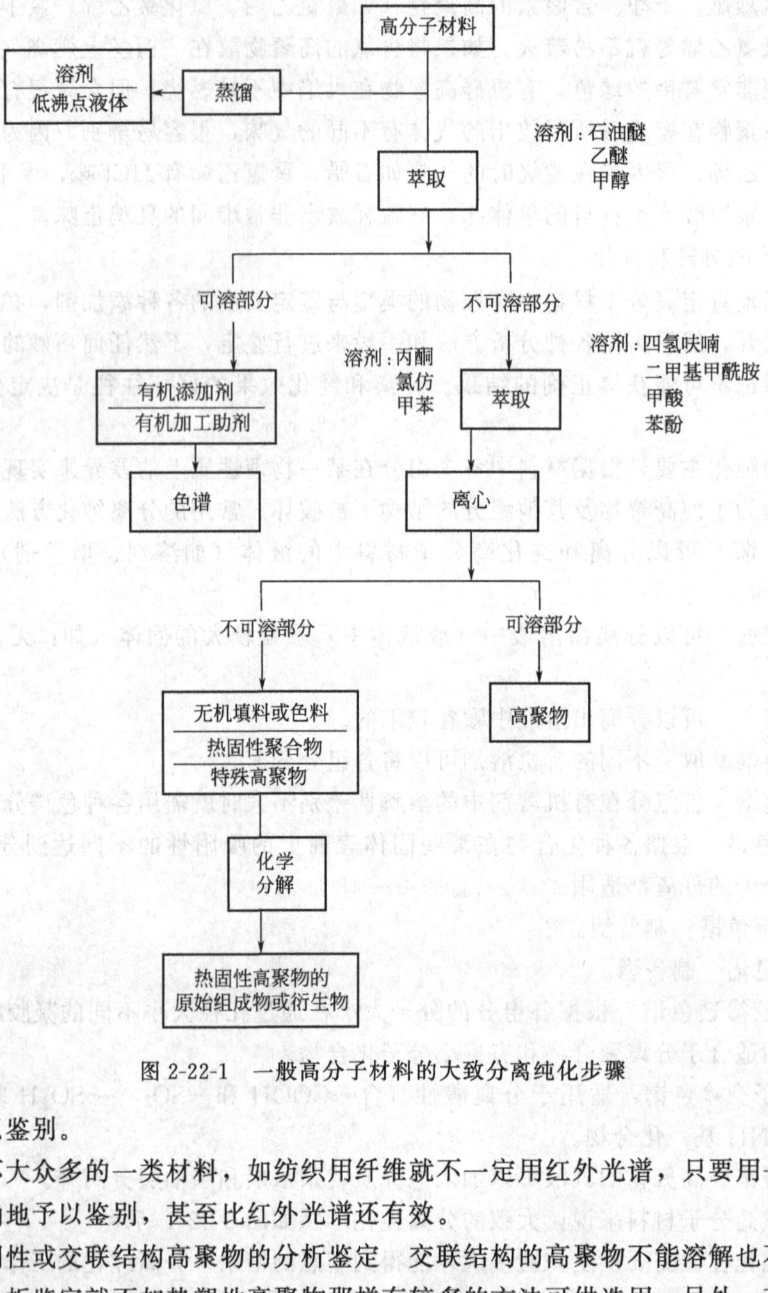

图 2-22-1 一般高分子材料的大致分离纯化步骤

能很快地加以鉴别。

对品种不大众多的一类材料，如纺织用纤维就不一定用红外光谱，只要用一些简单方法就可以很正确地予以鉴别，甚至比红外光谱还有效。

(2) 热固性或交联结构高聚物的分析鉴定 交联结构的高聚物不能溶解也不熔化，因此要对它们的分析鉴定就不如热塑性高聚物那样有较多的方法可供选用。另外，高分子材料中有些添加剂不大容易分离出来，也给分析鉴定带来了困难。由于红外光谱不受样品的状态所限制，因而也是鉴定这类高聚物的最方便的一种方法。

目前一般是根据不同类别的高聚物采用不同的化学和热分解的方法将大分子链断下来然后用红外光谱、色谱方法来鉴定。

① 高聚物的分子结构中如有酯基和酰胺基的，可以用水解的方法使分子断下来，然后分析其水解物。例如：邻苯二甲酸（或酸酐）和甘油缩合得到的醇酸树脂是交联的聚合物，水解后可以得到相应的邻苯二甲酸与甘油，然后用纸色谱或薄层色谱进行分析鉴定。交联的不饱和树脂、醇酸树脂、酸酐固化的环氧树脂、交联的丙烯酸酯清漆、聚酰胺、聚氨酯等都

可采用这个方法。

② 有些高聚物可以用一些比较特殊的药品，破坏其一部分交联结构，使它们成为可溶性的但结构基本保持不变的高聚物，从而可以将其中的无机填料分离掉，并对它们进行分析鉴定。例如：酚醛树脂类高分子材料加α-萘酚或β-萘酚，连续加热回流数天可以使酚醛树脂溶解。有机硅橡胶用四甲基氢氧化铵加热回流可以使一些 Si—O—Si 键断下来成为可溶物，也可以用 NaOH 溶液分解。双烯类硫化橡胶与对二氯代苯，或硝基苯一起加热回流 1～2 天可以使它们成为溶液。

③ 将高分子材料放在小试管中用烈火加热使高聚物裂解成分子量较小的裂片，然后用红外光谱或气相色谱、薄层色谱对裂片进行分析鉴定。高聚物的裂解产物（裂片）往往是很复杂的混合物，但其中占最主要的大都是与高分子结构比较相似的化合物或是单体。裂解的条件不一样对裂解产物的成分和相对含量有很大的影响，但只要控制好裂解条件，这种方法非常简捷。但是在某些情况下，裂解产物不一定反映原来高聚物的结构而得出不正确的结果。

裂解气相色谱是一种分析鉴定交联结构的高聚物和共聚物非常有效的方法。

在选用上面三种方法的任何一种来分析鉴定交联结构的高聚物时，最好先将高分子材料用合适工具切、锯、磨或刨成粉末或小块，然后用合适的有机溶剂先加热萃取一下，这样不但有助于将大部分的添加剂萃取出来，使分析结果更为可靠。同时，往往还含有少量没有完全起交联作用的高聚物也可以萃取出来，直接进行分析鉴定。

（3）高分子材料中添加剂的分析鉴定　添加剂的类别和品种繁多。如果我们已了解了样品的主要性能和用途，又已分析鉴定出了高聚物的类别，这样就大大缩小了剖析范围，因为不同用途的高聚物决定了它所使用的添加剂的类别。以三大合成材料——塑料、橡胶、纤维来说，它们所用的添加剂就不同。

添加剂的分析鉴定的关键在于分离出来的化合物是否是纯的或是比较纯的。提纯后的有机添加剂大都可以用红外光谱鉴定出来，因为目前已有较完整的标准红外光谱图可供查对。对极少数查不到标准红外光谱图的有机添加剂或有机化合物，通过红外光谱分析和对谱图的认真推敲，也可以确定其基本结构或骨架，但对结构中的某些基团的类别、含量与数量一时还不易定下来。如果结合元素定量分析、核磁共振谱和质谱分析，或者合成一些可能结构的化合物来进行对照，可以把添加剂或有机化合物确定下来。

如果有类似的已知化合物，可以用薄层色谱与纸色谱来进行比较分析。

无机添加剂也有很完整的标准红外光谱图可以查对。对个别类型的无机物如硅酸盐类，如果红外光谱上的差别很不明显而不能鉴别时，可以配合紫外发射光谱分析来确定。结晶的无机物是可以很正确地用 X 射线衍射法分析出来。

5. 高分子材料剖析的复杂因素

（1）不同的剖析目的和要求决定剖析的深度与广度　高分子材料的各种性能主要是由其中的高聚物以及添加剂的性能所决定，因而在剖析工作中分析确定材料中的各个组分是首要的。然而，在生产实践中往往会发现完全按照可靠的剖析结果配制和加工成的高分子材料会得不到预期的性能。因此人们很自然地会想到除了组分以外，是否还有其他一些因素对材料的性能起着重要的作用？能否通过剖析找出这些因素呢？

高分子材料的各种性能当然由它内在的因素所决定，其中最主要的内在因素就是作为主要组分的高聚物的结构，也就是说不同结构的高聚物赋预高分子材料以不同的性能。即使是同一种聚合物，由于聚合方法与聚合条件的不同就会产生不同的链结构（即单一高分子链的结构，如分子量、支链、立体构型、规整度等），而用这种聚合物进行加工时，由无数分子链相互聚集在一起所形成的高聚物的结构还会因加工方法与加工条件的不同而产生不同的聚集态结构，使最终的高分子材料的性能有所差别。当高聚物中加入各种添加剂后，它们的结构也会发生变化，有的形成均相结构，有的产生区域结构。所以高分子材料的性能是由组分与高分子的链结构、高聚物的聚集态结构和区域结构分别代表的各种性能的复杂综合。因此，我们需要根据不同的剖析目的来决定剖析的深度和广度。对大部分的剖析样品，特别是情报性的工作，可能只要确定组分就够了，但为了提高与改进国内高分子材料的质量，就需要考虑把剖析工作扩展到各种结构的测定，即材料结构的表征。

(2) 不同的结构需要用不同的表征方法　结构与性能的关系在高分子材料中反映得非常突出，是高分子研究与生产中的一个非常重要的问题，也是高分子材料剖析中极为重要与需要重视的一个问题。

总的来说，链结构、聚集态结构和区域结构这三种不同的结构，必须根据不同的情况采用不同的方法来表征。有些结构，如不溶解高聚物的各种结构，目前还没有测定的方法，高聚物的无定形结构至今还非常不清楚。剖析工作中用的一些分析方法与工具，如红外光谱、裂解色谱、核磁共振等也可用于一部分结构的表征。

四、实验仪器和试剂

1. 仪器：不锈钢刮刀、酒精灯、毛细管、500mL 烧杯 4 个、玻璃搅拌棒 4 根、布氏漏斗 1 个、抽滤瓶 1 个、真空泵 1 台、蒸馏设备 1 套、萃取设备 1 套、傅里叶变换红外光谱仪。

2. 试剂：高分子弹性体、石油醚、氯仿、四氢呋喃、丙酮、无水乙醇。

五、实验步骤

1. 样品的初步试验

样品弹性大，表面有黏性，似有油状物，吸附性较强。

2. 溶解性实验

取少许样品，分别加入石油醚、氯仿、四氢呋喃、丙酮、无水乙醇中，发现样品易溶于氯仿，不溶于石油醚、四氢呋喃、丙酮和乙醇。

3. 燃烧性实验

取少量待分析样品（样品质量约 0.1g），放在不锈钢刮刀上，逐渐加热，点燃，样品燃着时观察样品燃烧时的特性。

4. 样品制备

薄膜制样。溶解试样，用毛细管吸取试样溶液滴在干净的 KBr 盐片上，挥发掉溶剂即可测定其红外光谱图。

5. 组分的分离与纯化

采用溶解沉淀分离法分离高分子材料。将高分子弹性体溶解于氯仿溶剂中，制成浓溶液，在不断搅拌下，将沉淀剂（乙醇）滴入溶液中，直至产生浑浊，然后加快加入沉淀剂的速率，总加入量为高分子溶液量的10倍。静置，滤出沉淀，干燥，沉淀物用氯仿溶解测红外光谱图。

将滤液中的溶剂蒸干，得一油混合物，测红外光谱图。该油混合物反复用乙醇萃取，即得油层和乙醇层两种物质。将油层涂在 KBr 片上测其红外光谱图。乙醇层在水浴中将乙醇蒸发掉，剩余物作红外光谱图。

6. 红外光谱分析

分别测定原样高分子弹性体、高分子沉淀物、油状物、油层、乙醇层的红外光谱。

六、数据记录及处理

1. 实验记录

样品弹性：________________

表面状态：________________

吸附性：________________

氯仿加入量：__________ mL

乙醇加入量（溶解）：__________ mL

沉淀物：__________ g

滤液：__________ mL

滤液蒸干物：__________ g

乙醇加入量（萃取）：__________ mL

油层：__________ g

乙醇层：__________ mL

蒸出的乙醇：__________ mL

乙醇蒸干物：__________ g

2. 数据处理

（1）燃烧性试验

表 2-22-1 样品燃烧特性

性质	特 性
燃烧性	
试样外观变化	
火焰特征	
烟特征	
燃烧气味	

试根据燃烧性试验判断该高分子弹性体可能有哪些结构。

（2）根据原样高分子弹性体、高分子沉淀物、油状物、油层、乙醇层的红外光谱图，判断该高分子弹性体的主体和添加剂分别是什么？

七、实验注意事项

尽可能了解清楚所要剖析的高分子材料的来源、用途、固有特性与使用特性。

先进行燃烧试验，初步判断高聚物的类别。

一定要根据所了解的材料来源、燃烧特征等信息，选择适宜的分离方法分离纯化高分子材料，然后采用最简捷有效的方法进行鉴定。

八、回答问题及讨论

1. 为什么要同时做燃烧试验和溶解度试验？
2. 热塑性高聚物和热固性高聚物的分析鉴定有何区别？
3. 如何剖析丁苯橡胶中防老剂的种类？

九、参考文献

[1] 董慧茹，柯以侃，王志华．复杂物质剖析技术．北京：化学工业出版社，2004．
[2] 朱善农等．高分子材料的剖析．北京：科学出版社，1988．
[3] 董炎明．高分子材料实用剖析技术．北京：中国石化出版社，1997．
[4] 魏福祥，刘红梅，赵小伟等．一高分子弹性体的剖析．河北轻化工学院学报，1996，17（4）：32-35，39．

第三章 附 录

附录一 高聚物的特性黏度——分子量关系参数

聚合物	溶剂	T/℃	$K\times10^2$ /(mL/g)	α	M_I /($\times10^{-4}$)	测定方法
聚1,4-丁二烯[98%(顺式)]	四氢呋喃	40	5.78	0.67	1~10	
	苯	30	3.37	0.715	5~50	渗透压
	乙酸异丁酯	20.5(θ)	18.5	0.50	5~50	渗透压
	甲苯	30	3.05	0.725	5~50	渗透压
	四氢呋喃	25	76	0.44	27~55	
聚1,4-丁二烯(65%),聚1,2-丁二烯[25%(反式),10%(顺式)]	甲苯	25	1.1	0.62	7~70	渗透压
聚1,4-丁二烯[25%(反式),25%(顺式)]	环己烷	40	2.82	0.70	4~17	光散射
聚1,4-丁二烯(80%乙烯)	四氢呋喃	25	4.57	0.693	8~110	
聚1,4-丁二烯(28%乙烯)	四氢呋喃	25	0.51	0.693	2~20	
聚1,4-丁二烯(52%乙烯)	四氢呋喃	25	4.28	0.693	2~20	
聚1,4-丁二烯(73%乙烯)	四氢呋喃	25	4.03	0.693	2~20	
聚丁二烯[2%(顺式),2%(乙烯)]	四氢呋喃	25	2.36	0.75	0.3~0.6	
聚三氯丁二烯	苯	25	3.16	0.66	29~129	光散射
氯丁橡胶CG	苯	25	0.20	0.89	6~150	渗透压
氯丁橡胶NG	苯	25	1.45	0.73	2~96	渗透压
氯丁橡胶W	苯	25	1.55	0.72	5~100	光散射
氯丁橡胶W	丁酮	25(θ)	11.3	0.50	15~300	光散射
天然橡胶	苯	30	1.85	0.74	8~28	渗透压
	甲苯	25	5.02	0.67	7~100	渗透压
	环已烷	27	3	0.70		光散射
	戊酮(2)	1.45(θ)	11.9	0.50	8~28	渗透压
	四氢呋喃	25	1.09	0.79	1~100	
	苯	25	5.02	0.67		
丁苯橡胶(50℃乳液聚合)	苯	25	52.5	0.66	1~160	渗透压
	甲苯	25	52.5	0.667	2.5~50	渗透压
	甲苯	30	16.5	0.78	3~35	渗透压
聚己内酰胺(尼龙6)	间甲苯酚	25	320	0.62	0.05~0.5	端基分析
	85%甲酸	25	22.6	0.82	0.7~12	光散射
	85%甲酸	20	7.5	0.7	0.45~1.6	端基分析

续表

聚合物	溶剂	T/℃	$K\times10^2$ /(mL/g)	α	M_I /($\times10^{-4}$)	测定方法
尼龙 66	邻氯苯酚	25	168	0.62	1.4～5	光散射，端基分析
	间甲苯酚	25	240	0.61	1.4～5	光散射，端基分析
	90%甲酸	25	35.3	0.786	0.6～6.5	光散射，端基分析
		25	11	0.72	0.65～2.6	端基分析
尼龙 610	间甲苯酚	25	13.5	0.96	0.8～2.4	超速离心沉降和扩散
聚异戊二烯(顺式)	己烷	20	6.84	0.58	5～80	
	四氢呋喃	25	1.77	0.735	4～50	
聚异戊二烯[85%～91%(顺式)]	甲苯	30	2	0.728	14～580	光散射
聚异戊二烯(反式)	苯	32	4.37	0.65	8～140	光散射
聚异戊二烯	苯	25	5.02	0.67	0.04～150	渗透压
杜仲胶	乙酸正丙酯	60(θ)	23.2	0.50	10～20	渗透压
	苯	25	3.55	0.71	0.2～5	渗透压
聚 1-丁烯(无规)	苯甲醚	86.2(θ)	12.3	0.50	10～130	光散射
	乙基环己烷	70	0.734	0.8	4～130	光散射
聚 1-丁烯(等规)	乙基环己烷	70	0.734	0.8	8～94	光散射
	十氢萘	125	0.949	0.73	4.5～90	光散射
聚乙烯(高压)	十氢萘	70	6.8	0.675	20	渗透压
		70	3.87	0.738	0.26～3.5	渗透压
		135	4.6	0.73	2.5～69	光散射
	二甲苯	105	1.76	0.83	1.12～18	渗透压
	对二甲苯	81	10.5	0.63	1～10	渗透压
	萘烷	70	0.38	0.74		
	四氢萘	120	2.36	0.78	5.0～110	光散射
聚乙烯(低压)	对二甲苯	105	1.65	0.83	12.5～137.6	光散射
	联苯	127.5(θ)	32.3	0.50	2～30	扩散和黏度
	α-氯萘	125	4.3	0.67	4.8～95	光散射
	四氢萘	130	5.1	0.725	0.1～11	渗透压
		120	2.36	0.78		
		105	1.62	0.83	13～57	光散射
	十氢萘	135	6.77	0.67	3～100	光散射
	苯	25	8.3	0.53	0.05～126	渗透压；冰点下降
		30	6.1	0.56	0.05～126	渗透压；冰点下降

续表

聚合物	溶剂	T/℃	K×10²/(mL/g)	α	M_I/(×10⁻⁴)	测定方法
聚乙烯(低压)	四氯化碳	30	2.9	0.68	0.05～126	渗透压；冰点下降
	环己烷	25	4	0.72	14～34	渗透压
		30	2.65	0.69	0.05～126	渗透压；冰点下降
	甲苯	25	8.7	0.5	14～34	渗透压
		30	2	0.67	5～146	渗透压
	苯	25	4.17	0.6	0.1～1	冰点下降
		25	0.918	0.743	3～70	光散射
聚异丁烯	苯甲醚	105(θ)	9.1	0.5	18～186	
	苯	24(θ)	10.7	0.5	18～186	扩散和黏度
	四氯化碳	30	29	0.68	0.05～126	渗透压
	甲苯	15	24	0.65	1～146	扩散和黏度
		20	2.6	0.64		
	二异丁烯	20	3.63	0.64	0.5～130	渗透压
	环己烷	30	2.76	0.69	3.78～71	渗透压
聚丙烯(无规)	苯	25	2.7	0.71	6～31	渗透压
	十氢萘	135	1.58	0.77	2～40	渗透压
		135	1.1	0.8	2～62	光散射
	甲苯	30	2.18	0.725	2～34	渗透压
	环己醇	92(θ)	17.2	0.5	1.5～33	渗透压
聚丙烯(等规)	α-氯萘	139	2.15	0.67	10～170	光散射
	联苯	125.1	15.2	0.5	5～42	扩散和黏度
	十氢萘	135	1.1	0.8	10～100	光散射
	二苯醚	145(θ)	13.2	0.5	3.5～48	渗透压
	对二甲苯	85	9.6	0.63		渗透压
	四氢萘	135	0.8	0.8	2～65	渗透压
	邻二氯苯	135	1.3	0.78	2.8～46	
聚丙烯(间同立构)	庚烷	30	31.2	0.71	9～45	光散射
聚甲氧基苯乙烯	甲苯	30	1.8	0.62	1～100	光散射
聚 α-甲基苯乙烯	苯	30	2.49	0.647	14～91	渗透压
	甲苯	30	0.22	0.8	1～100	光散射
	苯/甲醇[79.4/20.6(体积比)]	30(θ)	7.68	0.5	14～91	渗透压
聚对甲基苯乙烯	甲苯	30	0.886	0.74	19～180	光散射
对间甲基苯乙烯	苯	30	0.736	0.76	8～115	渗透压

续表

聚合物	溶剂	T/℃	K×10^2 /(mL/g)	α	M_I /(×10^{-4})	测定方法
聚苯乙烯(溶液聚合)(无规)	苯	20	1.23	0.72	0.12～54	光散射
		20	6.3	0.78	1～300	超速离心沉降和扩散
		25	9.18	0.743	3～70	光散射
		25	4.17	0.6	0.1～1	渗透压
		25	11.3	0.73	7～180	渗透压
	环已烷	35(θ)	7.6	0.5	4～137	光散射
		45	3.47	0.575	4～137	光散射
		35	80	0.5	8～84	光散射
	十氢萘 10%(反式)	25	6.7	0.52	14～200	光散射
	十氢萘 73%(反式)	18(θ)	7.1	0.5	14～140	光散射
	二氯乙烷	25	2.1	0.66	1～180	光散射
	甲苯	20	0.416	0.785	1～160	光散射
		20	4.16	0.788	4～137	光散射
		25	13.4	0.71	7～150	渗透压
		25	0.75	0.75	12～280	光散射
		25	4.4	0.65	0.5～4.5	渗透压
		30	0.92	0.72	4～146	光散射
		30	0.93	0.72	385～659	光散射
	氯仿	25	0.716	0.76	12～280	光散射
		25	1.12	0.73	7～150	渗透压
		30	0.49	0.794	19～373	渗透压
	四氢呋喃	25	1.6	0.706	＞0.3	光散射
	四氢呋喃	23	68	0.766	5～100	
	甲苯/甲醇(76.9/23.1)	25(θ)	0.92	0.5	100～600	光散射
	丁酮	25	3.9	0.57	0.3～170	光散射
	丁酮	30	2.3	0.62	40～370	光散射
	丁酮/异丙醇(6/1)	23(θ)	7.3	0.5	4～146	光散射
聚苯乙烯(等规)	苯	30	0.95	0.77	4～75	渗透压
	甲苯	25	1.7	0.69	0.33～170	光散射
		30	0.93	0.72	15～71	光散射
聚苯乙烯(全同立构)	甲苯	30	11	0.725	3～37	渗透压
	苯	30	9.5	0.77	4～75	渗透压
	氯仿	30	25.9	0.734	9～32	渗透压

续表

聚合物	溶剂	T/℃	K×10²/(mL/g)	α	M_I/(×10⁻⁴)	测定方法
聚苯乙烯(星形阴离子)	环己烷	34(θ)	g′=0.82(4支)			光散射
			g′=0.94(3支)			
	苯	30	11.5	0.73	25～300	光散射
	甲苯	30	8.81	0.75	25～300	光散射
聚苯乙烯(星形)	四氢呋喃	23	0.35	0.74	15～60	
聚苯乙烯(梳形)	四氢呋喃	23	2.2	0.56	15～60	
聚苯乙烯磺酸	HCl 溶液(0.52mol/L)	25	6.35	1.0	18～46	黏度
	NaCl 溶液(0.52mol/L)	25	5.75	1.0	18～46	黏度
聚氯乙烯(乳液聚合)	环己酮	30	1.2	0.7	40～370	光散射
		20	1.37	1.0	7～13	渗透压
50%转化						渗透压
86%转化	环己酮	20	14.3	1.0	3.0～12.5	渗透压
		25	0.85	0.8	4～20	光散射
聚氯乙烯	苯甲醇	155.4(θ)	15.6	0.5	4～35	光散射
	氯苯	30	7.12	0.59	3～19	SA
	环己酮	20	11.6	0.85	2～10	渗透压
		25	0.204	0.56	1.9～15	渗透压
		25	17.4	0.55	15～52	光散射
		25	2.4	0.77	3～14	渗透压
		25	1.23	0.83	2～14	渗透压
	四氢呋喃	20	3.63	0.92	2～17	渗透压
		25	1.5	0.77	1～12	光散射
		25	49.8	0.69	4～40	光散射
		30	6.38	0.65	3～32	光散射
聚溴乙烯	环己酮	25	3.28	0.55	2～10	光散射
	四氢呋喃	20	1.59	0.64		
聚氟乙烯	二甲基甲酰胺	90	0.642	0.8	14～66	SV
聚乙烯醇	水	25	2	0.76	0.6～2.1	渗透压
		25	6.7	0.55	2～20	光散射
		25	59.6	0.63	1.2～19.5	黏度
		30	6.65	0.64	0.6～12	渗透压
		30	4.28	0.64	1～80	光散射
	水/苯酚[15/85(体积)]	30	2.46	0.8	3～12	渗透压

续表

聚合物	溶剂	T/℃	$K\times10^2$ /(mL/g)	α	M_I /($\times10^{-4}$)	测定方法
聚乙酸乙烯酯	丙酮	25	1.9	0.65	4.2～139	光散射
		25	2.14	0.68	4～34	渗透压
		20	1.58	0.69	19～72	光散射
		20	0.99	0.75	4.5～42	渗透压
		30	17.6	0.68	2～163	渗透压
	苯	30	5.63	0.62	2.6～86	渗透压
		30	2.2	0.65	34～102	光散射
	四氢呋喃	25	3.5	0.63	1～100	
	丁酮	25	1.35	0.71	25～350	光散射
		25	4.2	0.62	1.7～120	渗透压,超速离心沉降和扩散
		30	1.07	0.71	3～120	光散射
	氯仿	20	1.58	0.74	6.8～68	渗透压
		25	2.03	0.72	4～34	渗透压
	甲醇	25	3.8	0.59	4～22	渗透压
	甲基异丙基酮/正庚烷(0.732/0.768)	25(θ)	9.2	0.50		光散射
聚乙烯基甲基醚	苯	30	7.6	0.60	1～50	光散射
	丁酮	30	13.7	0.54	1～50	光散射
聚乙烯基乙基醚	丁酮	30	13.7	0.34	4～100	光散射
聚乙烯基异丙基醚	丁酮	30	13.7	0.34	53～89	光散射
聚乙烯基吡啶	乙醇	25	1.2	0.73	22～224	光散射
聚乙烯基吡咯烷酮	水	25	5.65	0.55	1.1～23	光散射
	甲醇	25	2.3	0.65	0.74～21	光散射
	氯仿	25	1.94	0.64	0.7～21	光散射
聚丙烯酸	二氧六环	30(θ)	7.6	0.50	13.82	渗透压
聚丙烯酸(钠盐)	NaCl 溶液(1mol/L)	25	1.547	0.90	4～50	渗透压
	NaOH 水溶液(2mol/L)	25	42.2	0.64	4～50	渗透压
	NaBr 溶液(1.5mol/L)	15(θ)	12.4	0.50	6～64	光散射
	NaBr 溶液(0.5mol/L)	15	5.27	0.628	1.5～50	光散射
聚苯基甲基丙烯酰胺	丙酮	20	0.024	1		
聚丙烯酰胺	水	30	0.631	0.80	2～50	超离心沉降
聚 N,N-二甲基丙烯酰胺	甲醇	25	1.75	0.68	5～122	光散射
	水	25	2.32	0.81	5～122	光散射
聚甲基丙烯酰胺	乙酸乙酯	20	0.156	0.80	15～120	光散射
聚甲基丙烯酸	丙酮	25	5.5	0.77	28～160	光散射
	丙酮	30	28.2	0.52	4～45	渗透压
	苯	25	2.58	0.85	20～130	渗透压
	苯	35	12.8	0.71	5～30	渗透压
	甲苯	30	7.79	0.697	25～190	光散射
	甲苯	35	21	0.60	12～69	光散射

续表

聚合物	溶剂	T/℃	$K\times10^2$ /(mL/g)	α	M_I /($\times10^{-4}$)	测定方法
聚丙烯酸甲酯	丙酮	25	1.98	0.66	30～250	光散射
		30	2.82	0.52	4～451	渗透压
	甲苯	30	3.105	0.5791	6～247	黏度
	苯	25	0.258	0.85	20～130	渗透压
		30	0.45	0.78	7～160	光散射
	丁酮	20	0.35	0.81	6～247	光散射
聚丙烯酸正丁酯	丙酮	25	0.685	0.75	5～27	光散射
聚丙烯酸乙酯	丙酮	30	20	0.66	16～50	渗透压
聚丙烯酸异丙酯	丙酮	30	1.3	0.69	6～30	光散射
聚丙烯酸丙酯	丁酮	30	1.5	0.687	71～181	光散射
聚丙烯腈	γ-丁内酯	30	3.42	0.7	6～30	超离心沉降
		20	34.3	0.73	4～40	扩散和黏度(光散射)
	二甲基甲酰胺	25	2.33	0.75	3～26	光散射
		25	3.92	0.75	2.8～100	渗透压
		30	3.35	0.72	16～48	光散射
		30	2.96	0.74	4～30	超离心沉降
		35	3.17	0.747	9～76	光散射
		35	27.8	0.76	3～58	扩散和黏度
		25	16.6	0.81	4.8～27	超速离心沉降和扩散
	二甲基亚砜	20	3.21	0.75	9～60	光散射
		20	32.1	0.75	9～40	扩散和黏度
		50	2.83	0.755	9～60	光散射
	碳酸乙二酯	20	3.21	0.75	9～60	光散射
	硝酸溶液60%	20	3.07	0.747	2～40	光散射
聚甲基丙烯酸甲酯	苯	25	0.35	0.79	24～450	光散射
		25	0.55	0.76	2～740	光散射
		20	0.55	0.76	4～800	超速离心沉降和扩散
		20	8.35	0.73	7～700	超速离心沉降和扩散
		25	4.68	0.77	7～630	光散射
		30	0.527	0.76	6～250	光散射
	氯仿	20	0.6	0.79	3～780	光散射
		20	9.6	0.78	1.4～60	渗透压
		25	4.8	0.80	8～140	光散射
		25	0.48	0.8	8～137	光散射
		25	0.34	0.83	41～340	光散射

续表

聚合物	溶剂	T/℃	$K\times10^2$ /(mL/g)	α	M_I /($\times10^{-4}$)	测定方法
聚甲基丙烯酸甲酯	四氢呋喃	23	0.93	0.72	17～130	
	丙酮	25	1.76	0.69	41～340	光散射
		25	0.53	0.73	2～780	光散射
		25	7.5	0.70	2～740	光散射，超速离心沉降和扩散
		20	0.55	0.73	4～800	超速离心沉降和扩散
		30	0.77	0.7	6～263	光散射
	丁酮	25	0.71	0.72	41～340	光散射
		25	0.939	0.68	16～910	光散射
	甲苯	25	0.71	0.73	4～330	光散射
	丁酮/异丙酮[50/50(体积)]	25(θ)	5.92	0.5	30～280	光散射
聚甲基丙烯酸甲酯(等规立构)	丙酮	30	23	0.63	5～128	光散射
	乙腈	20	130	0.448	3～19	扩散和黏度
	苯	30	5.2	0.76	5～128	光散射
聚甲基丙烯酸丁酯	异丙醇	23.7(θ)	3.66	0.5	40～170	光散射
	丁酮	23	0.156	0.8	30～365	光散射
丙烯腈与氯乙烯共聚物(40/60)	二甲基甲酰胺	25	0.38	0.92	33～79.2	渗透压
	丙酮	20	3.8	0.68	44.7～127	渗透压
	丙酮	25	1	0.83	33～79.2	渗透压
丙烯腈-丙烯酸甲酯共聚物	二甲基甲酰胺	20	1.79	0.79	2～21	光散射
丙烯腈-乙酸乙烯共聚物	二甲基甲酰胺	25	1.536	0.78	7.0～535	渗透压
丙烯腈-苯乙烯共聚物[38.3/61.7(摩尔比)]	丁酮	30	3.6	0.62	15～120	光散射
甲基丙烯酸-甲基丙烯酸甲酯共聚物(7.4/92.6)	丙酮	20	0.34	0.74	26～105	光散射
丙烯酸甲酯-苯乙烯共聚物[33/67(摩尔比)]	苯	30	0.718	0.759	6.6～36	光散射
甲基丙烯酸甲酯-对异丙基苯乙烯共聚物(约2/3无规)	丁酮	25	0.021	1.11	31～65	光散射
甲基丙烯酸甲酯-对氯苯乙烯共聚物(48/52无规)	苯	27	0.794	0.72	15～120	光散射
甲基丙烯酸甲酯-苯乙烯共聚物(1/1无规)	丁酮	25	1.54	0.675	5～227	光散射
甲基丙烯酸甲酯-苯乙烯共聚物(94/6无规)	正丁基氯	40.8	2.76	0.617	20～100	光散射
甲基丙烯酸甲酯-苯乙烯共聚物(10/90无规)	正丁基氯	40.8	1.66	0.609		光散射
氯乙烯-乙酸乙烯-丙烯酸羟丙酯三元共聚物	四氢呋喃	30	16.8	0.54		渗透压
乙烯/α-甲基乙苯烯共聚物[$(EV)_m(MS)_n]_P$, $m/n=3/4$	环已烷	30	9.2	0.56	0.7～6	超离心沉降

续表

聚合物	溶剂	T/℃	$K\times10^2$ /(mL/g)	α	M_I /($\times10^{-4}$)	测定方法
乙烯/α-甲基乙苯烯共聚物$[(EV)_m(MS)_n]_P$, $m/n=5/4$	环已烷	30	6.5	0.6	0.8～7	超离心沉降
乙烯/α-甲基乙苯烯共聚物$[(EV)_m(MS)_n]_P$, $m/n=5/7$	环已烷	30(θ)	11.2	0.5	1.5～7	超离心沉降
丁二烯-苯乙烯共聚物(GR-S或SBR)	苯	25	5.4	0.66	1～165	渗透压
	环已烷	30	3.16	0.7	5～25	渗透压
	甲基正丙基酮	21(θ)	18.5	0.5	5～25	渗透压
	甲苯	30	3.29	0.71	5～25	渗透压
	四氢呋喃	30	3	0.7	1～100	
丁苯橡胶(25%苯乙烯)	四氢呋喃	40	3.18	0.7	7～100	
丁苯橡胶(25%苯乙烯)	四氢呋喃	25	4.1	0.693	2.4～4	
丁苯橡胶 1808	四氢呋喃	30	5.4	0.65	1～100	
丁二烯-丙烯腈共聚物	丙酮	25	5	0.64	2.5～100	渗透压
	苯	25	1.3	0.55	2.5～100	渗透压
	氯仿	25	5.4	0.68		渗透压
丁基橡胶	苯	25	6.9	0.5	0.1～50	渗透压
	苯	37	1.34	0.63	0.1～50	渗透压
	甲苯	25	6.6	0.6	15～20	渗透压
	甲苯	30	2.14	0.678	10～30	渗透压
	四氯化碳	25	1.03	0.78	10～30	渗透压
	四氢呋喃	25	0.85	0.75	0.4～400	
乙烯、丙烯与二烯共聚物 EP-DM 橡胶	环已烷	40	5.31	0.75	3～30	渗透压
聚对苯二甲酸乙二酯	邻氯苯酚	25	30	0.77	1.2～2.8	端基滴定
	苯酚/四氯乙烷(1/1)	20	7.55	0.685	0.3～3	端基滴定
	苯酚/四氯乙烷(1/1)	25	2.1	0.82	0.5～2.5	端基滴定
	苯酚/二氯乙烷	20	0.92	0.85	0.9～3.5	端基滴定
聚ω-羟基十一酸	氯仿	25	6.56	0.73		渗透压
聚碳酸酯	氯甲烷	20	1.11	0.82	0.8～27	超离心沉降
	四氢呋喃	20	3.99	0.7	0.8～27	超离心沉降
		25	4.9	0.67		
	氯仿	20(θ)	27.7	0.5	1.5～6	光散射
		25	12	0.82	1～7	光散射
	二氯甲烷	25	11.1	0.82	1～27	超速离心沉降和扩散
聚甲醛	二甲基甲酰胺	150	4.4	0.66	89～285	光散射
聚乙醛	丁酮	25	0.168	0.65	9.1～20	渗透压

续表

聚合物	溶剂	T/℃	$K\times10^2$ /(mL/g)	α	M_I /($\times10^{-4}$)	测定方法
聚环氧乙烷	丙酮	25	15.6	0.5	0.02～0.3	端基滴定
	甲醇	20	1.61	0.76	约 1.9	光散射
	水	30	1.25	0.78	10～100	超离心沉降
		35	16.6	0.82	0.04～0.4	端基分析
	甲苯	35	1.45	0.7	0.04～0.4	端基滴定
	K_2SO_4 水溶液(0.45mol/L)	35(θ)	13	0.5	3～700	光散射
聚氧化丙烯	苯	25	1.4	0.8		
	己烷	46	1.97	0.67	3.4～367	光散射
聚 2,6-二甲基对苯醚(PPO)	苯	25	2.6	0.69	3～17	光散射
	氯仿	25	4.83	0.64	2～42	光散射
聚 2,6-二苯基对苯醚	氯苯	25	1.39	0.65	4～145	光散射
	甲苯	25	2.14	0.635	4～145	光散射
聚对亚苯基硫醚	α-氯萘	210	0.0029	0.5	1.6～6.6	氯离子选择电极电位
聚砜	氯仿	25	2.4	0.72		端基滴定
聚羟砜醚	二甲基甲酰胺	35	0.411	0.894		渗透压
	N-甲基吡咯烷酮	35	0.156	1.01		渗透压
聚己内酰胺(NY6)	间甲酚	25	32	0.62	0.05～0.5	端基滴定
	间甲酚	20	0.73	1		
	40%H_2SO_4	25	5.92	0.99	0.3～1.3	端基滴定
聚己内酰胺	85%甲酸	25	7.62	0.7	0.45～1.6	端基滴定
聚己二酰己二胺(NY66)	90%甲酸	23	11	0.72	0.65～2.6	端基滴定
	甲酚	20	38	0.55		
聚癸二酰己二胺(NY610)	间甲酚	25	1.35	0.96	0.8～2.4	超离心沉降
聚二甲基硅氧烷	甲苯	25	2.15	0.65	2～130	渗透压
	丁酮	30	4.8	0.55	5～66	渗透压
	苯	20	2	0.78	3.39～11.4	光散射
	甲苯	25	0.738	0.72	3.6～110	光散射
	辛烷/二氟四氯乙烷 33.17/66.83(体积比)	22.5(θ)	10.6	0.5	55～120	光散射
聚二甲基硅氧烷	邻二氯苯	138	3.83	0.57	2.5～30	
聚甲基苯基硅氧烷	环己烷	25	0.552	0.72	6～124	光散射
纤维素	铜氨溶液	25	0.85	0.81	0.8～9.5	渗透压
乙酸纤维素	丙酮	25	0.19	1.03	1.1～130	渗透压
		25	1.49	0.82	2.1～39	渗透压
羟甲基纤维素	2% NaCl 水溶液	25	2.33	1.28		渗透压

续表

聚合物	溶剂	T/℃	$K\times10^2$/(mL/g)	α	M_I/($\times10^{-4}$)	测定方法
硝基纤维素	甲基正戊基酮	25	3.61	0.78	6.8～224	渗透压
	丙酮	25	2.53	0.795	6.8～22.4	渗透压
		20	0.28	1.00		
	环己酮	32	24.5	0.80	6.8～22.4	渗透压
	四氢呋喃	25	25	1.00	9.5～230	
乙基纤维素	丁酮	25	1.82	0.84	4～14	渗透压
	甲醇	25	5.23	0.65	9.8～410	光散射
	乙酸乙酯	25	1.07	0.89	4.0～14	渗透压
聚葡萄糖苷(缩聚葡萄糖)	水	20	9	0.50	1～80	光散射
明胶	NaCl 溶液(1mol/L)	40	0.269	0.88	7～14	渗透压
直链淀粉	二甲基亚砜	25	0.85	0.76	0.15～120	光散射

附录二　常用溶剂的沸点与溶度参数

溶　剂	沸点/℃	δ/(J/cm^3)$^{\frac{1}{2}}$	溶　剂	沸点/℃	δ/(J/cm^3)$^{\frac{1}{2}}$
二异丙醚	68.5	14.3	乙苯	136.2	18
正戊烷	36.1	14.4	十氯萘	193.3	18
异戊烷	27.9	14.4	异丙苯	152.4	18.2
正己烷	69.0	14.8	甲苯	110.6	18.2
二乙醚	34.5	15.2	丙烯酸甲酯	80.3	18.2
正庚烷	98.4	15.3	二甲苯	144.4	18.4
正辛烷	125.7	15.5	乙酸乙酯	77.1	18.6
环己烷	80.8	16.8	1,1-二氯乙烷	57.3	18.6
甲基丙烯酸丁酯	160	16.8	甲基丙烯腈	90.3	18.6
氯乙烷	12.3	17.4	苯	80.1	18.7
1,1,1-二氯乙烷	74.1	17.4	三氯甲烷	61.7	19.1
乙酸戊酮	149.3	17.4	丁酮	79.6	19.1
乙酸丁酯	126.5	17.5	四氯乙烯	121.1	19.3
四氯化碳	76.5	17.6	甲酸乙酯	54.4	19.3
正丙苯	157.5	17.7	氯苯	125.9	19.5
苯乙烯	143.8	17.7	苯甲酸乙酯	212.7	19.9
甲基丙烯酸甲酯	102	17.8	二氯甲烷	39.7	19.9
乙酸乙烯酯	72.9	17.8	顺式二氯乙烯	60.3	19.9
对二甲苯	138.4	18	1,2-二氯乙烷	83.5	20.1
二乙基酮	101.7	18	乙醛	20.8	20.1
间二甲苯	139.1	18	萘	218.0	20.3

续表

溶剂	沸点/℃	$\delta/(J/cm^3)^{\frac{1}{2}}$	溶剂	沸点/℃	$\delta/(J/cm^3)^{\frac{1}{2}}$
环己酮	155.8	20.3	正丙醇	97.4	24.4
四氢呋喃	64	20.3	乙腈	81.1	24.4
二硫化碳	46.2	20.5	二甲基甲酰胺	153	24.8
二氧六环	101.3	20.5	乙酸	117.9	25.8
溴苯	156	20.5	硝基甲烷	101.2	25.8
丙酮	56.1	20.5	乙醇	78.3	26
硝基苯	210.8	20.5	二甲基亚砜	189	27.5
四氯乙烷	93	21. 3	甲酸	100.7	27.7
丙烯腈	77.4	21. 4	苯酚	181.8	29.7
丙腈	97.4	21.9	甲醇	65	29.7
吡啶	115.3	21.9	碳酸乙烯酯	248	29.7
苯胺	184.1	22.1	二甲基砜	238.0	29.9
二甲基乙酰胺	165.0	22.7	丙二腈	218	30.9
硝基乙烷	16.5	22.7	乙二醇	198	32.2
环己醇	161.1	23.4	丙二醇	290.1	33.8
正丁醇	117.3	23.4	甲酰胺	111	36.5
异丁醇	107.8	24	水	100	47.5

附录三　常用聚合物的溶度参数

聚合物	$\delta/(J/cm^3)^{\frac{1}{2}}$	聚合物	$\delta/(J/cm^3)^{\frac{1}{2}}$
聚乙烯	16.4	聚甲基丙烯酸辛酯	17.2
聚丙烯	19	聚丙烯酸甲酯	20. 7
聚异丁烯	17	聚丙烯酸乙酯	19.2
聚苯乙烯	18.5	聚丙烯酸丁酯	18.5
聚氯乙烯	20	聚丙烯酸正丁酯	17.8
聚偏氯乙烯	20.3～20.5	聚丙烯腈	26
聚四氟乙烯	12.7	聚甲基丙烯酸	21.9
聚三氟氯乙烯	14.7～16.2	乙基纤维素	21.1
聚乙烯醇	26	环氧树脂	19. 9～22. 3
聚醋酸乙烯酯	21.7	丁基橡胶	16.0
聚甲基丙烯酸甲酯	18.6	聚衣康酸二戊酯	17.7
聚甲基丙烯酸乙酯	18.3	聚衣康酸二丁酯	18.2
聚甲基丙烯酸丙酯	18.0	聚对苯二甲酸乙二醇酯	21.9
聚甲基丙烯酸丁酯	17.8	硅橡胶(二甲基硅橡胶)	14.9
聚甲基丙烯酸叔丁酯	17.0	聚丁二烯	17.2
聚甲基丙烯酸已酯	17.6	聚氨酯	20.5

续表

聚　合　物	$\delta/(J/cm^3)^{\frac{1}{2}}$	聚　合　物	$\delta/(J/cm^3)^{\frac{1}{2}}$
聚异戊二烯	17.4	乙基纤维素	21.1
聚氯丁二烯	16.8～18.8	聚砜	21.5
乙丙橡胶	16.2	尼龙 6	22.5
丁二烯-苯乙烯共聚物	16.6～17.6	尼龙 66	27.8
丁二烯-丙烯酯共聚物	18.9～20.3	聚环氧丙烷	15.4
氯乙烯-醋酸乙烯酯共聚物	21.7	聚碳酸酯	20.3
聚甲醛	20.9	聚砜	20.3
聚氧化丙烯	15.3～20.3	聚二甲基硅氧烷	14.9
聚氧化丁烯	17.6	聚硫橡胶	18.4～19.3
聚 2,6-二甲基亚苯基氧	19	天然橡胶	16.6
二乙酸纤维素	22.3	氯丁橡胶	18.1
二硝化纤维素	21.7	氯化橡胶	19.2
硝酸纤维素	23.5	聚二甲基硅氧烷	19.5
三异氰酸苯酯纤维素	25.2	聚氧化二甲基苯乙烯	17.6

附录四　聚合物的常用溶剂

聚合物	溶剂	聚合物	溶剂
聚乙烯	十氢萘、四氢萘、1-氯萘（均＞130℃）、二甲苯	聚三氟氯乙烯	邻次氯苄基三氟（＞120℃）
聚丙烯	十氢萘、四氢萘、1-氯萘（均＞130℃）	聚氟乙烯	环已酮、二甲基亚砜、二甲基甲酰胺（均＞110℃）
聚异丁烯	醚、汽油、苯	聚偏氟乙烯	二甲基亚砜、二氧六环
聚苯乙烯	苯、氯仿、二氯甲烷、醋酸丁酯、二甲基甲酰胺、甲乙酮、吡啶	丙烯腈-丁二烯-苯乙烯共聚物	二氯甲烷
聚氯乙烯	四氢呋喃、环已酮、二甲基甲酰胺、氯苯	苯乙烯-丁二烯共聚物	醋酸乙酯、苯、二氯甲烷
氯化聚氯乙烯	丙酮、醋酸乙酯、苯、氯苯、甲苯、二氯甲烷、四氢呋喃、环已酮	氯乙烯-醋酸乙烯共聚物	二氯甲烷、四氢呋喃、环已酮
聚乙烯醇	甲酰胺、水、乙醇	天然橡胶	卤代烃、苯
聚醋酸乙烯	芳香族烃、氯代烃、酮、甲醇	聚丁二烯	苯、正己烷
聚乙烯醇缩醛	四氢呋喃、酮、酯	聚氯丁二烯	卤代烃、甲苯、二氧六环、环已酮
聚丙烯酰胺	水	聚氧化乙烯	醇、卤代烃、水、四氢呋喃
聚丙烯腈	二甲基甲酰胺、二氯甲烷、羟乙腈	聚甲醛	二甲基亚砜、二甲基甲酰胺（150℃）
聚丙烯酸酯	芳香烃、卤代烃、酮、四氢呋喃	氯代聚醚	环已酮
聚甲基丙烯酸酯	芳香烃、卤代烃、酮、二氧六环	聚环氧氯丙烷	环已酮、四氢呋喃
聚对苯二甲酸乙二酯	苯酚-四氯乙烷、二氯乙酸	聚氨酯	二甲基甲酰胺、四氢呋喃、甲酸、乙酸乙酯
聚对苯二甲酸丁二酯	苯酚-四氯乙烷		
聚碳酸酯	环已酮、二氯甲烷、甲酚	醇酸树脂	酯、卤代烃、低级醇
聚芳酯	苯酚-四氯乙烷、四氯乙烷	环氧树脂	醇、酮、酯、一氧六环
聚酰胺	甲酸、甲酚、苯酚-四氯乙烷	硝酸纤维素	酮、醇-醚
聚四氟乙烯	—	醋酸纤维素	甲酸、冰醋酸

附录五　聚合物沉淀分级常用的溶剂和沉淀剂

聚合物	溶剂	沉淀剂
聚己内酰胺	含水苯酚 甲酚 甲酚-苯 甲酚+水	苯酚 环己烷 汽油 汽油
聚丙烯酰胺	水	乙醇
尼龙 6	甲酚	环己烷
尼龙 66	甲酸 甲酚	水 甲醇、水
聚乙烯	甲苯 二甲苯 α-氯代萘	正丙醇 甲醇、正丙醇、丙二醇、三甘醇 邻苯二甲酸二丁酯
聚氯乙烯	环已烷 硝基苯 四氢呋喃 环已酮 氯苯 六氧二环-甲乙酮	丙酮 甲醇 水、甲醇、丙醇 甲醇、正丁醇 苯 环已烷
聚苯乙烯	苯 甲苯 丁酮 三氯化碳 三氯甲烷	甲醇、乙醇、丁醇 石油醚 甲醇、正丁醇、丁醇+2%水 甲醇 甲醇
聚乙烯醇	水 乙醇	正丙醇、丙酮 苯
聚丙烯腈	羟乙腈 二甲基甲酰胺	苯-乙醇 甲醇、庚烷、庚烷-乙醚
聚三氟氯乙烯	1-三氟甲基-2,5-氯代苯	邻苯二甲酸二乙酯
聚偏二氯乙烯	四氢化萘	乙醇-石油醚
聚乙酸乙烯酯	丙酮 苯	水 石油醚、异丙醇
聚甲基丙烯酸甲酯	丙酮 苯 氯仿 丁酮	甲醇、水、已烷 甲醇 石油醚 甲醇
聚乙烯基吡啶	甲醇 乙醇 水	乙醚 苯 丙酮
丁苯橡胶	苯	水、甲醇
丁基橡胶	苯	甲醇
天然橡胶	苯	甲醇
硝化纤维素	丙酮 乙酸乙酯	水、石油醚 正庚烷

续表

聚合物	溶剂	沉淀剂
醋酸纤维素	丙酮	水、乙醇、乙酸丁酯、正庚烷
乙基纤维素	乙酸甲酯 苯-甲醇	丙酮-水(体积比 1∶3) 庚烷

附录六　结晶聚合物的密度

聚合物	ρ_c/(g/cm^3)	ρ_a/(g/cm^3)	聚合物	ρ_c/(g/cm^3)	ρ_a/(g/cm^3)
高密度聚乙烯	1.00	0.85	聚氧化丙烯	1.15	1.00
聚丙烯	0.95	0.85	聚正丁醚	1.18	0.98
聚丁烯	0.95	0.86	聚六甲基丙酮	1.23	1.08
聚丁二烯	1.01	1.17	尼龙 6	1.23	1.08
聚异戊二烯(顺式)	1.00	0.91	尼龙 66	1.24	1.07
聚异戊二烯(反式)	1.05	1.00	尼龙 610	1.19	1.04
聚戊烯	0.94	0.84	聚对苯二甲酸乙二酯	1.46	1.33
聚苯乙烯	1.13	1.05	聚碳酸酯	1.31	1.20
聚氯乙烯	1.52	1.39	聚甲基丙烯酸甲酯	1.23	1.17
聚偏氯乙烯	1.95	1.66	聚乙烯醇	1.35	1.26
聚三氟氯乙烯	2.19	1.92	聚偏氟乙烯	2.00	1.74
聚甲醛	1.54	1.25	聚乙炔	1.15	1.00
聚四氟乙烯	2.35	2.00	聚异丁烯	0.94	0.86(0.84)
聚氧化乙烯	1.33	1.12			

附录七　DSC 样品测试及测试软件使用说明

一、开机

开机过程无先后顺序。为保证仪器稳定精确的测试，除长期不使用外，所有仪器可不必关机，避免频繁开机关机。仪器应至少提前测试 1h 打开。开机后，首先调整保护气及吹扫气体输出压力及流速并待其稳定。

每当更换样品支架或由于测试需要更换坩埚类型后，首先要做的就是修改仪器设置(Instrument Setup) 使之与仪器的工作状况相符。

二、样品准备与制备

测试样品为粉末状、颗粒状、片状、块状、固体、液体均可，但需保证与测量坩锅底部接触良好，样品应适量（如在坩埚中放置 1/5 厚或 5mg 重），以便减小在测试中样品温度梯度，确保测量精度。应根据样品的种类和特性选择合适的制样方法。所用的坩埚一般为铝坩埚。

制备样品：先将空坩埚放在天平上称重，去皮（清零），随后将样品加入坩埚中，称取样品重量。重量值建议精确到 0.01mg。加上坩埚盖（坩埚盖上通常扎一小孔），如果使用的是 Al 坩埚，需要放到压机上压一下，将坩埚与坩埚盖压在一起。

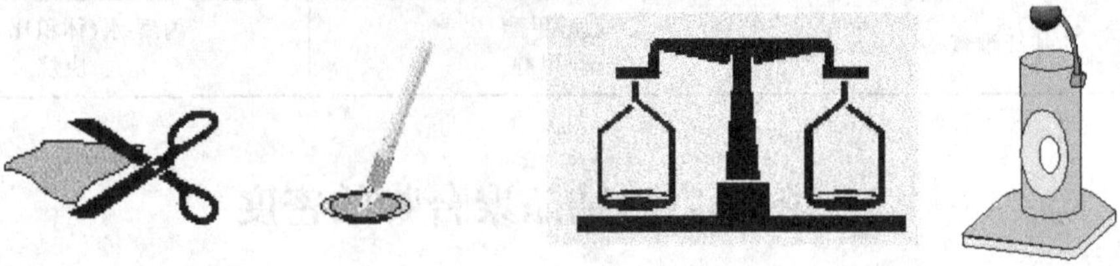

三、测试软件说明

1. 新建文件

测试第一个样品室需要新建测试文件。建立一个新测试，从头开始设定。将出现如下对话框：

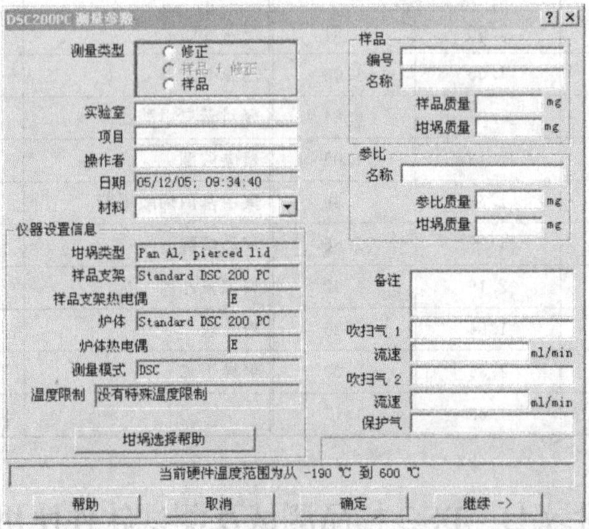

对测量的基本参数进行设定。设定界面如下：

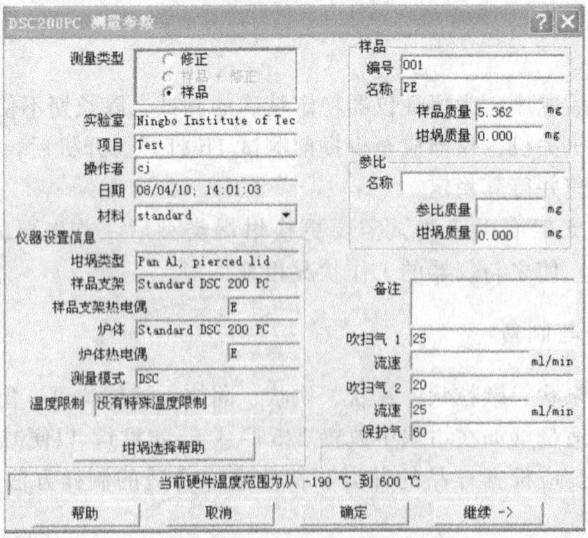

测量类型：

• 修正：基线测量（一般使用空坩埚）。

• 样品：不扣除基线的样品测量。

• 样品＋修正：在打开相应的基线文件后可选。其起始温度、升温速率、采样速率等参数须与基线文件一致。以这种测量模式生成的数据文件，在调入 Proteus 分析软件中后会自动进行基线扣除。

实验室：输入实验室名称。

项目：输入项目名称。

操作者：输入操作者姓名。

材料：输入/选择样品的材料类别。材料类别可在“附加功能”→“材料管理器”中进行管理。

仪器设置信息：显示的是仪器当前的相关硬件设置。如需修改，需退出本对话框，点击“文件”→“仪器设置”。

样品：输入样品名称、编号、质量。

气体设置：输入吹扫气 1、吹扫气 2 与保护气的气体类别（N_2、O_2、空气、Ar、He 等）及流速。

设置完毕，并确保无误可点击“继续”按钮。

2. 打开温度校正文件

操作 1 中点击“继续”按钮后，出现如下“打开温度校正文件”对话框：

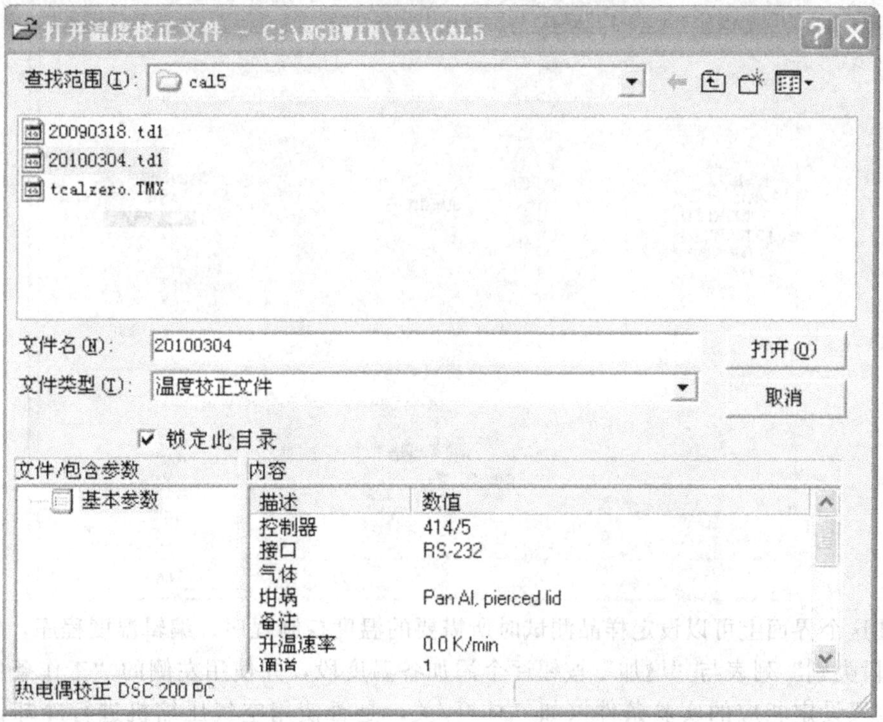

在对话框中选中最新的温度校正文件，并点击“打开”按钮。

3. 打开灵敏度校正文件

操作 2 中点击“开始”按钮后，出现如下“打开灵敏度校正文件”对话框：

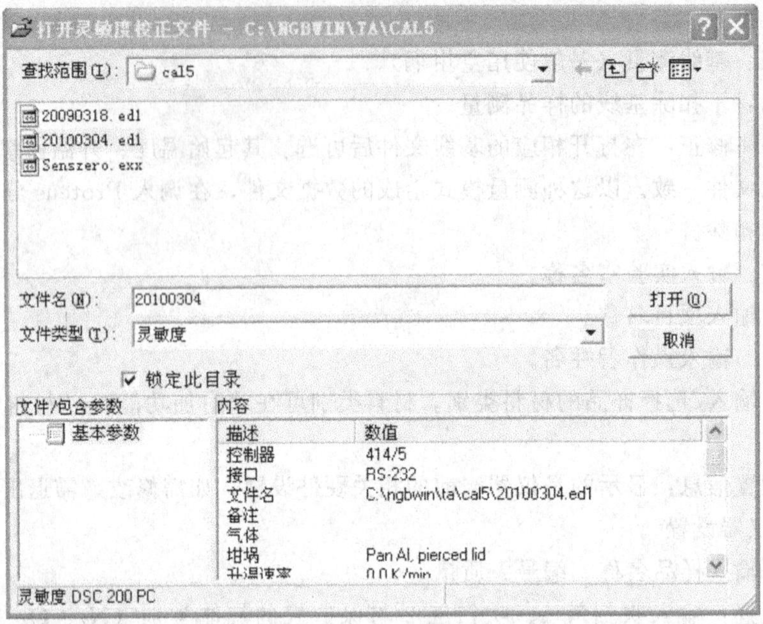

在对话框中选中最新的灵敏度校正文件，并单击"打开"按钮。

4. 设定温度控制程序

操作 3 中单击"开始"按钮后，出现如下"DSC200PC 设定温度程序"对话框：

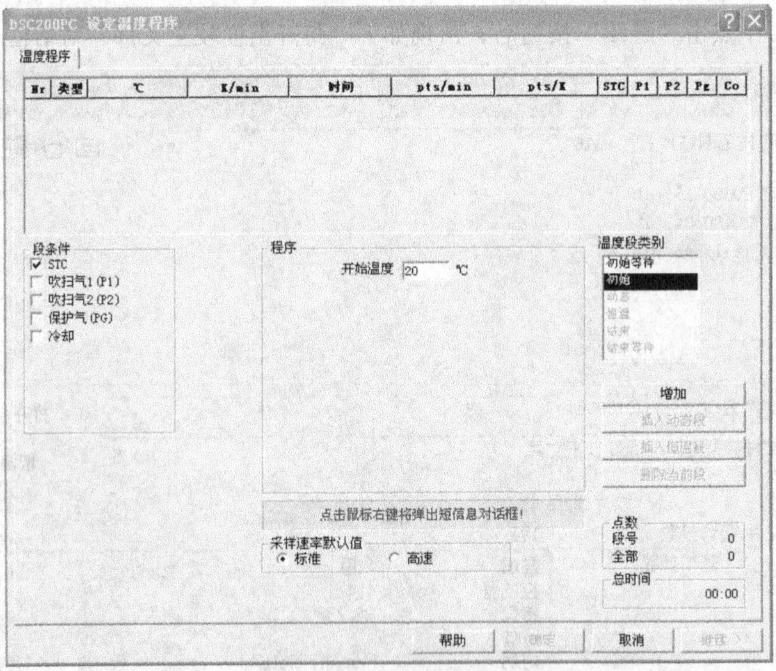

在这个界面上可以设定样品测试时所需要的温度控制程序。编辑温度程序，使用右侧的"温度段类别"列表与"增加"按钮逐个添加各温度段，并使用左侧的"工作条件"列表为各温度段设定相应的实验条件（如气体开/关，是否使用空气压缩机进行冷却，是否使用 STC 模式进行温度控制等）。已添加的温度段显示于上侧的列表中，如需编辑修改可直接鼠标点入，如需插入/删除可使用右侧的相应按钮。

设定好的温度控制程序如下图所示：

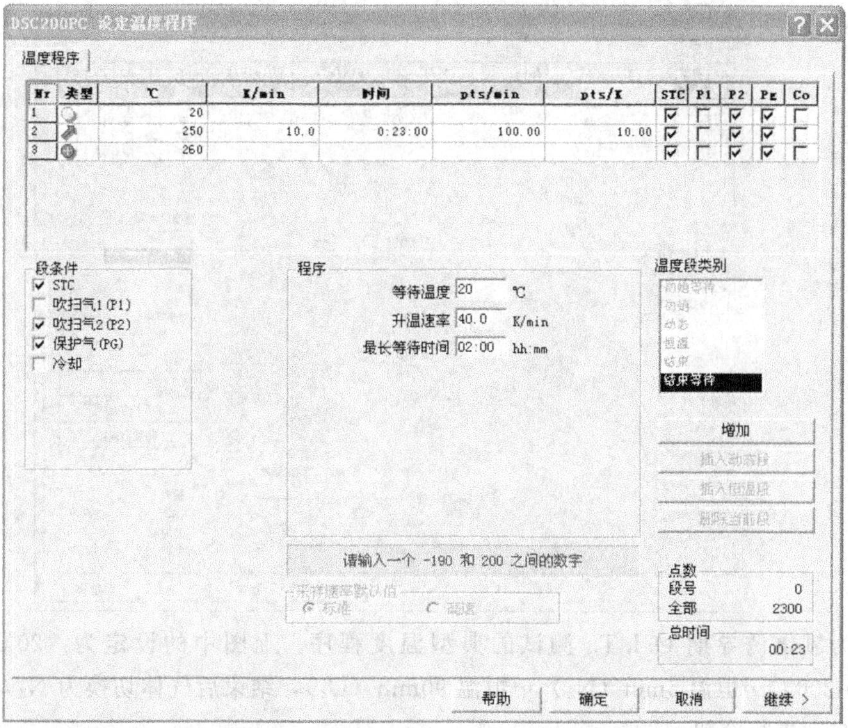

再给出两个较为复杂的温度程序作为示例：

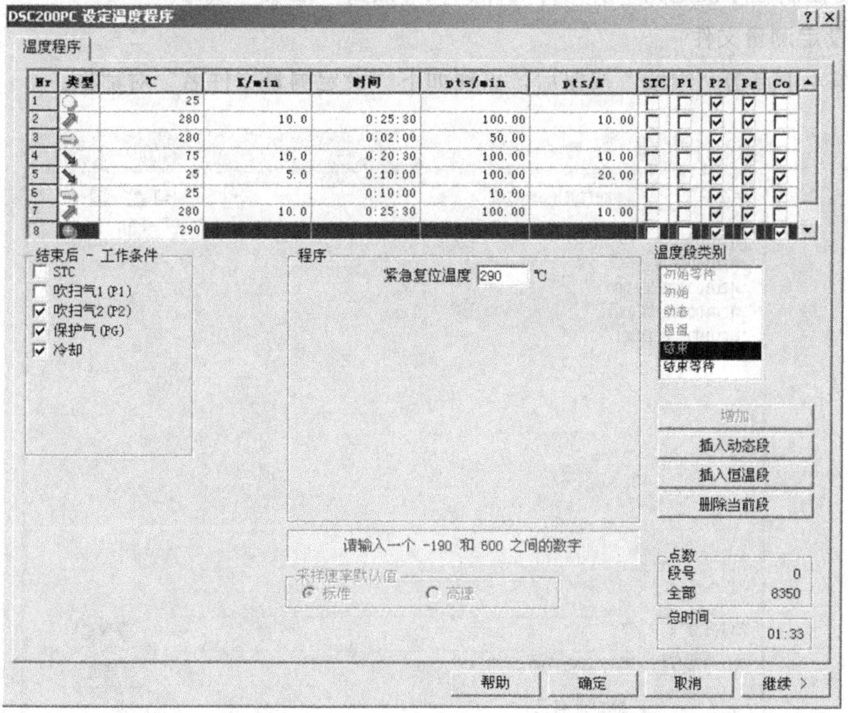

此为高分子材料两次升温测试的典型温度程序。上图中的设定为：25℃…（10K/min，N_2）…280℃…恒温 2min（N_2）…（10K/min，N_2，Cooling）…75℃…（5K/min，N_2，Cooling）…25℃…恒温 10min（N_2，Cooling）…（10K/min，N_2）…280℃，其中冷却段与 25℃恒温段使用空气压缩机 Cooling，结束后 Cooling 自动冷却。

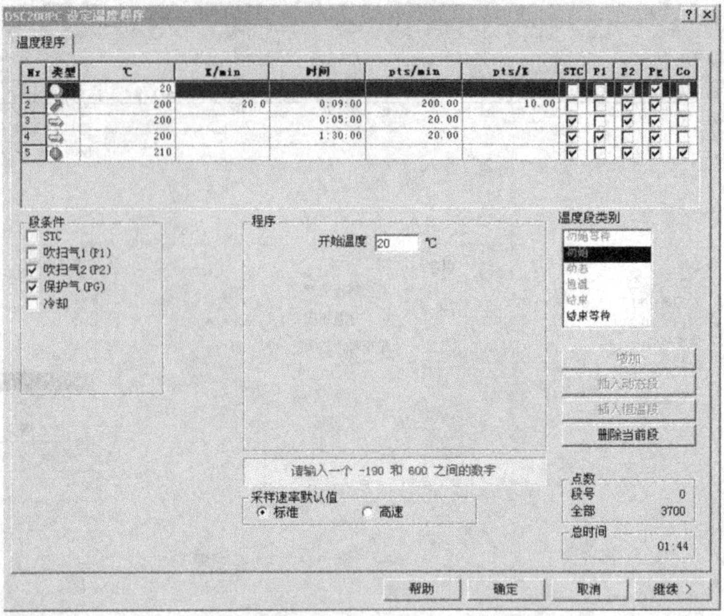

此为氧化诱导期 O.I.T. 测试的典型温度程序。上图中的设定为：20℃…20K/min（N_2）…200℃…恒温 5min（N_2）…恒温 90min（O_2），结束后气体切换为 N_2，并使用空气压缩机自动进行冷却。

温度控制程序设定完毕后，并确保无误可点击“继续”按钮。

5. 设定测量文件

操作 4 中点击“继续”按钮后，出现如下“设定测量文件名”对话框：

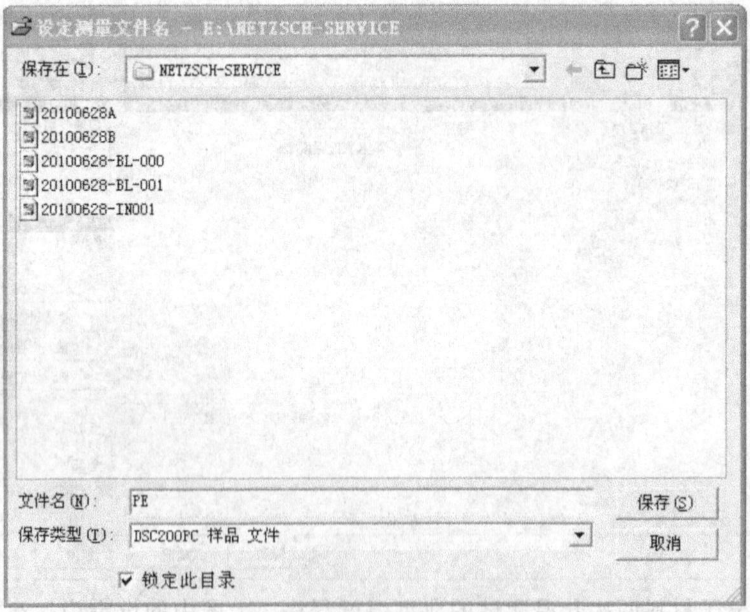

选择存盘路径，设定文件名，设定完成后并单击“保存”按钮。

6. 放入测量样品

操作 5 中单击“保存”按钮后，出现如下“测量”对话框：

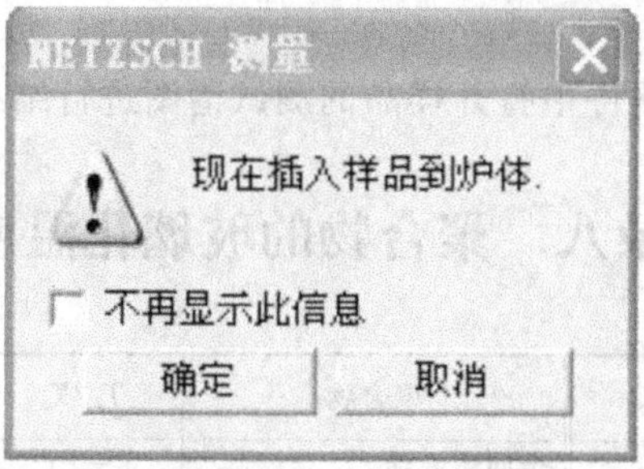

将样品坩埚放在仪器中的样品位（右侧），同时在参比位（左侧）放一空坩埚作为参比。

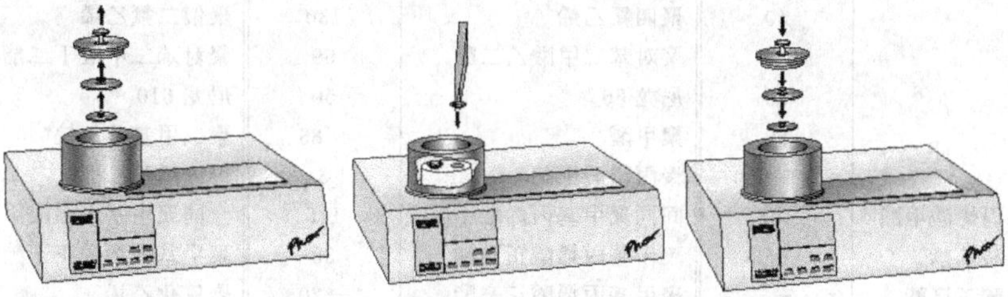

待样品放置到炉体内，盖好炉子的盖子，并点击“确定”按钮。

7. 样品测量

操作 6 中点击“确定”按钮后，出现如下“DSC200PC 调整在 COM1”对话框：

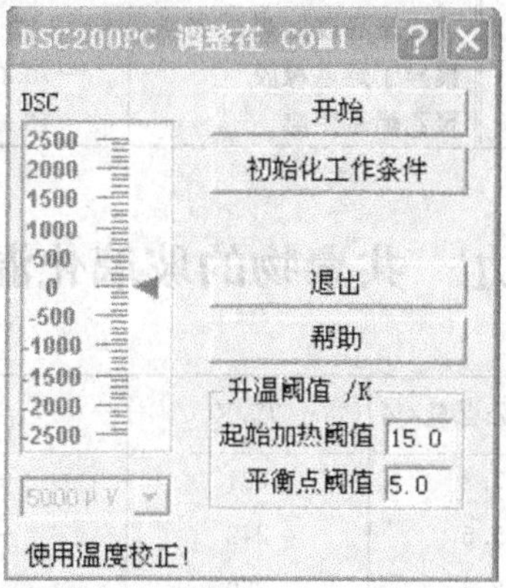

先按下“初始化工作条件”按钮，再单击“开始”按钮，出现如下“样品测量”界面，样品进入测试阶段。

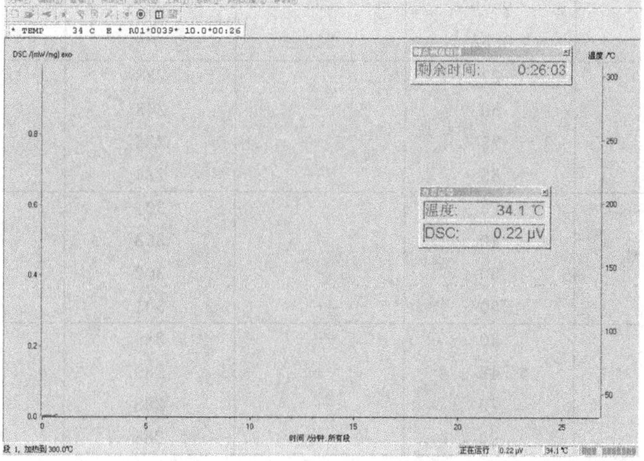

8. 样品谱图分析

测量完毕后，在分析软件中打开样品的测试谱图进行结果分析。

附录八 聚合物的玻璃化温度（T_g）

聚合物	T_g/℃	聚合物	T_g/℃	聚合物	T_g/℃
线形聚乙烯	−68	全同聚丙烯	−10	无规聚丙烯	−20
聚苯乙烯	100	聚氯乙烯	87	聚偏二氯乙烯	−18.0
聚氟乙烯	40	聚四氟乙烯	130	聚偏二氟乙烯	39.0
聚碳酸酯	150	聚对苯二甲酸乙二酯	69	聚对苯二甲酸丁二酯	40
尼龙 6	50	尼龙 66	50	尼龙 610	40
聚乙烯醇	99	聚甲醛	−83	聚二甲基硅氧烷	−123
聚丙烯酸	106	聚丙烯酸甲酯	3	聚丙烯酸乙酯	−22
无规聚甲基丙烯酸甲酯	105	间同聚甲基丙烯酸甲酯	115	全同聚甲基丙烯酸甲酯	45
聚甲基丙烯酸乙酯	65	聚甲基丙烯酸正丙酯	35	聚甲基丙烯酸正丁酯	21
聚甲基丙烯酸正己酯	−5	聚甲基丙烯酸正辛酯	−20	聚氧化乙烯	−66
聚 1-丁烯	−25	聚 1-戊烯	−40	聚 1-己烯	−50
聚 1-辛烯	−65	聚环氧乙烷	−67.0	聚苯硫醚	85.0
聚 α-甲基苯乙烯	192	聚邻甲基苯乙烯	119	聚间甲基苯乙烯	72
聚对甲基苯乙烯	110	聚己二酸乙二酯	−70	聚辛二酸丁二酯	−57
聚丙烯腈	85	顺式聚异戊二烯	−73	反式聚异戊二烯	−60
氯丁橡胶	−45	聚异丁烯基橡胶	−70.0	丁苯橡胶	−56.0
乙丙橡胶	−60.0	聚乙烯基甲醚	−13.0	聚乙烯基乙醚	−42.0

附录九 共聚物的玻璃化温度（T_g）

共聚体系	第一组分含量/%	T_g/K	T_{g_1}/K	T_{g_2}/K	备注
丙烯腈-丁二烯	27.3	231	—	—	无规共聚
	35.5	242	—	—	无规共聚
	42.3	250	—	—	无规共聚
	51.0	259	—	—	无规共聚
丁二烯-苯乙烯	0.38	272	—	—	无规共聚
	0.48	253	—	—	无规共聚
	0.58	240	—	—	无规共聚
氯丁烯-丙烯酸丁酯	27	—	238	343	嵌段共聚物
	50	—	243	338	嵌段共聚物
	75	—	236	343	嵌段共聚物
	85	—	234	351	嵌段共聚物
氯乙烯-甲基丙烯酸丁酯	25	—	301	353	嵌段共聚物
	40	—	303	351	嵌段共聚物
	50	—	302	351	嵌段共聚物
	60	—	301	352	嵌段共聚物
氯乙烯-丙烯酸甲酯	30	—	289	350	嵌段共聚物
	48	—	289	345	嵌段共聚物
	70	—	288	353	嵌段共聚物
	90	—	288	353	嵌段共聚物

续表

共聚体系	第一组分含量/%	T_g/K	T_{g_1}/K	T_{g_2}/K	备注
氯乙烯-甲基丙烯酸甲酯	28	—	353	378	嵌段共聚物
	50	—	356	376	嵌段共聚物
	70	—	353	376	嵌段共聚物
氯乙烯-苯乙烯	20	—	373	355	嵌段共聚物
	34	—	373	355	嵌段共聚物
	40	—	372	357	嵌段共聚物
甲基丙烯酸甲酯-各种单体	50	—	311	371	乙酸乙烯酯
	50	—	342	379	甲基丙烯酸乙酯
	56	—	250	388	丙烯酸乙酯
苯乙烯-各种单体	40	—		371	甲基丙烯酸甲酯
	40	—	204	375	异丁烯
	50	—	198	374	异戊二烯
	50	—	201	373	环氧乙烷

附录十　高聚物及聚合物混合物的熔点

聚合物	T_m/℃	聚合物	T_m/℃	聚合物	T_m/℃
聚乙烯	146	聚1-丁烯(等规)	138	聚丙烯腈	317
聚丙烯(等规)	200	聚1,3-丁二烯(全同)	125	尼龙6	215
聚苯乙烯	225	聚1,3-丁二烯(间同)	155	尼龙7	217
聚苯乙烯(等规)	243	聚1,3-丁二烯(顺式)	4	尼龙8	185
聚氯乙烯	212	聚1,3-丁二烯(反式)	148	尼龙9	194
聚双酚A碳酸酯	295	聚1,3-戊二烯	95	尼龙10	177
聚四氟乙烯	327	聚环氧乙烷	72	尼龙11	182
聚乙酸乙烯酯	28	聚乙二醇缩甲醛	74	尼龙12	179
聚丙酸乙烯酯	10	聚1,4-丁二醇缩甲醛	23	尼龙66	260
聚丙烯酸	106	聚2,6-二甲基对苯醚(PPO)	275	尼龙610	227
聚丙烯酸甲酯	8	聚2,6-二苯基对苯醚	497	尼龙1010	210
聚丙烯酸乙酯	−22	聚丁二酸乙二酯	106	聚二甲基硅氧烷	−29
聚丙烯酸丙酯	−44	聚己二酸乙二酯	65	聚甲醛	180
聚丙烯酸异丙酯	−11	聚间苯二甲酸乙二酯	240	聚乙烯基吡咯烷酮	145
聚丙烯酸丁酯	−52	聚对苯二甲酸乙二酯	267	聚乙烯醇	232
聚丙烯酸异丁酯	−24	聚对苯二甲酸丁二酯	232	聚甲基丙烯酸甲酯	160

附录十一　制备各种聚合物薄膜常用的溶剂

适合的溶剂	聚　合　物
苯	聚醋酸乙烯酯、乙基纤维素
甲醇	聚乙烯醇缩甲醛

续表

适合的溶剂	聚 合 物
吡啶＋水或冰醋酸	聚丙烯腈
二甲基甲酰胺	聚甲基丙烯酸甲酯
氯仿或丙酮	尼龙 6
甲酸	聚碳酸酯
二氯乙烷	醋酸纤维素(中等酯化度)
丙酮	聚异丁烯、聚乙烯异丁基醚、聚丁二烯、聚异戊二烯、聚氯丁二烯、聚苯乙烯

附录十二　常用的密度梯度管溶液体系

体　系	密度范围ρ/(g/cm³)	体　系	密度范围ρ/(g/cm³)
甲醇-苯甲醇	0.80～0.92	水-溴化钠	1.00～1.41
异丙醇-水	0.79～1.00	水-硝酸钙	1.00～1.60
乙醇-水	0.79～1.00	四氯化碳-二溴丙烷	1.59～1.99
异丙醇-缩乙二醇	0.79～1.11	二溴丙烷-二溴乙烷	1.99～2.18
乙醇-四氯化碳	0.79～1.59	二溴乙烷-溴仿	2.18～2.29
甲苯-四氯化碳	0.87～1.59		

附录十三　缺口制样方法

缺口制样机是主要用于悬臂梁、简支梁式冲击试验机做非金属材料冲击韧性试验时所用的缺口试样制取的设备，操作简单、快速、方便，适用于塑料、非金属材料的实验。

一、仪器结构

仪器型号：QYJ-1 缺口型制样机。

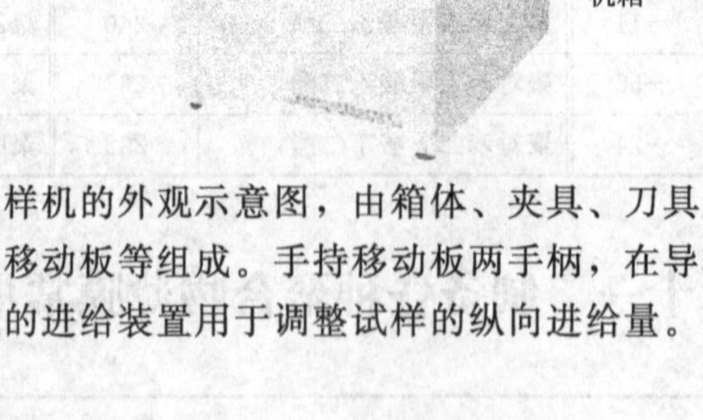

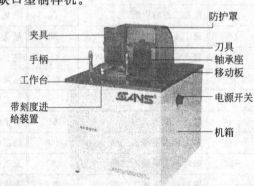

上图所示为缺口型制样机的外观示意图，由箱体、夹具、刀具、带刻度的进给装置、工作台、轴承座、防护罩、移动板等组成。手持移动板两手柄，在导轨上左右移动，实现试样的横向进给过程，带刻度的进给装置用于调整试样的纵向进给量。

二、制样操作

1. 试样毛坯的装夹

将试样毛坯直接装入相应夹具内，对称拧紧夹紧螺钉，把试样夹紧。夹紧力不可过大，以免试样变形，只要能将试样毛坯夹住即可；另外各面应尽量对称，以使加工量均匀。

更换定位块可装夹长度不同的试样，以便刀具在切削不同试样时都能切削在试样的中心上。

2. 刀具的装夹

根据需要按下图对刀具进行装夹。

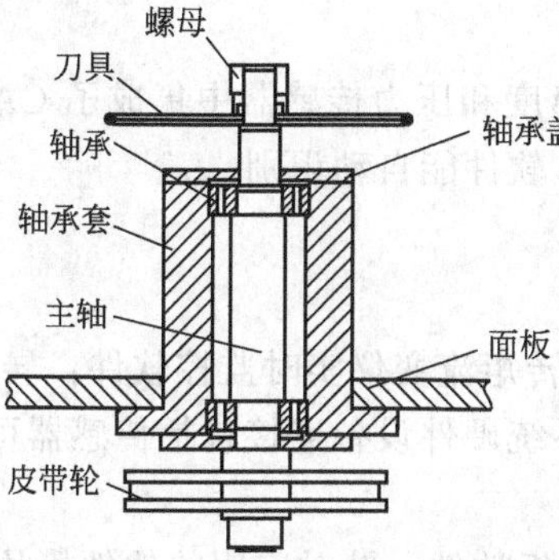

3. 试样的加工

1. 转动电源开关，使刀具轴转起来，从顶部向下观察时刀具轴如果逆时针转动，那么将装好试样毛坯的夹具向刀具方向靠近时，要注意夹具靠近方向要与刀具旋转方向相反。

2. 把夹具左右移到中间，转动微调螺杆，当试样与刀具接触时停下（用眼观察及用耳听声音），这样就对好了零位，记下此时微调螺杆的位置。

3. 在对好了零位之后再转动微调螺母使试样被切削到需要深度为止（微调螺母上刻度每格为 0.01mm，旋转一周为 1mm），同时用手抓住手柄左右移动。

4. 试样制好后，取出试样，并反转微调螺母，使夹具退回。

三、操作步骤

1. 直接装入相应夹具内对称拧紧夹紧螺钉，把试样夹紧，夹紧力不可过大，避免试样变形，只要能将试样毛坯夹住即可。

2. 接通电源，转动电源开关，使刀具轴转起来，从顶部向下观察时刀具轴如果逆时针转动，那么将装好试样毛坯的夹具向刀具方向靠近时，要注意夹具靠近方向要与刀具旋转方向相反。

3. 把夹具左右移动到中间，转动微调螺杆，当试样与刀具接触时停下，对好零位，记住此时微调螺杆的位置。

4. 在对好了零位之后再转动微调螺母使试样被切削到需要深度为止，同时用手抓住手柄左右移动。

5. 试样制好后，取出试样，并反转微调螺母，使夹具退回。

四、注意事项

1. 试样加工时，夹具移动方向要与刀具回转线速度方向相反，如下图所示：

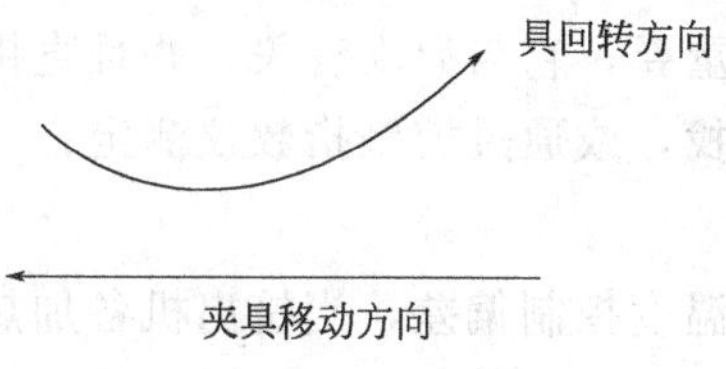

2. 试样加工时，夹具一次移动中的加工量不可过大。

3. 加工中夹具的移动速度尽量保持均匀，且不可太快。

4. 加工中要注意安全，人手要尽量远离刀具，更不可相接触。

附录十四 样品测试及测试软件使用说明

转矩流变仪配套的熔体温度和压力传感器中集成了 CAN 总线路变换器。当这些外部传感器被接入测量系统中，操作软件能自动识别。

一、两个软件层面

1. PolyLab Monitor OS 转矩流变仪实时监控软件：转矩流变仪运行参数设定和运行状态控制和监测的基本软件；系统硬件设备连接包括传感器可视化；测量数据实时导出到表格文件 Excel（XP）。

2. PolySoft 测量/数据分析软件：针对应用的软件模块（密炼测试/毛细管流变测量/分散过滤测试/高级挤出实验）；实验步骤流程化操作包括数据处理和评价。

二、测量控制软件主菜单

即插即用连接・即插即用连接，易于数据实时监控被测数值的标尺化视窗・被测数值的标尺化视窗，可视化的操作数值・可视化的操作数值，实时导出测量数据到表格文件 MS Excel（XP），在线传感器识别和热插拔。

三、挤出机毛细管流变仪的优点

连续测量，样品的体积不受限制（只要保持料斗被填满）；

因为可得到样品体积，用狭缝毛细管口模和拉伸口模测量更为方便（与高压毛细管流变仪比较）；

较短的熔融时间（从粒料到测量小于两分钟），这对于温度敏感的材料是重要的，例如：PET、PA、PBT；

测量过程接近于实际生产；

允许测量需要剪切塑化的样品，例如 PVC 干混粉料；

为了测量混合变化的瞬间效果，流变测量经由熔体泵直接在混合器进行；

该系统不仅用于流变测量，还可用于一般的连续挤出毛细管流变测试分析软件。

四、测试软件说明

1. 测量规程，参数记录

输入被测样品的名称、编号、生产批次号、样品的熔体密度以及操作者姓名等相关记录信息；

注意：熔体密度值非常重要，它与温度有关，并且直接影响流变测量结果，有关材料的熔体密度可在相关手册中查找，或通过熔融指数仪测定；

2. 温度控制偏差设置

根据要求设定测量进行温度控制偏差，当挤出机各加热段和口模的实际温度落入已设定的控温正负偏差范围内，可选择测量自动进行或者手动操控到测量数据采集设置；

3. 挤出机转速步阶程控

有以下四种方式（见图标）：

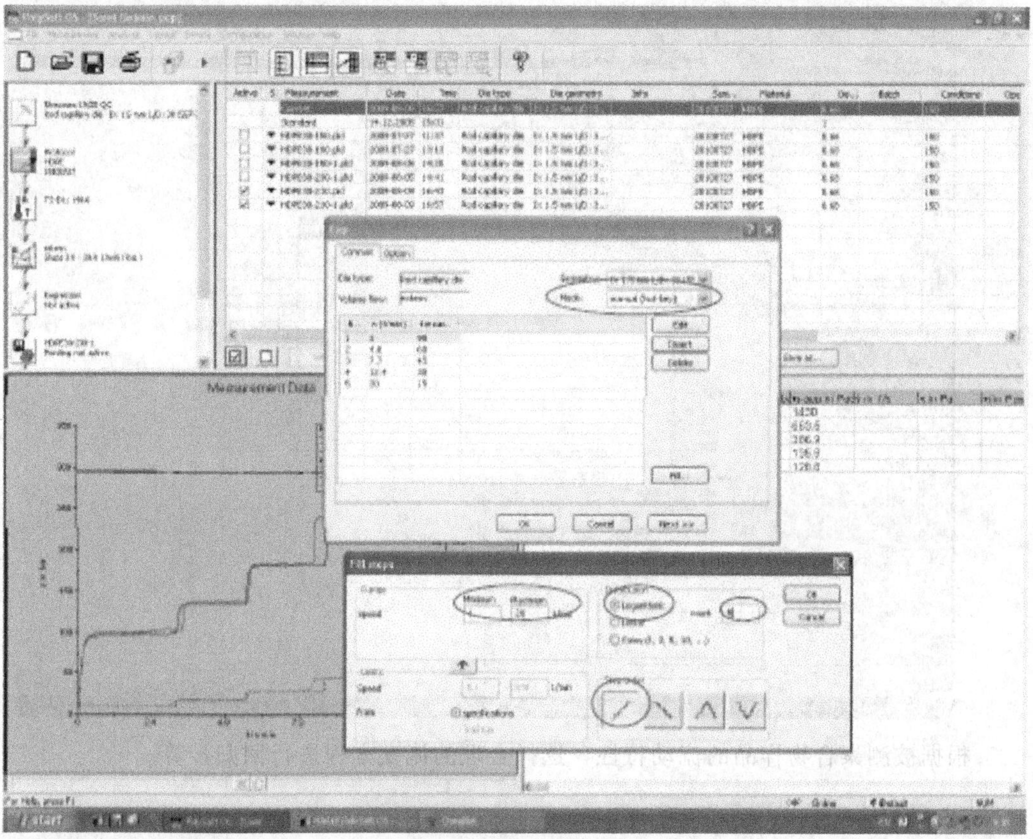

一般测量选用第一种方式，数据采集选对数分布。

起始转速通常为 5r/min 左右，最高转速由被测样品的流动特性决定，即不发生熔体破裂（挤出物表面光滑平整）。

数据采集点数根据要求设定，一般为 5～10 个点。

测量模式选择手动测量步阶设置：

每一转速步阶的挤出持续时间可以单独编辑修改。

为了得到更精确的数据，在低转速时适当延长样品挤出时间以获得较多的物料（至少在 1g 以上），由编辑键进入时间修改。

在高转速时，为了节省样品，可适当缩短挤出时间。

4. 测量结束后转速设定

测量结束后有三种转速设定方式：

（1）继续保持结束时的最高转速；

（2）返回起始点最低转速；

（3）手动设定任意转速或者为零。

对于 PVC 和易降解的样品，设定某个低转速，维持物料连续挤出。

5. 测量曲线回归计算

该功能可以激活，在测量结束后随即对被聚合物样品的数据曲线（剪切速率对黏度，或剪切速率对剪切应力）进行标准流变方程回归计算。也可以在测量中不激活，在以后进行数据回归处理。

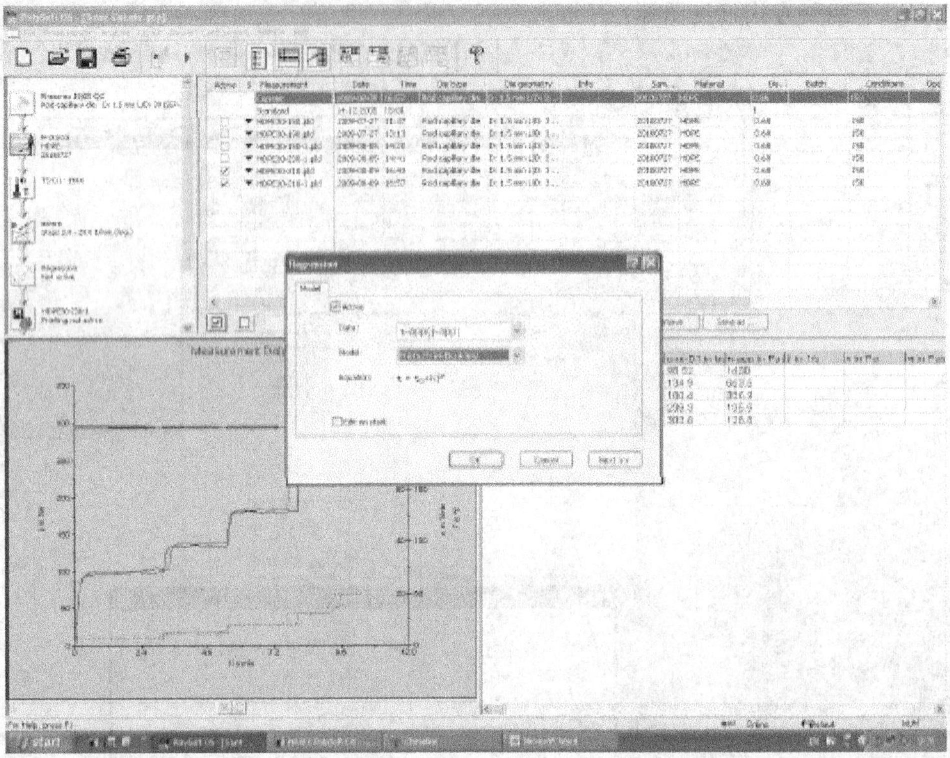

根据被测聚合物样品的流动特性，选择合理的流变方程进行回归计算。

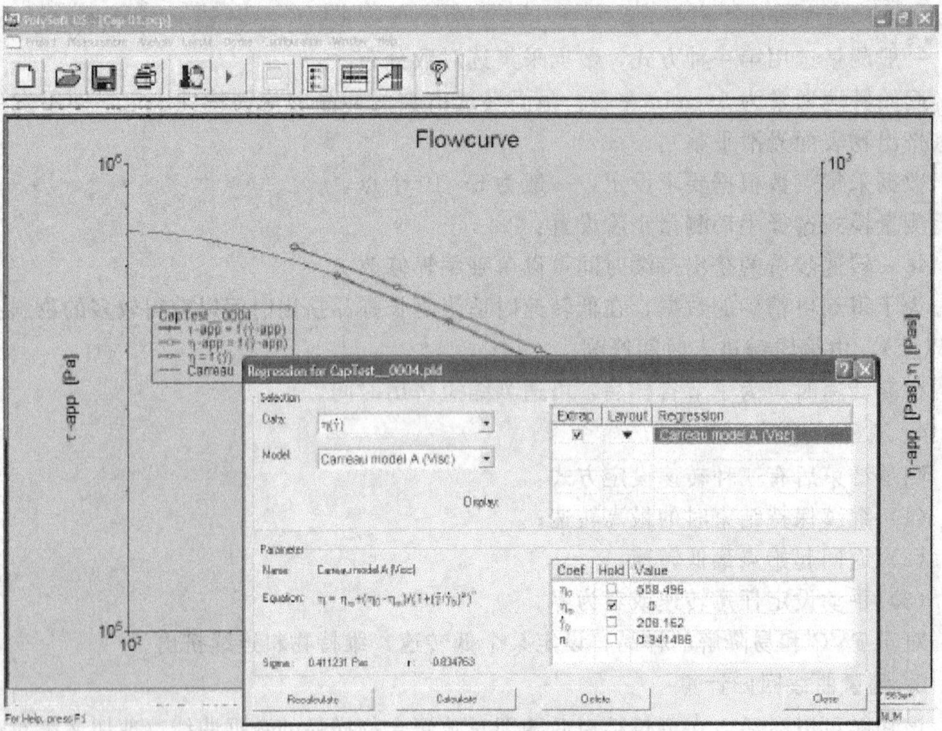

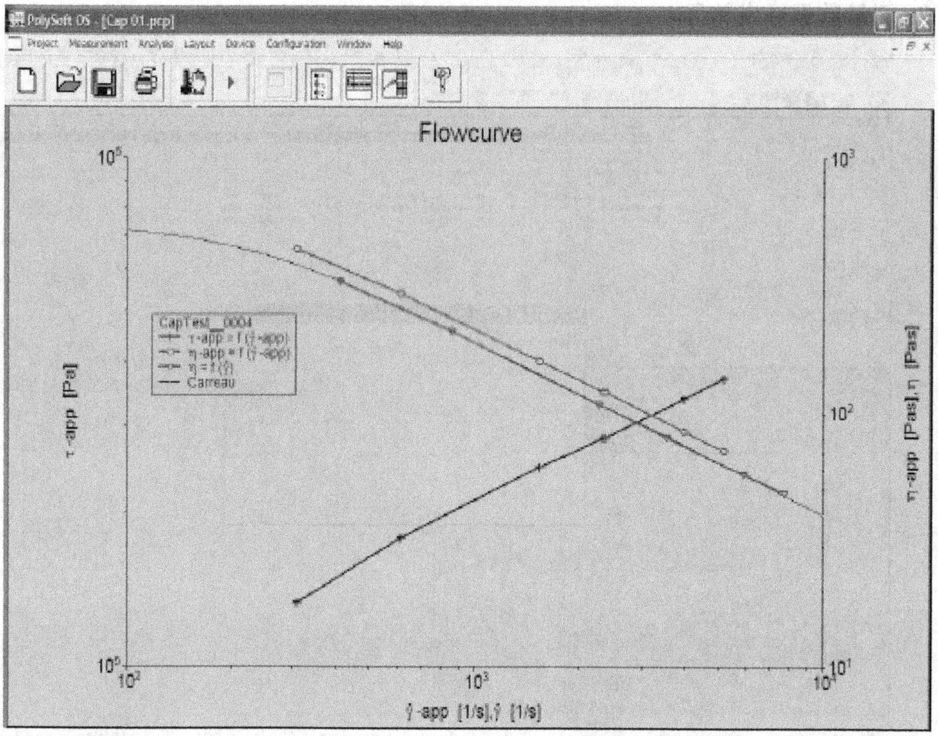

6. 后处理单元

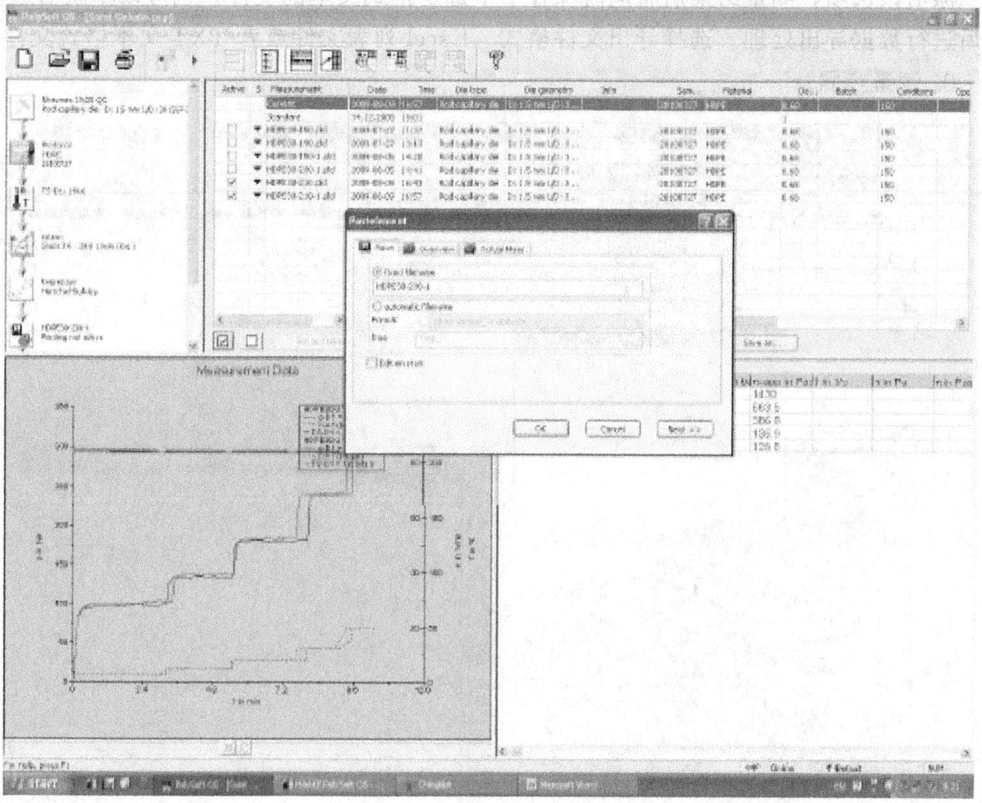

创建测量数据文件名，选择文件保存路径。曲线图形和表格打印输出。

7. 测量数据导出单元

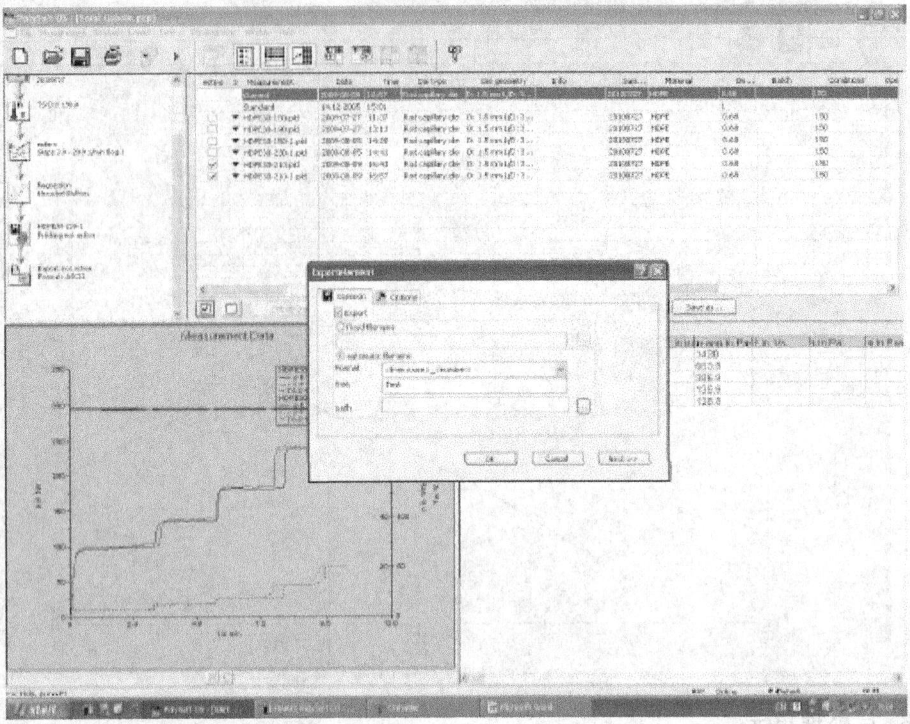

激活该选项，测量结束后将同时保存一个选定格式文本的文件。也可以不激活选项，在以后进行数据导出处理。选择导出文件格式、Excel 列表文件或者 TXT 文本格式文件。

8. 测量步骤

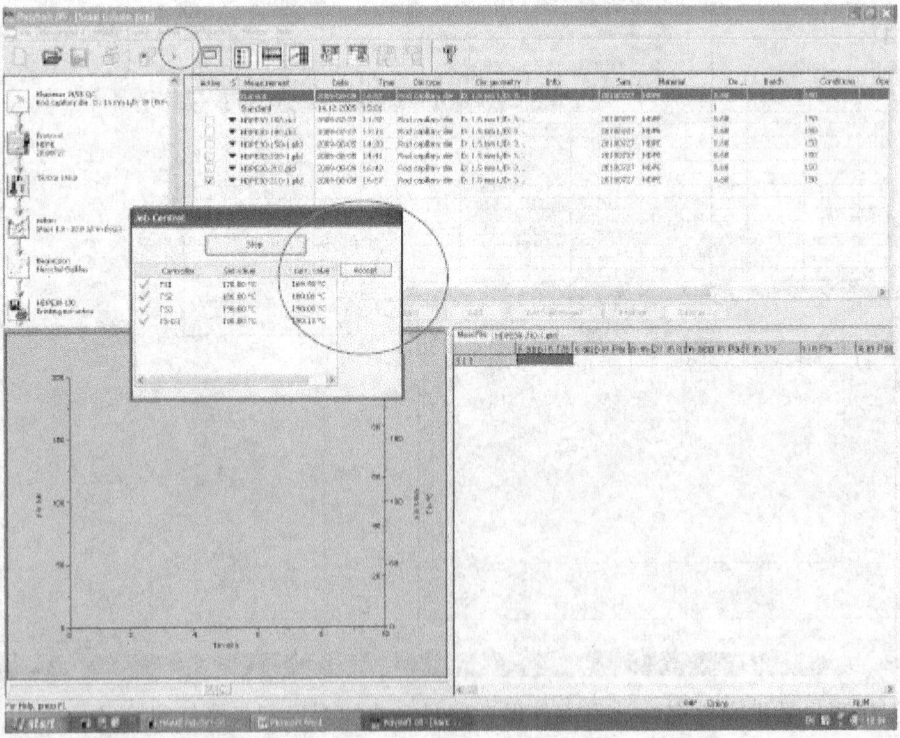

单击快捷图标栏中的绿色箭头开始毛细管流变测试，温控框图自动弹出。当挤出机和口模的温度到达设定的误差范围内，显示绿色打钩，按接受键后，挤出机开始以第一转速步阶运转。注意：在测量开始前先手动控制挤出机转速，使被测熔融物料从毛细管口模均匀挤出。

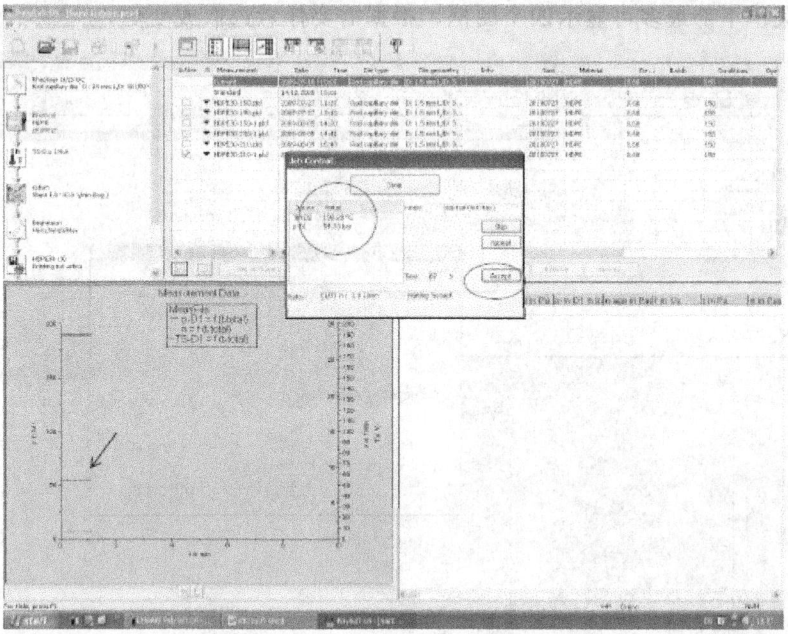

观察毛细管口模处压力传感器读数，当压力波动到达平稳后，按下接受键，开始数据采样计时；同时计算机连续发出五声提示音，在最后一声，用铜铲快速切断口模处挤出的物料，该段物料弃之。

在第一次声响提示后压力读数被记录，当到达设定的步阶持续时间后，提示音再次响起。在最后一声快速铲断挤出的物料。将这段物料放置到天平称量，并将重量读数输入到测量软件对话框中，按确认键，第一步转速测量完成。

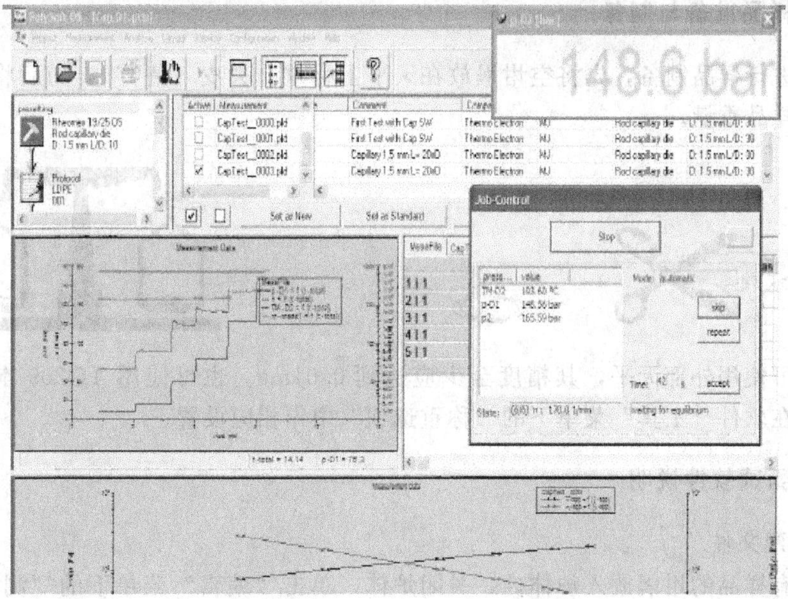

随后挤出机转速自动升高到第二个步阶，重复前一次的操作直至测量结束；测量的流变曲线和数据表格显示在对应的图框中。注意：前一步称量的物料必须保留在天平秤盘上。

9. 主菜单显示

在主菜单下部最多可显示四个图框，根据需要任意选取或变更。

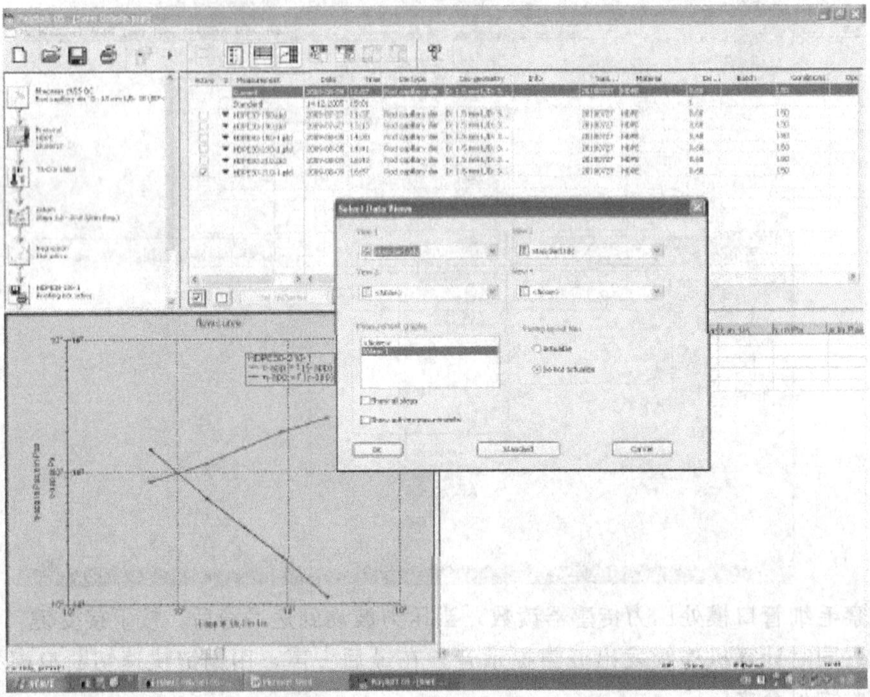

附录十五　TG样品测试及测试软件使用说明

一、样品准备与制备

首先进行样品制备，先将空坩埚放在天平上称重，去皮（清零），随后将样品加入坩埚中，称取样品重量。

称重可使用外部天平，其精度至少应达到 0.01mg。也可使用 TG209 本身作为称重天平，但需在软件“工具”菜单下的“称重选项”中作相应设置。

二、测试软件说明

1. 新建文件

将装有样品的坩埚放入炉体内，关闭炉体，单击“编辑”菜单下的“测量向导”，弹出如下对话框：

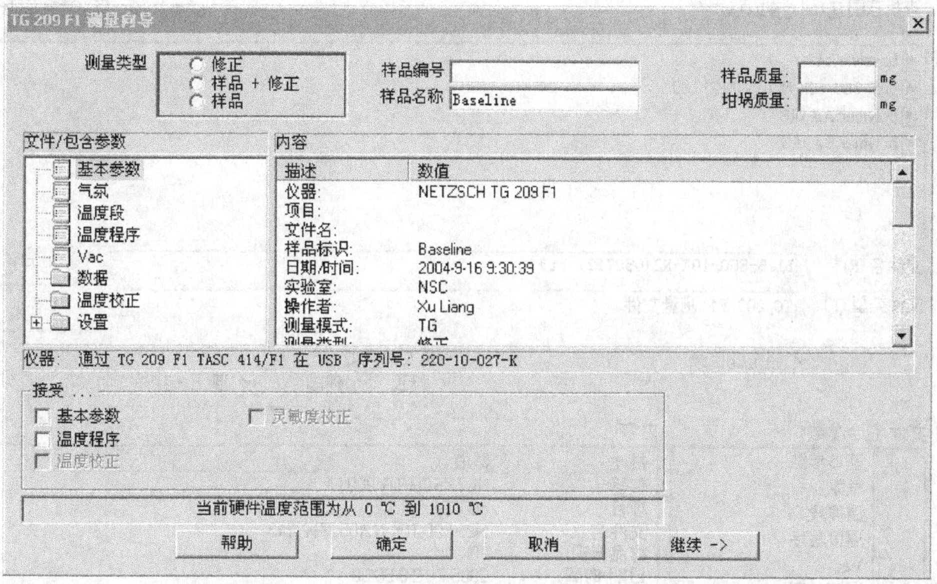

在该对话框中选择测量模式为“样品＋修正”，输入样品名称、编号与样品质量：

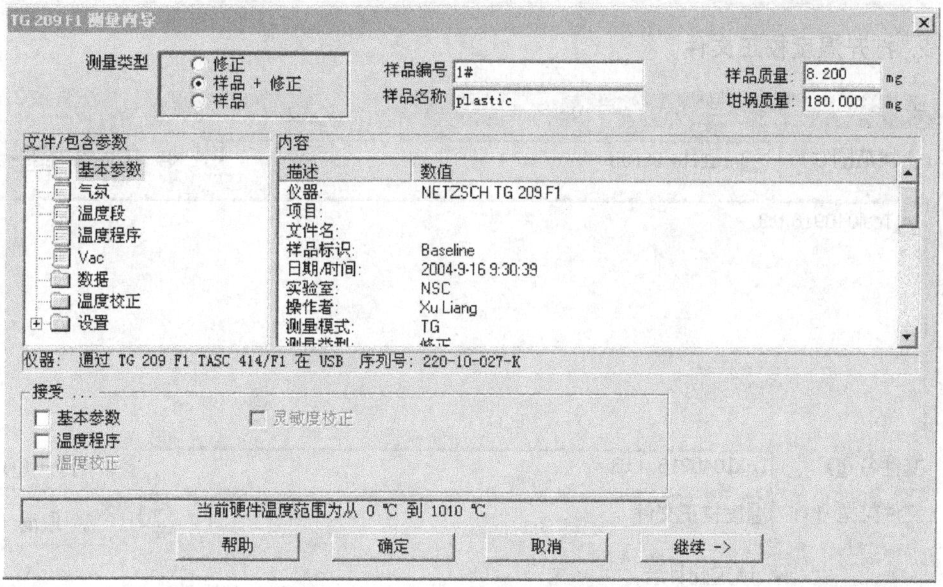

温度程序如果与基线文件的温度程序完全相同，可在“接受”→“温度程序”处打勾；如果需要在原温度程序的基础上作一些修改，则把“温度程序”处的打勾去掉，后面会自动弹出温度程序的编辑界面，但一般只能将终止温度降低，不能修改升温速率、采样速率等参数。设定完成后单击“继续”，其后的操作与“基线测试”部分同，在此不再赘述。

注：基线文件生成后，其后的一系列相同实验条件的样品都可沿用该基线文件，无须为每一个样品测试单独做一条基线。

如果需要调用原先做好的基线文件并在其基础上作“样品＋修正”测试，可单击“文件”菜单下的“打开”，打开该基线文件：

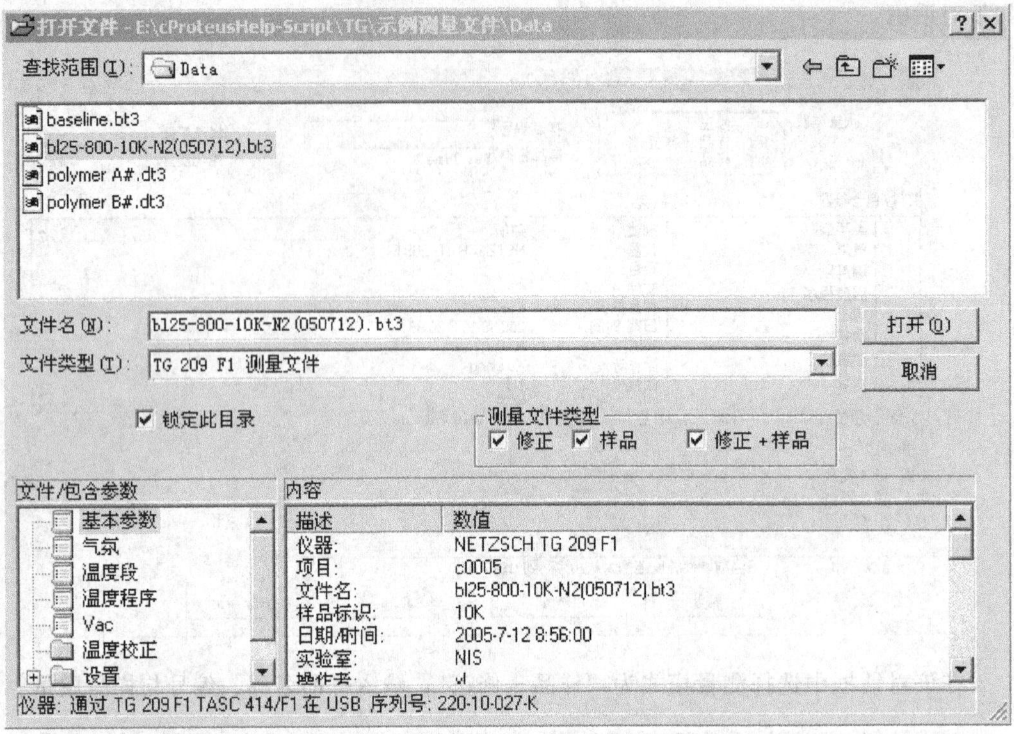

2. 打开温度校正文件

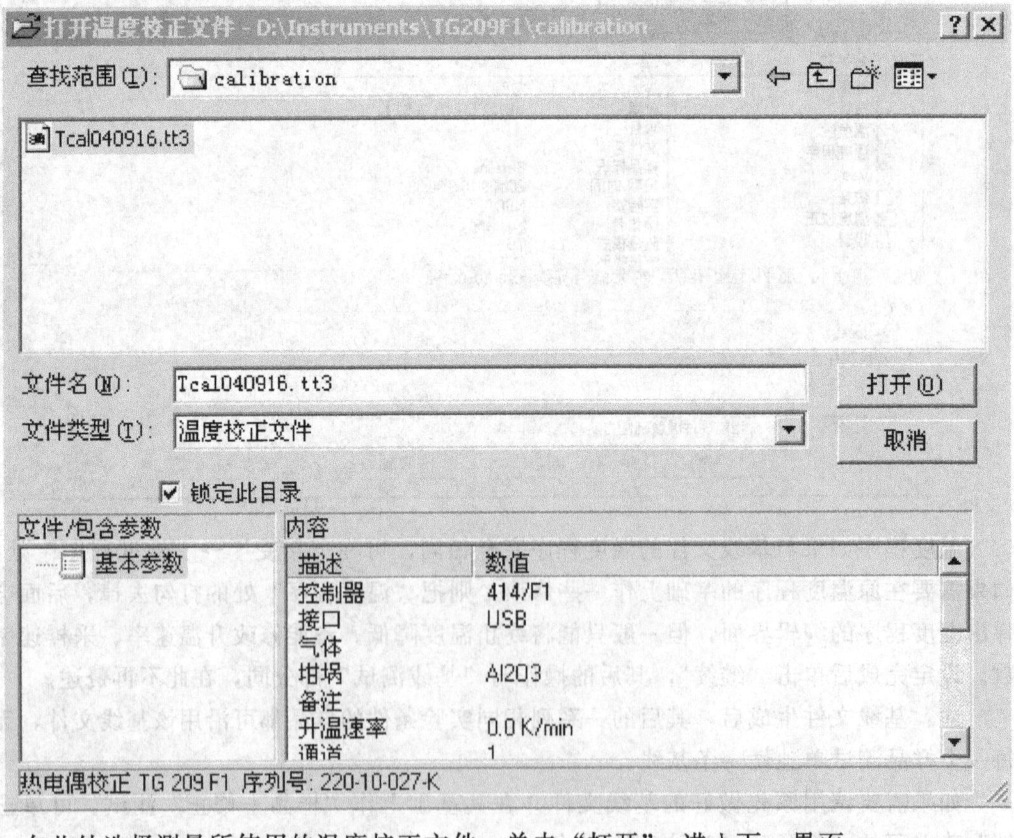

在此处选择测量所使用的温度校正文件，单击“打开”，进入下一界面。

3. 编辑设定温度程序

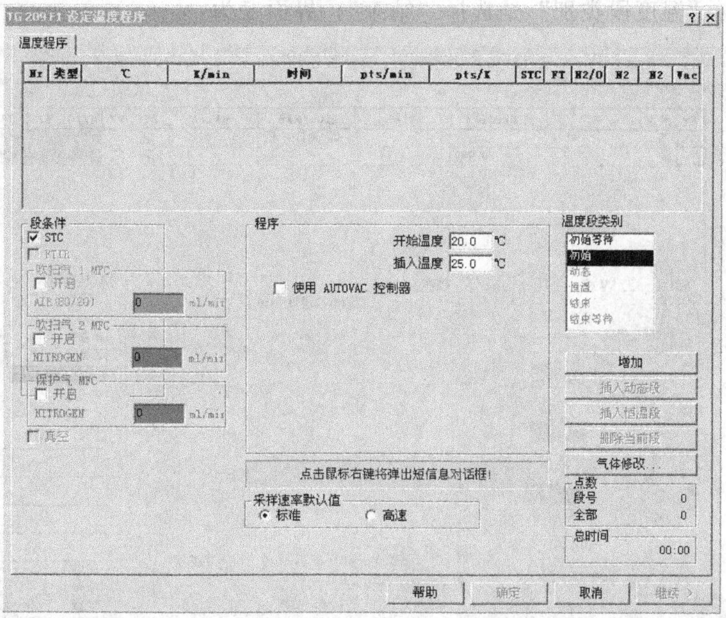

在此处编辑设定温度程序。使用右侧的“温度段类别”列表与“增加”按钮逐个添加各温度段，并使用左侧的“工作条件”列表为各温度段设定相应的实验条件（如气体开/关，是否使用空气压缩机进行冷却，是否使用STC模式进行温度控制等）。已添加的温度段显示于上侧的列表中，如需编辑修改可直接鼠标点入，如需插入/删除可使用右侧的相应按钮。例如需要设定如下温度程序：25℃…10K/min，N2…800℃，则先将“开始温度”处改为25，将吹扫气2（N2）和保护气的“开启”处打上勾，气体流量可在相应输入框中设定，默认值为20ml/min，一般对气体流量没有特别要求的场合也可直接使用默认值。点击“增加”，“温度段类别”自动跳到“动态”，设定界面变为：

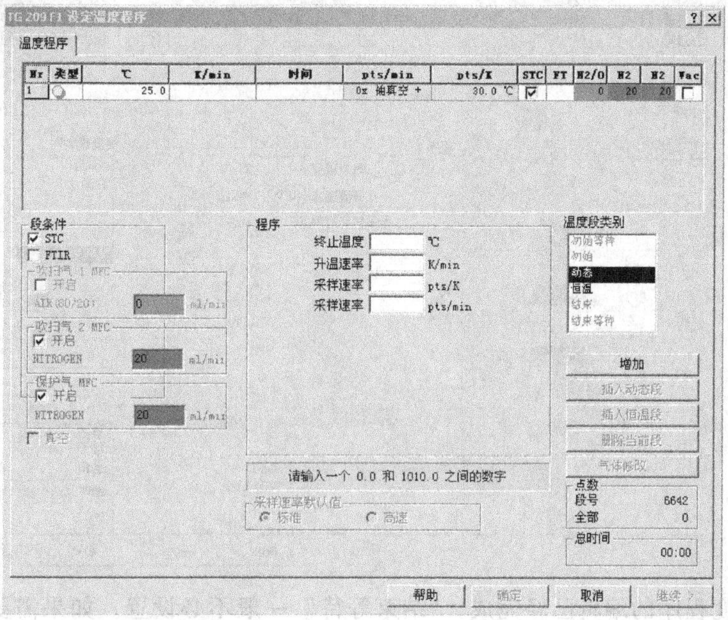

在“终止温度”处输入 800，“升温速率”处输入 10，采样速率可使用默认值，单击“增加”，再在“温度段类别”处选择“结束”，界面变为：

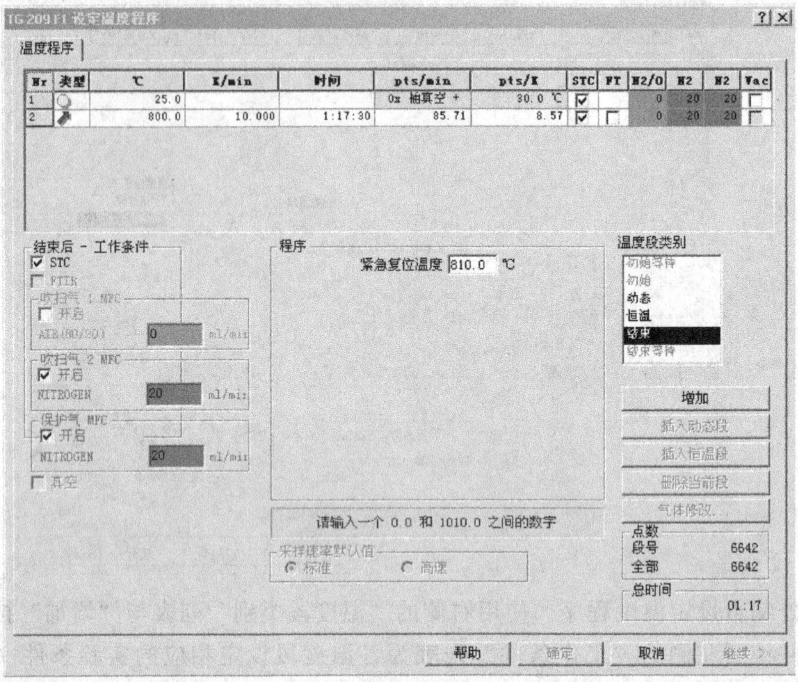

“紧急复位温度”与温控系统的自保护功能有关，指的是万一温控系统失效，当前温度超出此复位温度时系统会自动停止加热。该值一般使用默认值（终止温度+10℃）即可。如果需要在测量后自动关闭某路气体，也可在相应的气体的“开启”处把“勾”去掉。随后单击“增加”，界面变为：

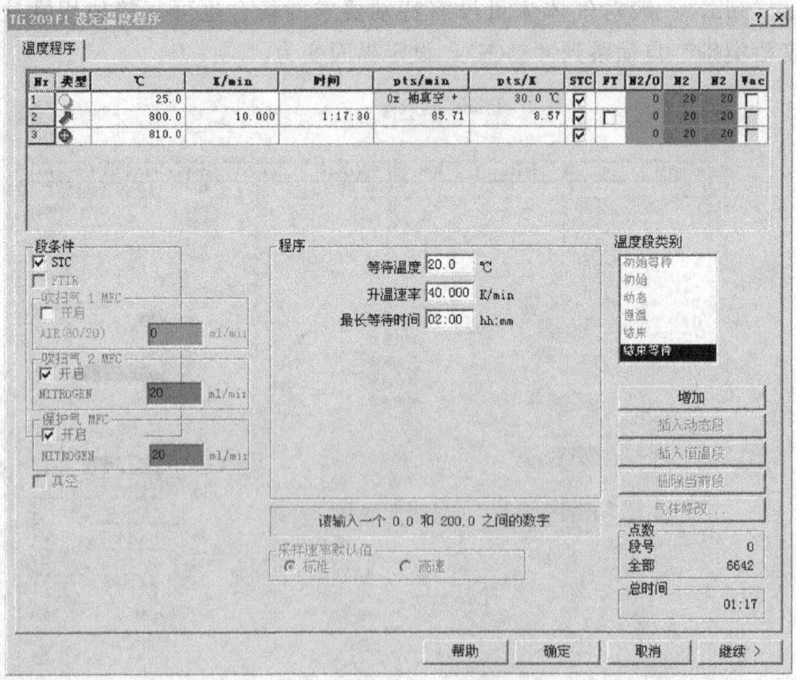

此时温度程序的编辑已经完成，“结束等待”一般不必设置。如果需要对上述设置进行

修改，可直接在编辑界面上侧的温度程序列表中点入编辑；如果没有其他改动，可单击“继续”，进入下一对话框。

再举一个复杂些的温度程序作为示例：

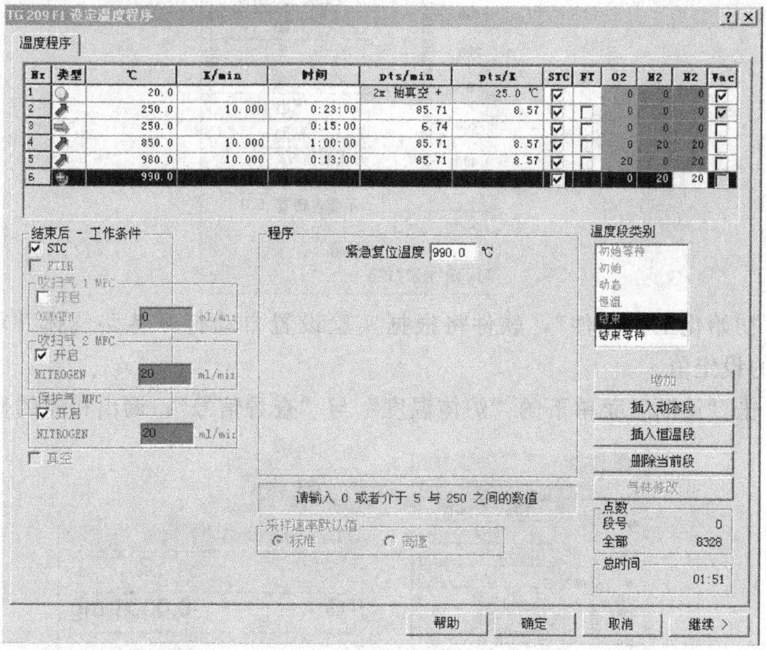

上图的温度程序为：20℃…10K/min（真空）…250℃…恒温 15min（过渡段，真空→自动充气→常压）…10K/min（N2，20ml/min）…850℃…10K/min（O2，20ml/min）…980℃，测试前先自动进行两次抽真空/N2 充填操作（2x 抽真空＋充气），测量结束后自动切换回 N2。

4. 设定测量文件名

选择存盘路径，设定文件名，单击“保存”，即会出现下面的对话框：

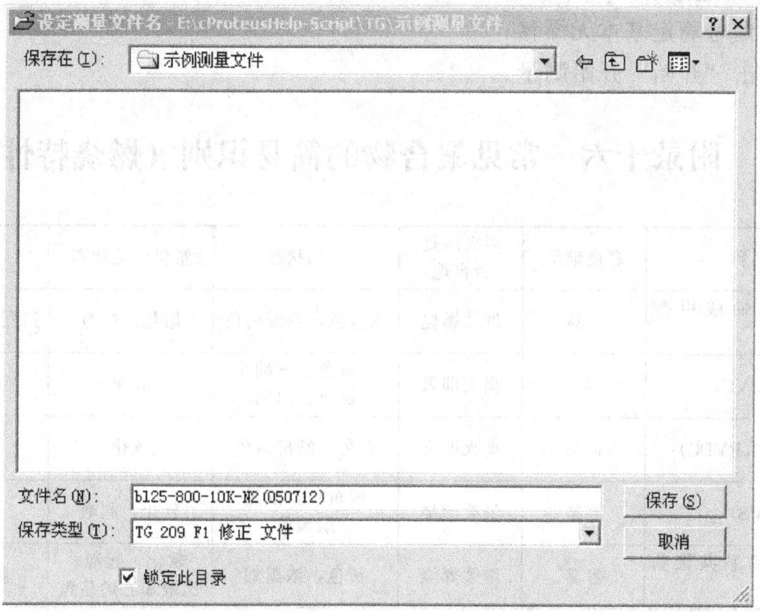

5. 初始化工作条件与开始测量

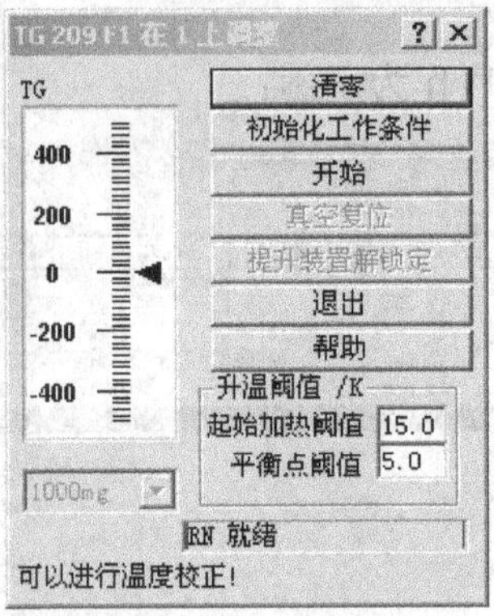

单击“初始化工作条件”，软件将根据实验设置自动打开各路气体并将其流量调整到“初始”段的设定值。

随后单击“诊断”菜单下的“炉体温度”与“查看信号”，调出相应的显示框：

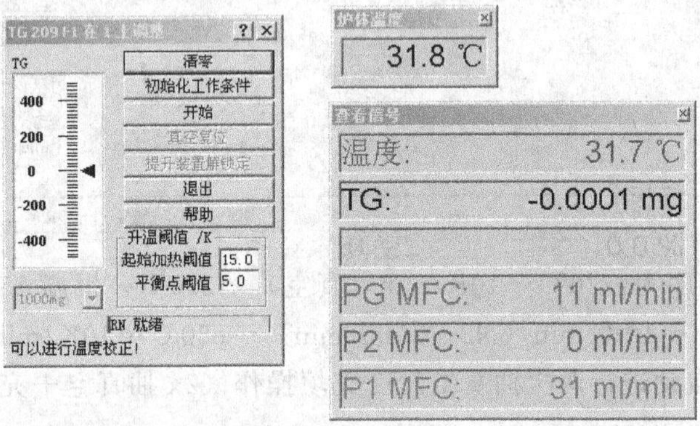

单击“清零”，对天平进行清零。随后观察仪器状态满足以下条件：

① 炉体温度、样品温度相近而稳定，且与设定起始温度相吻合；

② 气体流量稳定；

③ TG 信号稳定基本无漂移；

即可单击“开始”开始测量。

附录十六　常见聚合物的简易识别（燃烧特性）

塑料名称	燃烧难易	离火后是否自熄	火焰状态	塑料变化状态	气味
聚甲基丙烯酸甲酯(PMMA)	容易	继续燃烧	浅蓝色，顶端白色	熔化，起泡	强烈花果臭，腐烂蔬菜臭
聚氯乙烯（PVC）	难	离火即灭	黄色、下端绿色、白烟	软化	刺激性酸味
聚偏氯乙烯（PVDC）	很难	离火即灭	黄色，端部绿色	软化	特殊气味
聚苯乙烯（PS）	容易	继续燃烧	橙黄色，浓黑烟碳束	软化，起泡	特殊，苯乙烯单体味
苯乙烯丙烯腈共聚物(SAN)	容易	继续燃烧	黄色，浓黑烟	软化，起泡，比聚苯乙烯易焦	特殊，苯丙烯腈味

续表

塑料名称	燃烧难易	离火后是否自熄	火焰状态	塑料变化状态	气味
丙烯腈-丁二烯-苯乙烯共聚物（ABS）	容易	继续燃烧	黄色，黑烟	软化，烧焦	特殊，苯乙烯单体味橡胶气味
聚乙烯（PE）	容易	继续燃烧	上端黄色，下端蓝色	熔融滴落	石蜡燃烧的气味
聚丙烯（PP）	容易	继续燃烧	上端黄色，下端蓝色	熔融滴落	石油味
聚酰胺（尼龙）（PA）	慢慢燃烧	慢慢熄灭	蓝色，上端黄色	熔融滴落，起泡	特殊，羊毛和指甲烧焦气味
聚甲醛（POM）	容易	继续燃烧	上端黄色，下端蓝色	熔融滴落	强烈刺激的甲醛味，鱼腥味
聚碳酸酯（PC）	慢慢燃烧	慢慢熄灭	黄色，黑烟碳束	熔融，起泡	特殊气味，花果臭
氯化聚醚（CPS）	难	熄灭	飞溅，上端黄色，底蓝色，浓黑烟	熔融，不增长	特殊
聚苯醚（PPO）	难	熄灭	浓黑烟	熔融	花果臭
聚砜（PSU）	难	熄灭	浓黑烟	熔融	略有橡胶燃烧味
聚三氟氯乙烯（PCTFE）	不燃	—	—	—	—
聚四氟乙烯	不燃	—	—	—	—
乙酸纤维素（CA）	容易	继续燃烧	暗黄色，少量黑烟	熔融滴落	醋酸味
乙酸丁酸纤维素（CAB）	容易	继续燃烧	暗黄色，少量黑烟	熔融滴落	丁酸味
乙酸丙酸纤维素（CAP）	容易	继续燃烧	暗黄色，少量黑烟	熔融滴落，燃烧	丙酸味
硝酸纤维素（CN）	容易	继续燃烧	黄色	迅速安全	—
乙基纤维素（EC）	容易	继续燃烧	黄色，上端蓝色	熔融滴落	特殊气味
聚乙酸乙烯酯（PVAC）	容易	继续燃烧	暗黄色，黑烟	软化	醋酸味
聚乙烯醇缩丁醛（PVB）	容易	继续燃烧	黑烟	熔融滴落	特殊气味
酚醛树脂（PF）	难	自熄	黄色火花	开裂，色加深	浓甲醛味
酚醛树脂（木粉）	慢慢燃烧	自熄	黄色	膨胀，开裂	木材和苯酚味
酸醛树脂（布基）	慢慢燃烧	继续燃烧	黄色，少量黑烟	膨胀，开裂	布和苯酚味
酚醛树脂（纸基）	慢慢燃烧	继续燃烧	黄色，少量黑烟	膨胀，开裂	纸和苯酚味
脲甲醛树脂（UF）	难	自熄	黄色，顶端淡蓝色	膨胀，开裂，燃烧处变白色	特殊气味，甲醛味
三聚氰胺树脂	难	自熄	淡黄色	膨胀，开裂，变白	特殊气味，甲醛味
聚酯树脂	容易	燃烧	黄色，黑烟	微微膨胀，有时开裂	苯乙烯气味
氯乙烯-乙酸乙烯酯共聚物（VC/VAC）	难	离火即灭	暗黄色	软化	特殊气味

附录十七　常见纤维的简易识别

纤维名称	燃烧难易	燃烧情况	气味	状态变化	$ZnCl_2+I_2$ 中显色
棉纤维	易	黄焰，蓝烟	烧纸味	燃尽有灰色的灰	棕色

续表

纤维名称	燃烧难易	燃烧情况	气味	状态变化	$ZnCl_2+I_2$ 中显色
黏胶纤维	易	黄焰	烧纸味	灰极少	蓝黑色
尼龙	可燃	无火焰,卷缩	芹菜味	卷缩,熔成白胶状硬块	棕褐色
涤纶	可燃	亮黄白色焰,无烟	无	灰呈黑硬块	不染色
腈纶	慢	闪光火焰	辛酸味	有灰,呈黑硬球状	棕黑色
维纶	慢	浓黑烟	—	灰色小球状,易碎	蓝色
氯纶	难	先软化,后有绿焰	刺鼻味	灰呈褐硬块	黄色
丙纶	可燃	浓黑烟	蜡味	胶状融滴,冷后成块	—

注：1. 燃烧法：将纤维（丝或织物）用钳子夹住小心移近火焰，不要一直在火焰上燃尽，随时观察上述各项。

2. $ZnCl_2+I_2$ 显色试验法：

(1) $ZnCl_2+I_2$ 试剂配制：取 20g $ZnCl_2$ 溶于 100mL 水中（A 液）；把 2.1g KI 和 0.1g I_2 溶于 5mL 水中（B 液）；把 A、B 两种溶液混合，待有沉淀析出后，取上层澄清液，再加入 0.3g I_2，摇匀放暗处备用。

(2) 纤维试样：取未染色的纯白色纤维或织物，用水洗去表面的浆、油等物。

(3) 试验方法：室温下把纤维投入上述试液中 2～3min，为使显色明显，可在水浴上加热，取出后用自来水冲洗几次，立即观察其颜色。

附录十八　常用橡胶的简易识别

橡胶品种	对二甲基胺苯甲醛		溴酚蓝和酸性间苯胺黄
	原来的颜色	加热后颜色	
空白	淡黄	淡黄	绿色
天然橡胶	褐色	紫蓝	绿色
丁苯橡胶	黄绿	绿色	绿色
丁腈橡胶	橙红	红色	绿色
氯丁橡胶	黄色	淡黄绿	红色
异丁橡胶	黄色	淡蓝绿	绿色
聚氯乙烯胶	黄色	黄色	红色
聚醋酸乙烯	黄色	淡黄绿	黄色

注：试样制备方法是把橡胶样品进行热裂解，在裂解后的蒸馏液分别加入①对二甲基胺苯甲醛、②溴酚蓝与酸性间苯胺黄混合指示剂，即分别产生不同的颜色。

第四章　实验记录及报告

实验一　乌式黏度计法测定聚合物的平均分子量

姓名：________________；学号：________________；班级：________；

同组实验者：____；

实验日期：________________；

指导教师（签字）：________________；评分：________________

(实验过程中，认真记录并填写本实验数据，实验结束后，送交指导教师签字)

一、实验数据记录

样品：______________；溶剂：____________；实验温度：____________；

K：______________；α：____________；溶液原始浓度：____________

溶液浓度	流出时间/s			
纯溶剂	第一次	第二次	第三次	平均值
c_0				
$2/3c_0$				
$1/2c_0$				
$1/3c_0$				
$1/4c_0$				

指导教师签字：____________

日　　期：____________

二、数据处理

1. 数据处理

样品	纯溶剂	$1/4c_0$	$1/3c_0$	$1/2c_0$	$2/3c_0$	c_0
溶液浓度						
流出时间/s						
η_r						
$\ln\eta_r$						
$\ln\eta_r/c$						
η_{sp}						
η_{sp}/c						

2. 外推法求特性黏度 [η] 曲线的绘制

(贴图处)

3. 平均分子量的计算

根据计算出的特性黏度 [η] 利用马克-豪温 (Mark-Houwink) 经验公式算出样品的黏均分子量 M_η。

三、回答问题及讨论

1. 用黏度法测定聚合物分子量的依据是什么?

2. 为什么要将黏度计的两个小球浸没在恒温水面以下?

3. 为什么说黏度法是测定聚合物相对分子质量的相对方法? 在手册中查阅、选用 K、α 值时应注意什么问题? 为什么?

4. 用一点法处理实验数据, 并与外推法的结果进行比较, 结合外推法得到的 Huggins、Kramemer 方程常数对结果进行讨论。

实验二 凝胶渗透色谱法测定聚合物的平均分子量及其分子量分布

姓名：__________；学号：__________；班级：__________；
同组实验者：____________________；
实验日期：__________；
指导教师（签字）：__________；评分：__________
（实验过程中，认真记录并填写本实验数据，实验结束后，送交指导教师签字）

一、实验数据记录

1. 实验条件

标样	淋洗液	色谱柱	柱温	溶液浓度	进样量	流速

2. 标准样品数据记录

标准样品序号	相对分子质量($\overline{M}$)	淋洗体积(V_e)
1		
2		
3		
4		
5		
6		
7		
8		
9		
10		

指导教师签字：__________
日　　　期：__________

二、数据处理

1. 标准曲线的绘制
根据记录的10个标准样品的相对分子质量 $\overline{M}$ 和 V_e，作 $\lg\overline{M}$-V_e 图，得到标准曲线。
（贴图处）

2. 淋洗曲线分割及计算

将待测样品的GPC淋洗曲线切割成间隔相等的20条块，将相应的数据记录在下表中。

切割块序号	V_{e_i}	H_i	M_i	H_iM_i	H_i/M_i
1					
2					
3					
4					
5					
6					
7					
8					
9					
10					
11					
12					
13					
14					
15					
16					
17					
18					
19					
20					

3. 计算

根据上表中记录的数据，$\sum_i H_i$、$\sum_i H_iM_i$ 和 $\sum_i (H_i/M_i)$，按照式（2-2-2）、式(2-2-3)算出样品的数均分子量和重均分子量，并计算多分散系数 $d=\overline{M}_w/\overline{M}_n$。

三、回答问题及讨论

1. 高分子的链结构、溶剂和温度为什么会影响凝胶渗透色谱的校正关系？

2. 为什么在凝胶渗透色谱实验中，样品溶液的浓度不必准确配制？

实验三　聚合物的逐步沉淀分级

姓名：________________；学号：________________；班级：________________；
同组实验者：________________________________；
实验日期：________________；
指导教师（签字）：________________；评分：________________
（实验过程中，认真记录并填写本实验数据，实验结束后，送交指导教师签字）

一、实验数据记录

1. 样品名称：________________
2. 试验温度：________________
3. 溶剂：
4. 沉淀剂：________________

指导教师签字：________________
日　　期：________________

二、数据处理

1. 计算各级分的质量分数和分级损失

以各级分质量之和与原试样质量比较，算出分级损失。

$$\text{分级损失}=\frac{\text{原试样质量}-\text{各级分质量之和}}{\text{原试样质量}}$$

2. 画出分级曲线

用习惯法作积分分子量分布曲线和微分分布曲线。从分级所得数据，假定分级损失平均分配于每一级分，算出各级分的质量分数。

$$W_i=\frac{W_i}{\sum W_i}$$

从分子量小的级分开始，以黏度法测得分子量值为横坐标，以质量分数逐级叠加所得的值为纵坐标作垂直线，连接各垂直线得到阶梯形分级曲线（见图 4-3-1 中的曲线 3），它是实验结果的真实反映。阶梯曲线应从 0 到$\sum W_i=1$。

习惯法积分分子量分布曲线的做法为：假定在各级分中，有一半的分子，其分子量大于或等于该级分的平均分子量，而另一半则小于或等于该级分的平均分子量，因而当把阶梯形分级曲线各垂直线中点连接起来，得到一平滑曲线（见图 4-3-1 中曲线 1），即得积分分布曲线。线上各点表示整个试样中 $M\leqslant M_i$ 的分子的质量分数。

$$I(M_i)=\frac{W_i}{2}+\sum_{j=1}^{j=i-1}W_j$$

画积分分布曲线时应顺势平滑，当此要求难以达到时，曲线不一定经过全部垂直线的中点，但应使被画在积分曲线上方的阶梯形曲线下的面积与画在积分曲线下方的非阶梯形曲线下的面积（即画出与画入的阶梯形曲线下的面积）在左右邻近处基本相等。积分曲线也应从 0 到 $W_x=1$。

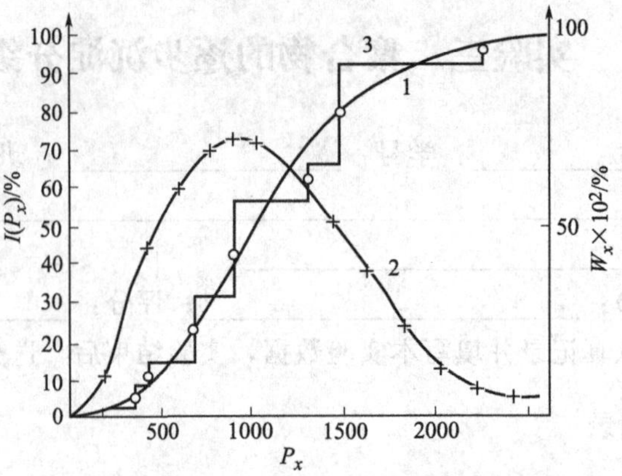

图 4-3-1 习惯法作分布曲线

1—积分分布曲线；2—微分分布曲线；3—阶梯曲线

取积分分布曲线上各点的斜率（dI/dM）作曲线，所得即为习惯法微分分布曲线（见图4-3-1中的曲线2）。微分分布曲线应从 $W=0$ 画至再度为0。

（贴图处）

三、回答问题及讨论

1. 沉淀剂的加入速度对分级有无影响？

2. 环境温度对分级过程中的影响如何？

实验四　浊点滴定法测定聚合物的溶度参数

姓名：________；学号：________；班级：________；
同组实验者：________________________；
实验日期：____________；
指导教师（签字）：__________；评分：__________
（实验过程中，认真记录并填写本实验数据，实验结束后，送交指导教师签字）

一、实验数据记录

样品：________；实验温度：________

项　目	δ_i	c_i	v_i
溶剂氯仿			
沉淀剂甲醇		1	
		2/3	
		1/2	
		1/4	
沉淀剂正己烷			

指导教师签字：__________
日　　期：__________

二、数据处理

1. 数据处理
根据实验数据及式(2-4-5) 计算混合溶剂的溶度参数 δ_{mh} 和 δ_{ml}。
根据实验数据及式(2-4-7)，计算聚合物的溶度参数 δ_p。

项　目	c_i	φ_{si}	φ_m	δ_m
溶剂氯仿				
沉淀剂甲醇	1			
	2/3			
	1/2			
	1/4			
沉淀剂正己烷				

2. 用摩尔吸引常数计算聚合物的溶度参数。

3. 将实验和计算所得的聚合物溶度参数与估算法和文献值比较，求其相对误差，并分析产生误差的原因。

三、回答问题及讨论

1. 在浊度滴定法测定聚合物溶度参数时，应根据什么原则考虑适当的溶剂及沉淀剂？溶剂与聚合物之间溶度参数相近是否一定能保证二者相容？为什么？

2. 在用浊度滴定法测定聚合物的溶度参数中，聚合物溶液的浓度对 δ_p 有何影响？为什么？

实验五　溶胀平衡法测定交联聚合物的交联度

姓名：________________；学号：________________；班级：________________；

同组实验者：____；

实验日期：________________________；

指导教师（签字）：________________________；评分：________________________

（实验过程中，认真记录并填写本实验数据，实验结束后，送交指导教师签字）

一、实验数据记录

1. 实验条件

样品名称：________________溶剂：____________试验温度：________

2. 称重记录

序号	溶剂名称	空瓶质量/g	瓶与胶总质量/g	干胶质量/g	溶胀后质量/g			
					第一次	第二次	第三次	第四次
1								
2								
3								
4								
5								

指导教师签字：________________

日　　期：________________

二、数据处理

1. 计算平衡溶胀度

从有关手册上查出天然橡胶的密度ρ_2和各种溶剂的密度ρ_1及溶剂的溶度参数δ_1，并填写于下表中。

取溶胀体最后两次称得的质量平均值，作为溶胀体的质量，根据溶胀前干胶的质量，计算出溶胀体内溶剂的质量，并根据聚合物的密度和溶剂的密度，计算出溶胀体内聚合物和溶剂的体积，然后计算出相应的平衡溶胀比，将计算结果一并填入下表中。

天然橡胶的密度ρ_2＝____________（g/cm^3）

序号	W_2/g	溶胀体质量/g	W_1/g	ρ_1/(g/cm^3)	V_2/cm^3	V_1/cm^3	Q	δ_1
1								
2								
3								
4								
5								

2. 确定天然橡胶的溶度参数 δ_2

用上表中的 Q 对 δ_1 作图，确定 Q 的极大值，找出极大值所对应的 δ_1，作为天然橡胶的溶度参数 δ_2＝__________。

（贴图处）

3. 计算天然橡胶的 $\Sigma\overline{M}_C$ 值

若天然橡胶-苯之间的相互作用参数 χ_1＝0.44，计算天然橡胶的 $\Sigma\overline{M}_C$ 值。

三、回答问题及讨论

1. 简述溶胀法测定交联聚合物的交联度的优点和局限性。

2. 简述线形聚合物、网状结构聚合物以及体形结构聚合物在适当的溶剂中，它们的溶胀情况有何不同？

实验六 高分子链形态的计算机模拟

姓名：__________；学号：__________；班级：__________；
同组实验者：____________________________________；
实验日期：________________；
指导教师（签字）：________________；评分：________________
（实验过程中，认真记录并填写本实验数据，实验结束后，送交指导教师签字）

一、实验数据记录

1. 构建全同立构聚丙烯（主链含 50 个 C 原子）
（1）是否形成螺旋形构象：________；
（2）在螺旋形构象的一个等同周期中，含有____个重复单元，转了____圈；
（3）末端距 $C_1—C_{50}$：________Å；
（4）键角 C—C—C：________。
2. 构建无规立构聚丙烯（主链含 50 个 C 原子）
（1）伸直链（主链呈平面锯齿形）
末端距 $C_1—C_{50}$：________Å；
（2）改变链的构象，使链弯曲
末端距 $C_1—C_{50}$：________Å。
3. 构建聚丙烯酸甲酯片段（三个单体单元），选取一个内旋转角
内旋转角涉及的四个原子编号：______，______，______，______；
内旋转角范围：从______（起始角度）到______（终止角度）；
内旋转间隔：______。
4. 构建聚丙烯酸甲酯片段（三个单体单元），选取两个内旋转角
（1）内旋转角 φ_1 涉及的四个原子编号：______，______，______，______；
内旋转角 φ_1 范围：从______（起始角度）到______（终止角度）；
内旋转间隔：______。
（2）内旋转角 φ_2 涉及的四个原子编号：______，______，______，______；
内旋转角 φ_2 范围：从______（起始角度）到______（终止角度）；
内旋转间隔：______。

指导教师签字：____________
日 期：____________

二、数据处理

1. 计算伸直的聚乙烯链的末端距，并与实验测量值比较。

2. 对含三个单体单元的聚丙烯酸甲酯片段，以 $E(\varphi)$ 对 φ 作图。
[附上 $E(\varphi)$ 对 φ 的作图]

3. 对含三个单体单元的聚丙烯酸甲酯片段，选取任一 φ_2，以 $E(\varphi_1)$ 对 φ_1 作图。
[附上 $E(\varphi_1)$ 对 φ_1 的作图]

三、问题回答及讨论

1. 什么是均方末端距，如何从统计学上理解？

2. 高分子内旋转通常是不自由的，构象能与内旋转角有很大关系。通过本实验，你认为高分子的尺寸能否用理论方法计算？简述原因。

实验七　差示扫描量热法

姓名：________；学号：________；班级：________；
同组实验者：________________；
实验日期：________；
指导教师（签字）：________；评分：________
（实验过程中，认真记录并填写本实验数据，实验结束后，送交指导教师签字）

一、实验数据记录

1. 仪器型号：________
2. 样品名称：________
3. 样品质量：________
4. 保护气流速：________；吹扫气流速：________
5. 结晶性聚合物样品实验数据

（1）第一次升温扫描

起始温度：________；终止温度：________；
升温速率：________

（2）降温扫描

起始温度：________；终止温度：________；
降温速率：________

（3）第二次升温扫描

起始温度：________；终止温度：________；
升温速率：________

（4）100%结晶样品的熔融热焓：________

（5）谱图分析结果

玻璃化温度：________；
结晶度 T_c：________；结晶热 ΔH_c：________；熔点 T_m：________；熔融热焓 ΔH_m：________；
结晶度 $X_{c(DSC)}$：________

6. 热固性树脂样品实验数据

起始温度：________；终止温度：________；
升温速率：________；
熔点 T_m：________；
固化峰起始温度 T_i：________；固化峰值温度 T_p：________；
固化峰终止温度 T_f：________；
固化转化率（α）：________

指导教师签字：________
日　　期：________

二、实验谱图

（附上聚合物 DSC 扫描谱图）

三、数据处理

由上述 DSC 曲线确定样品的玻璃化温度、结晶温度、熔融温度、熔融热及结晶热。

四、问题回答及讨论

1. 差示量热扫描仪分析（DSC）的基本原理是什么？

2. 升温速率对聚合物的 T_g 有何影响？

3. 对于结晶聚合物材料，以相同的升温速率进行两次扫描，试分析两次升温曲线有哪些异同点？为什么？

4. 在聚合物的研究中有哪些用途？

实验八　偏光显微镜法观察聚合物的球晶形态并测定球晶的径向生长速率

姓名：__________；学号：__________；班级：__________；
同组实验者：__________________________________；
实验日期：__________________；
指导教师（签字）：__________________；评分：__________________
（实验过程中，认真记录并填写本实验数据，实验结束后，送交指导教师签字）

一、实验数据记录

1. 制备球晶试样

样品：__________

样品序号	熔融温度/℃	熔融时间/min	结晶温度/℃	结晶时间/min
1				
2				
3				

2. 观测球晶

偏光显微镜型号：__________；显微尺总长（100 格）__________

样品序号	物镜倍数	目镜倍数	总放大倍数	显微尺长度/mm	分度尺读数/格	分度尺比例/(mm/格)	球晶直径/μm
1							
2							
3							

3. 测定球晶的径向生长速率

样品：__________；结晶温度：__________；分度尺比例（mm/格）：__________

结晶时间/min	0	5	10	15	20	25	30
相邻球晶中心距离/格							
球晶直径/μm							

指导教师签字：__________
日　　期：__________

二、实验谱图

采用显微镜成像系统实时摄录样品的黑十字消光图像，并保存于计算机中，打印图像。

三、数据处理

以球晶直径对相应的结晶时间作图，求得斜率，即为该温度下球晶的径向生长速率。

四、问题回答及讨论

1. 在偏光显微镜两正交偏振片之间，解释出现特有的黑十字消光图像和一系列同心圆环的结晶光学原理。

2. 结合聚合物结晶特点和本实验结果，讨论结晶温度对球晶尺寸的影响。

3. 溶液结晶与熔体结晶形成的球晶的形态有何差异？造成这种差异的原因是什么？在实际生产中如何控制晶体的形态？

实验九 红外光谱法测定聚合物的结构

姓名：________________；学号：________________；班级：________________；

同组实验者：____；

实验日期：________________________；

指导教师（签字）：____________________；评分：____________________

（实验过程中，认真记录并填写本实验数据，实验结束后，送交指导教师签字）

一、实验数据记录

1. 仪器型号：____________________
2. 样品名称：____________________
3. 样品制备方法：________________
4. 扫描次数：____________________
5. 分辨率：______________________

指导教师签字：________________

日　　　期：________________

二、数据处理

1. 根据所测得的实验数据，以波数为横坐标，吸收峰的透射率为纵坐标，绘制所测样品的红外光谱图。

（贴图处）

2. 分析所得谱图含有哪些基团，推出是何种聚合物，写出可能的结构。

3. 查阅标准谱图，检验推出的结构是否正确。

三、回答问题及讨论

1. 样品的用量对检测精度有无影响?

2. 做红外光谱检测时样品是否要经过精制?

实验十　密度法测定聚合物结晶度

姓名：＿＿＿＿＿＿＿＿；学号：＿＿＿＿＿＿＿＿；班级：＿＿＿＿＿＿＿；
同组实验者：＿＿＿＿＿＿＿＿＿＿＿＿＿＿＿＿＿＿＿＿＿＿＿＿＿；
实验日期：＿＿＿＿＿＿＿＿＿＿＿＿；
指导教师（签字）：＿＿＿＿＿＿＿＿＿；评分：＿＿＿＿＿＿＿＿＿
（实验过程中，认真记录并填写本实验数据，实验结束后，送交指导教师签字）

一、实验数据记录

1. 实验条件

样品名称：＿＿＿＿＿＿＿＿＿＿＿＿＿＿＿＿

试验温度：＿＿＿＿＿＿＿＿

2. 称重记录

样品编号	空比重瓶质量 W_0/g	装满混合液体后质量 W_1/g	装满蒸馏水后质量 $W_水$/g
A			
B			

二、数据处理

1. 待测样品密度的计算

从有关手册上查出实验温度下蒸馏水的密度，并按式(2-10-5) 计算待测样品的密度。

试验温度 T/℃	蒸馏水密度 $\rho_水/(g/cm^3)$	待测样品 A 密度 $\rho_A/(g/cm^3)$	待测样品 B 密度 $\rho_B/(g/cm^3)$

2. 结晶度的计算

从有关手册上查出聚乙烯完全结晶体的密度和完全非晶体的密度，并按式(2-10-2) 和式(2-10-4) 计算两种聚乙烯试样的结晶度，请列出某一样品的计算过程。

样品编号	样品密度 $\rho/(g/cm^3)$	结晶度/%	
		体积百分数/%	质量百分数/%
A			
B			

三、回答问题及讨论

1. 体积结晶度和质量结晶度的物理意思是什么？密度法测的是哪一种？

2. 组成混合液体的各组分应该满足什么条件？

3. 影响测量结果的因素有哪些？

实验十一 聚合物应力-应变曲线的测定

姓名：__________；学号：__________；班级：__________；
同组实验者：______________________________；
实验日期：__________________；
指导教师（签字）：__________________；评分：__________________
（实验过程中，认真记录并填写本实验数据，实验结束后，送交指导教师签字）

一、实验数据记录

1. 仪器型号：__________________
2. 样品名称：__________________；拉伸速率：__________________
3. 试样类型：__________________；试样制备方法：__________________
4. 试验温度：__________________；试验湿度：__________________

试样编号	试样尺寸								
	厚度 d/mm			平均 d/mm	宽度 b/mm			平均 b/mm	面积 bd/mm^2
	1	2	3		1	2	3		
1									
2									
3									
4									
5									

指导教师签字：__________________
日　　期：__________________

二、试验谱图

聚合物材料的应力-应变曲线

三、数据处理

试样编号	最大负荷 P_{max}/N	拉伸强度 σ_{t_1}/MPa	拉伸强度 σ_{t_1} 平均值 /MPa	断裂负荷 P_n/N	断裂应力 σ_{t_2}/MPa	断裂应力 σ_{t_2} 平均值 /MPa	试样原始标距 L_0 /mm	试样断裂时标线间距离 L/mm	断裂伸长率 ε_t/%	断裂伸长率 ε_t 平均值 /%
1										
2										
3										
4										
5										

四、问题回答及讨论

1. 在拉伸实验中，如何测定模量？拉伸速度对试验结果有何影响？

2. 如何根据聚合物材料的应力-应变曲线来判断材料的性能？结晶与非晶聚合物的应力-应变曲线有何不同？

3. 对于拉伸试样，如何使拉伸实验断裂在有效部分？分析试样断裂在标线外的原因？

4. 同样的材料，为什么测定的拉伸性能（强度、断裂伸长率、模量）有差异？

实验十二 聚合物弯曲强度的测定

姓名：__________；学号：__________；班级：__________；

同组实验者：__________________________________；

实验日期：__________________；

指导教师（签字）：__________________；评分：__________________

（实验过程中，认真记录并填写本实验数据，实验结束后，送交指导教师签字）

一、实验数据记录

1. 仪器型号：__________________

2. 样品名称：__________________；横梁速率：__________________

3. 试样类型：__________________；试样制备方法：__________________

4. 试验温度：__________________；试验湿度：__________________

试样编号	试样尺寸								
	厚度 d/mm			平均 d/mm	宽度 b/mm			平均 b/mm	面积 bd/mm^2
	1	2	3		1	2	3		
1									
2									
3									
4									
5									

指导教师签字：__________________

日　　期：__________________

二、试验谱图

聚合物材料的弯曲应力-应变曲线

三、数据处理

计算结果以算术平均值表示，σ_f 取三位有效数值，E_f 取二位有效数值。

试样编号	最大负荷 P_{max}/N	弯曲强度 σ_f/MPa	弯曲强度 σ_f 平均值/MPa	跨度 L /mm	选定点的负荷 P/N	与负荷相对应的挠度 y /mm	弯曲弹性模量 E_f/MPa
1							
2							
3							
4							
5							

四、问题回答及讨论

1. 试样尺寸对弯曲强度和模量有何影响?

2. 三点弯曲与四点弯曲试验对材料的破坏有什么不同?

3. 在弯曲实验中，如何测定和计算弯曲模量?

实验十三 聚合物材料冲击强度的测定

姓名：____________；学号：____________；班级：____________；
同组实验者：________________________________；
实验日期：________________；
指导教师（签字）：________________；评分：____________
（实验过程中，认真记录并填写本实验数据，实验结束后，送交指导教师签字）

一、实验数据记录

1. 仪器型号：________________
2. 试样名称：________________
3. 试样类型：________________；试样制备方法：____________
4. 试样取样方向：____________；有无缺口：____________
   缺口类型：________________；缺口加工方法：____________
5. 摆锤公称能量：____________；冲击方向（悬臂梁）：____________
6. 试验温度：________________；试验湿度：____________

编 号		宽度/mm	厚度/mm	破坏类型	冲击能量/J
无缺口试样	1				
	2				
	3				
	4				
	5				
缺口试样	1				
	2				
	3				
	4				
	5				

指导教师签字：____________
日　　期：____________

二、试验谱图

聚合物材料冲击强度的应力-应变曲线

三、数据处理

项目＼试样	无缺口试样				
	1	2	3	4	5
宽度 b/mm					
厚度 h/mm					
试样吸收冲击能量 W_{iu}/J					
冲击强度 α_{iu}/(kJ/m^2)					
冲击强度平均值 $\bar{\alpha}_{iu}$/(kJ/m^2)					
实验偏差/%					

项目＼试样	缺口试样				
	1	2	3	4	5
缺口处剩余宽度 b_N/mm					
厚度 h/mm					
试样吸收冲击能量 W_{iN}/J					
冲击强度 α_{iN}/(kJ/m^2)					
冲击强度平均值 α_{iN}/(kJ/m^2)					
实验偏差/%					

注：其中实验偏差=(实验测试得到的冲击强度－平均值)/平均值×100%

四、问题回答及讨论

1. 冲击试验法所测得的数据为何不能相互比较？

2. 为什么注射成型的试样比模压成型的试样冲击测试结果往往偏高？

3. 测定冲击强度的影响因素有哪些？

4. 缺口试样与无缺口试样的冲击试验现象有何不同？哪些试样材料应采用缺口试样或有无缺口两种试样都应测试？

5. 在悬臂梁和简支梁冲击试验时，试样受到的作用力有何区别？

实验十四　聚合物的蠕变

姓名：________________；学号：________________；班级：______________；

同组实验者：____；

实验日期：__________________________；

指导教师（签字）：______________________；评分：__________________________

（实验过程中，认真记录并填写本实验数据，实验结束后，送交指导教师签字）

一、实验数据记录

1. 仪器型号：______________________
2. 样品名称：______________________
3. 试样面积：______________________；试样标距：__________________________

   试样形状：______________________；试样属性：__________________________
4. 试验时间：______________________
5. 试验应力：______________________
6. 预加负荷：______________________

指导教师签字：____________________

日　　　期：____________________

二、数据处理

实验数据可在仪器自带分析软件中进行分析和处理。

（附上样品的电子蠕变曲线图）

（附上样品的电子蠕变试验）

三、问题回答及讨论

1. 高分子材料的蠕变特性与材料本身的哪些性质有关？举例说明。

2. 实验中哪些因素影响应变测定误差？如何比较不同材料的蠕变特性？

3. 形变达到恒稳流动后，蠕变曲线在不同形变值下除去负荷会发生怎样的变化？

4. 研究聚合物的蠕变有什么实际意义？

实验十五　热塑性塑料熔体流动速率的测定

姓名：＿＿＿＿＿＿＿＿＿＿；学号：＿＿＿＿＿＿＿＿＿＿；班级：＿＿＿＿＿＿＿＿；

同组实验者：＿＿＿＿＿＿＿＿＿＿＿＿＿＿＿＿＿＿＿＿＿＿＿＿＿＿＿＿＿＿；

实验日期：＿＿＿＿＿＿＿＿＿＿＿＿＿＿＿；

指导教师（签字）：＿＿＿＿＿＿＿＿＿＿＿＿＿；评分：＿＿＿＿＿＿＿＿＿＿＿＿＿＿

（实验过程中，认真记录并填写本实验数据，实验结束后，送交指导教师签字）

一、实验数据记录

1. 仪器型号：＿＿＿＿＿＿＿＿＿＿＿＿＿＿
2. 样品名称及牌号：＿＿＿＿＿＿＿＿＿＿＿＿＿＿
3. 样品干燥温度：＿＿＿＿＿＿＿＿＿＿＿＿；样品干燥时间：＿＿＿＿＿＿＿＿＿＿＿＿
4. 样品质量：＿＿＿＿＿＿＿＿＿＿＿＿＿＿
5. 取样时间间隔：＿＿＿＿＿＿＿＿＿＿＿＿＿＿
6. 数据记录表

表 4-15-1　数据记录表

项目	第一次					第二次				
	1	2	3	4	5	1	2	3	4	5
时间/s										
质量/g										

注：每个样品一次可以切割 10 个样条，应选取 5 个无气泡、离散度小的数据进行数据处理，计算熔体流动速率 MFR。

指导教师签字：＿＿＿＿＿＿＿＿＿＿

日　　期：＿＿＿＿＿＿＿＿＿＿

二、数据处理

将每次测试所取得的 5 个无气泡、离散度小的切割样条分别在精密电子天平上称重，精确到 0.0001g，取算术平均值，按式(2-15-2) 或(2-15-3) 计算熔体流动速率。

表 4-15-2　数据处理表

项目	第一次					第二次				
	1	2	3	4	5	1	2	3	4	5
时间/s										
质量/g										
MFR/(g/10min)										
MFR 平均值/(g/10min)										

三、问题回答及讨论

1. 测量高聚物熔体流动速率的实际意义是什么？

2. 讨论影响熔体流动速率的因素？

3. 聚合物的熔体流动速率与分子量有什么关系？熔体流动速率值在结构不同的聚合物之间能否进行比较？

4. 即使测试条件相同，对不同的高聚物其 MFR 的大小也不能预测实际加工过程中的流动性，为什么？假设对 PE 和 PS 在相同的测试条件下测得相同的 MFR 值，如在与测试时相同的温度下进行较高速率的注射加工，则其表观黏度哪个更高，为什么？

实验十六　聚合物加工流变性能测定

姓名：________________；学号：________________；班级：______________；

同组实验者：____；

实验日期：________________________；

指导教师（签字）：____________________；评分：______________________

（实验过程中，认真记录并填写本实验数据，实验结束后，送交指导教师签字）

一、实验数据记录

1. 仪器型号：________________

2. 样品名称及牌号：__________________；样品质量：__________________

3. 样品形状：______________________；样品重量：__________________

4. 室温：__________________________；湿度：______________________

指导教师签字：________________

日　　　期：________________

二、实验谱图

三、数据处理

根据测得聚合物材料的流变谱图，利用分析软件可对测试中保存的数据进行分析和拟合并导出数据。

四、问题回答及讨论

1. 转矩流变仪能进行哪些方面的测试？

2. 加料量、加料速度、转速、测试温度对实验结果有哪些影响？

3. 从流变曲线上可得到哪些信息？如何从流动曲线上求出零剪切黏度？并讨论与聚合物分子参数的关系。

4. 聚合物流变曲线对拟定成型加工工艺有何指导作用？

5. 影响聚合物流变性能测定的因素有哪些（不考虑仪器因素）？

实验十七　聚合物的热重分析

姓名：________；学号：________；班级：________；

同组实验者：________________；

实验日期：________；

指导教师（签字）：________；评分：________

（实验过程中，认真记录并填写本实验数据，实验结束后，送交指导教师签字）

一、实验数据记录

1. 仪器型号：________

2. 样品名称：________

3. 样品质量：________；坩埚质量：________

4. 保护气流速：________；吹扫气流速：________

5. 聚合物样品实验数据

起始温度：________；终止温度：________；

升温速率：________；

起始分解温度：________；

分解峰值温度（1）：________；阶段质量损失率（1）：________；

分解峰值温度（2）：________；阶段质量损失率（2）：________；

分解峰值温度（3）：________；阶段质量损失率（3）：________；

800℃条件下的残炭量：________

指导教师签字：________

日　　期：________

二、实验谱图

（附上聚合物 TG 谱图）

三、数据处理

利用 TG 和 TGA 曲线通过仪器分析软件确定样品的起始分解温度、分解峰值温度、每阶段质量损失率、800℃条件下的残炭量等数据。

四、问题回答及讨论

1. 从 TGA 曲线上可得到哪些信息？

2. 影响聚合物 TG 实验结果的因素有哪些（不考虑仪器因素）？

3. 如何从 TGA 曲线上求热分解温度 T_d？

4. 研究聚合物的 TG 曲线有什么实际意义，如何才具有可比性？

实验十八　聚合物的维卡软化点的测定

姓名：________________；学号：______________；班级：____________；

同组实验者：____；

实验日期：______________________；

指导教师（签字）：____________________；评分：____________________

（实验过程中，认真记录并填写本实验数据，实验结束后，送交指导教师签字）

一、实验数据记录

1. 仪器型号：____________________

2. 样品名称：____________________

3. 试样制备方法：________________

试样编号	试样尺寸/mm			标准升温速度(5℃/min)	备注
	a	*b*	*c*		
1					
2					
3					

注：*a*、*b*、*c* 分别表示试件的长、宽、高。

指导教师签字：________________

日　　　期：________________

二、试验谱图

三、数据处理

利用温度-位移曲线或时间-温度曲线通过仪器分析软件确定样品的维卡软化点温度等数据。

四、问题回答及讨论

1. 影响维卡软化点温度测试结果的因素有哪些？

2. 材料的不同热性能测定数据是否具有可比性？

3. 升温速度过快或过慢对实验结果有何影响，为什么？

实验十九　聚合物温度-形变曲线的测定（热机械分析仪测定）

姓名：__________；学号：__________；班级：__________；

同组实验者：______________________________；

实验日期：__________________；

指导教师（签字）：__________________；评分：__________________

（实验过程中，认真记录并填写本实验数据，实验结束后，送交指导教师签字）

一、实验数据记录

1. 试样高度：__________
2. 试样直径：__________
3. 砝码质量：__________
4. 压杆断面直径：__________、__________、__________（测量三次取平均值）
5. 升温速度：__________
6. 起始温度：__________；终止温度：__________
7. 起始温度：__________；终止温度：__________

指导教师签字：__________

日　　　期：__________

二、数据处理

1. 计算试样所受的压缩应力（MPa）：根据压杆和砝码的质量以及压杆触头的截面积进行计算。

2. 根据每一时刻的温度和形变数据，以形变对温度作图（附图）。

3. 根据实验所得的形变-温度曲线，按定义求出该聚合物的玻璃化温度 T_g、黏流温度 T_f 或熔点 T_m。

4. 测量结果列入下表：

样品名称	压缩应力/MPa	升温速度/(℃/min)	T_g/℃	T_f/℃	T_m/℃

三、回答问题及讨论

1. 哪些实验条件会影响 T_g 和 T_f 的数值？它们各产生何种影响？

2. 非晶聚合物和结晶聚合物随温度变化的力学状态有何不同，为什么？

3. 为什么本实验 PS 试样测定的是玻璃态、高弹态、黏流态之间的转变，而不是相变？

实验二十　Q 表法测定聚合物的介电常数和介电损耗

姓名：__________________；学号：__________________；班级：________________；

同组实验者：____；

实验日期：____________________________；

指导教师（签字）：________________________；评分：__________________________

（实验过程中，认真记录并填写本实验数据，实验结束后，送交指导教师签字）

一、实验数据记录

1. 仪器型号：________________________

2. 样品名称：________________________

3. 样品半径：________________________；样品厚度 d：________________________

4. 室温：____________________________；湿度：______________________________

5. C_1：________________；Q_1：________________

6. C_2：________________；Q_2：________________

指导教师签字：____________________

日　　　期：____________________

二、数据处理

实验中利用聚合物作为电容器的介质，将电容并联接入谐振回路中，由于介质的损耗而使回路 Q 值下降，利用 Q 表测出回路 Q 值的变化，根据公式(2-20-13) 和 (2-20-14) 就可测出聚合物的介电常数和介质损耗。

被测样品的介电常数：$\varepsilon=\dfrac{C_\mathrm{d}d}{\varepsilon_0 A}$

被测样品的介电损耗：$\tan\delta=\dfrac{1}{Q}=\dfrac{Q_1-Q_2}{Q_1Q_2}\times\dfrac{C_1}{C_1-C_2}$

三、问题回答及讨论

1. 如果试样中含有杂质，其测试结果会怎样？

2. 改变测试环境的温度和湿度条件对测试结果有何影响？

3. 能否通过测定聚合物的介电损耗来测出聚合物的 T_g？

实验二十一 聚合物的定性鉴别

姓名：________________；学号：________________；班级：______________；
同组实验者：____；
实验日期：________________________；
指导教师（签字）：__________________；评分：__________________
（实验过程中，认真记录并填写本实验数据，实验结束后，送交指导教师签字）

一、实验现象记录

1. 已知聚合物样品名称：____________

2. 已知聚合物样品外观现象：

3. 已知聚合物样品燃烧试验现象：

4. 已知聚合物样品溶解试验现象：

5. 未知聚合物样品外观现象：

6. 未知聚合物样品燃烧试验现象：

7. 未知聚合物样品溶解试验现象：

8. 未知聚合物样品显色反应试验现象：

9. 未知聚合物样品元素分析试验现象：

指导教师签字：____________

日　　　期：____________

二、试验结果处理

1. 试样 1：

2. 试样 2：

3. 试样 3：

4. 试样 4：

5. 试样 5：

三、问题回答及讨论

1. 在聚合物材料进行定性鉴别时，燃烧试验和溶解性能试验是否需要同时做？为什么？

2. 为什么在李柏曼-斯托希-莫洛夫斯基（Liebermann-Storch-Morawski）显色试验中要求试剂的温度和浓度必须稳定？

3. 有一未知试样可能是聚乙烯或聚氯乙烯，是否能采用显色试验进行判断？其试验现象是什么？

4. 一未知热塑性塑料试样，外观不透明，燃烧时产生黑烟，无熔滴，密度大于水，请判断该未知试样可能是什么？

实验二十二　聚合物的分离及剖析

姓名：________________；学号：________________；班级：______________；

同组实验者：____；

实验日期：________________________；

指导教师（签字）：____________________；评分：____________________

（实验过程中，认真记录并填写本实验数据，实验结束后，送交指导教师签字）

一、实验数据记录

1. 样品弹性：____________________
2. 表面状态：____________________
3. 吸附性：____________________
4. 氯仿加入量：________ mL
5. 乙醇加入量（溶解）：________ mL
6. 沉淀物：________ g
7. 滤液：________ mL
8. 滤液蒸干物：________ g
9. 乙醇加入量（萃取）：________ mL
10. 油层：________ g
11. 乙醇层：________ mL
12. 蒸出的乙醇：________ mL
13. 乙醇蒸干物：________ g

指导教师签字：________________

日　　期：________________

二、数据处理

1. 溶解性试验

表 4-22-1　样品的溶解特性

溶剂	石油醚	氯仿	四氢呋喃	无水乙醇
溶解性				

2. 燃烧性试验

表 4-22-2　样品燃烧特性

性质	特　性
燃烧性	
试样外观变化	
火焰特征	
烟特征	
燃烧气味	

试根据燃烧性试验判断该高分子弹性体可能有哪些结构。

3. 请根据原样高分子弹性体、高分子沉淀物、油状物、油层、乙醇层的红外光谱图，判断该高分子弹性体的主体和添加剂分别是什么，各组分的含量分别有多少。

三、回答问题及讨论

1. 为什么要同时做燃烧试验和溶解度试验？

2. 热塑性高聚物和热固性高聚物的分析鉴定有何区别？

3. 如何剖析丁苯橡胶中防老剂的种类？